DaVinci Resolve 19

达芬奇视频剪辑与调色

王 岩 编著

U0299297

清華大學出版社
北 京

内 容 简 介

DaVinci Resolve是一款由Blackmagic Design公司开发的专业视频编辑与调色软件，广泛应用于电影、电视、广告、音乐视频等领域，为专业剪辑师、调色师和视觉特效艺术家提供了强大的功能。本书通过10章内容，结合大量紧贴实际的案例，全面讲解新版DaVinci Resolve 19的基本操作、快编页面、剪辑页面、Fusion页面、一级调色、二级调色、Fairlight页面以及交付页面。同时，本书还提供了丰富的经验技巧，不仅能帮助读者快速掌握软件，还能让读者将所学应用于实际项目。本书既适合视频剪辑爱好者，也适合调色师、剪辑师等专业人士阅读，还可作为影视制作专业的教材和参考用书。

本书封面贴有清华大学出版社防伪标签，无标签者不得销售。
版权所有，侵权必究。举报：010-62782989，beiqinquan@tup.tsinghua.edu.cn。

图书在版编目（CIP）数据

DaVinci Resolve 19达芬奇视频剪辑与调色 / 王岩编著. -- 北京：清华大学出版社，2025. 3. -- ISBN 978-7-302-68596-8

Ⅰ. TP391. 413

中国国家版本馆CIP数据核字第2025JL0345号

责任编辑：赵　军
封面设计：王　翔
责任校对：闫秀华
责任印制：刘　菲
出版发行：清华大学出版社
网　　址：https://www.tup.com.cn，https://www.wqxuetang.com
地　　址：北京清华大学学研大厦A座　　**邮　　编**：100084
社 总 机：010-83470000　　**邮　　购**：010-62786544
投稿与读者服务：010-62776969，c-service@tup.tsinghua.edu.cn
质量反馈：010-62772015，zhiliang@tup.tsinghua.edu.cn
印 装 者：三河市铭诚印务有限公司
经　　销：全国新华书店
开　　本：190mm×260mm　　**印　　张**：16.75　　**字　　数**：452千字
版　　次：2025年4月第1版　　**印　　次**：2025年4月第1次印刷
定　　价：99.00元

产品编号：108909-01

前　言

DaVinci Resolve凭借着无与伦比的调色功能、大胆前沿的创新工具和完全免费的版本，近几年来在国内收获了大量用户，尤其受到年轻用户的青睐。在AI技术的引领下，最新版本的DaVinci Resolve 19引入了更加强大的DaVinci Neural Engine AI工具，并对100多项功能进行了迭代升级。对用户而言，最显著的体验是视频剪辑变得更加简便，自动运动跟踪、自动生成字幕、AI隔离人声、一键模拟电影胶片等以前只有专业人员才能实现的效果，现在普通用户也能轻松实现。这些创新将用户从烦琐的操作中解放出来，赋予普通人更多的创造力，这就是AI给现在和未来的我们带来的变化。

本书采用“知识点讲解+实操案例”的思路，首先按照DaVinci Resolve工作流程的顺序，把用户需要掌握的所有知识点提炼出来；然后通过实例详解每个知识点或功能的具体作用、操作流程和注意事项。本书完全从读者的角度出发，通过动手操作学习软件，在实际的操作中解决各种问题。在实例的选取方面，本书紧跟当前热门特效和应用，特别是在小视频、VLOG和生成式AI工具等方面进行了广泛的结合，以帮助读者制作出与众不同的作品。

为了帮助读者更快、更好地掌握DaVinci Resolve，本书配套提供书中配图的原始图片，以及所有案例的工程文件、高清图片、视频素材和全程4K语音视频教学文件。读者可用微信扫描下方的二维码，根据页面提示进行下载。如果下载过程中遇到问题或在阅读中发现问题，请通过电子邮件联系booksaga@126.com，并在邮件主题中注明“DaVinci Resolve 19达芬奇视频剪辑与调色”。

附赠素材之 1-2 章

附赠素材之第 3 章

附赠素材之第 4-7 章

附赠素材之第 8 章

附赠素材之第 9-10 章

PPT 文件

原始图片

由于笔者水平有限，书中难免存在疏漏和不足之处，恳请广大读者批评指正。

笔 者

2025.1

目　录

DaVinci
Resolve 19
达芬奇视频剪辑与调色

DAVINCI RESOLVE 19

达芬奇

视频剪辑与调色

第 1 章

基础入门：熟悉软件的基本操作

DaVinci Resolve（中文译名"达芬奇"）是一款集剪辑、调色、视觉特效、动态图形和音频处理功能于一体的影视后期软件，使用它即可制作出好莱坞级别的视频作品。本章将引导读者下载并安装新版达芬奇19，同时熟悉达芬奇的界面构成和剪辑流程。此外，还将介绍项目管理、项目设置等常用操作，为后续的学习打好基础。

1.1 下载和安装DaVinci Resolve 19

下载和安装DaVinci Resolve 19软件的操作步骤如下：

01 在百度中搜索并登录“Blackmagic中国官网”，下拉页面找到DaVinci Resolve 19的主页，然后单击“立即下载”按钮，如图1-1所示。

Blackmagic中国官网

DaVinci Resolve 19主页

图1-1

02 在打开的下载窗口中，DaVinci Resolve 19分为免费版和付费版，软件名称中带有“Studio”的是付费版，如图1-2所示。

免费版　　付费版

图1-2

提示 Point out

免费版囊括了付费版90%以上的功能，它们最主要的区别是付费版中集成了更多的效果器，并且提供了多用户协作功能。单击页面导航中的“Studio版”，可以查看付费版比免费版多出哪些功能。为了更全面地讲解软件，本书使用的是达芬奇付费版。

03 单击下载链接后，打开注册窗口。下载免费版时需要先输入个人信息注册网站账号，然后才能下载；下载付费版时，可以单击注册窗口左下角的“跳过注册直接下载”按钮。

04 下载完成后，解压缩文件，双击运行安装程序，进入组件选择界面，如图1-3所示。

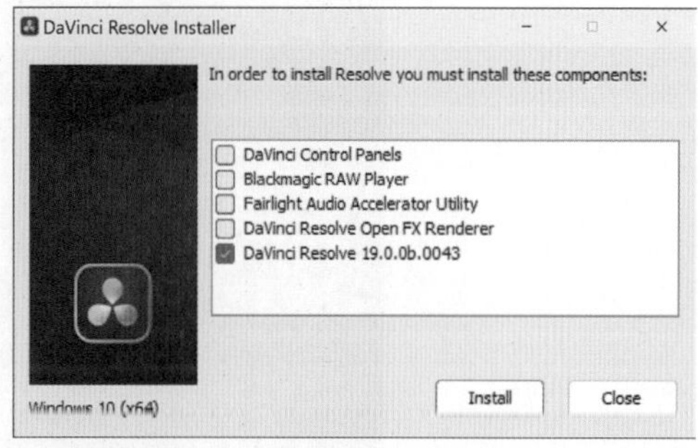

图1-3

> **提示** Point out
>
> 安装组件中的DaVinci Control Panels和Fairlight Audio Accelerator Utility是调色台和音频加速卡的控制程序，如果计算机上没有相应的硬件可以不安装。Blackmagic RAW Player是一款支持RAW格式的媒体播放器，DaVinci Resolve Open FX Renderer是允许第三方应用程序使用达芬奇导出的调色信息和视觉特效的插件，这两个组件可以根据自己的需求选择是否安装。

05 单击Install按钮后选择安装路径，继续单击Next按钮即可完成软件的安装。首次运行DaVinci Resolve 19时，系统会弹出新功能介绍窗口，在窗口的右上角选择界面语言为“简体中文”，然后单击“继续”按钮，如图1-4所示。接下来，可以单击“跳过介绍立即开始使用”按钮，直接使用DaVinci Resolve 19，也可以单击“快速设置”按钮，配置项目分辨率、项目文件保存路径和快捷键方案。

图1-4

1.2 创建和管理项目文件

运行DaVinci Resolve 19后，首先打开的窗口是项目管理器，在这里可以创建新项目或打开以前剪辑的项目，如图1-5所示。

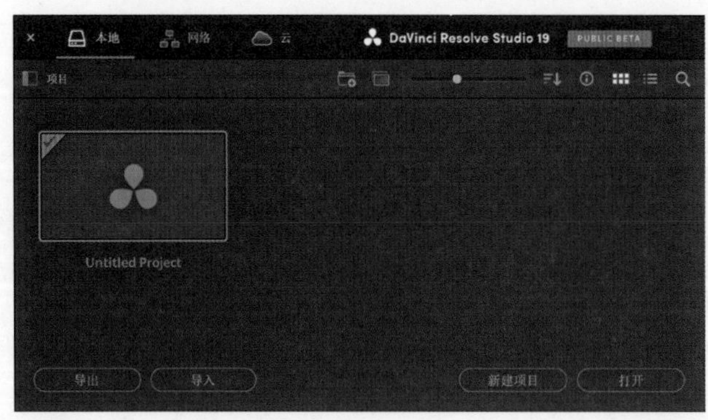

图1-5

创建和管理项目文件的操作步骤如下：

01 在项目管理器中双击“Untitled Project”缩略图，DaVinci Resolve 19会按照默认的设置新建项目并进入主界面。此时，项目尚未保存，进行剪辑操作后，需要选择“文件/保存项目”命令，将项目文件保存到硬盘中。

02 DaVinci Resolve 19中的项目类似于Word或Photoshop的文档。我们也可以单击项目管理器右下角的“新建项目”按钮，在弹出的窗口中输入项目名称，单击“创建”按钮，把项目文件保存起来，然后进入主界面，如图1-6所示。

图1-6

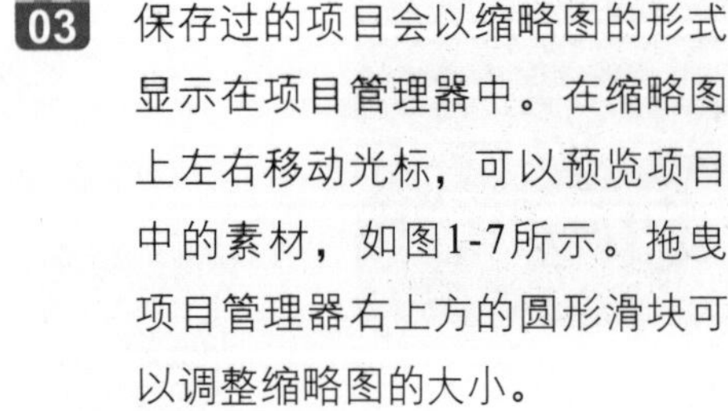

03 保存过的项目会以缩略图的形式显示在项目管理器中。在缩略图上左右移动光标，可以预览项目中的素材，如图1-7所示。拖曳项目管理器右上方的圆形滑块可以调整缩略图的大小。

图1-7

04 单击ⓘ按钮，会在缩略图下方显示项目分辨率、时间线数量等信息。单击☰按钮可以用列表模式查看更详细的项目信息。当项目多起来后，可以单击🔍按钮，通过项目名称、格式或备注搜索项目，如图1-8所示。

图1-8

> **提示** Point out
>
> 搜索项目文件时，筛选依据中的“格式”指的是时间线分辨率。“备注”需要在主界面中执行“文件/项目备注”命令添加。

05 若需要剪辑系列视频或剧集，可以单击按钮，利用文件夹分类管理项目，如图1-9所示。要将文件夹中的项目移出文件夹，可以右击项目，并在弹出的快捷菜单中选择“剪切”和“粘贴”命令。

图1-9

06 若需把项目发送到另一台计算机，可以在项目缩略图上右击，在弹出的快捷菜单中选择“导出项目存档”命令，选择导出路径后，在弹出的窗口中勾选“媒体文件”复选框，如图1-10所示。若要导入项目和素材，可在项目管理器的空白处右击，在弹出的快捷菜单中选择“恢复项目存档”命令，选择项目存档文件夹后单击“打开”按钮。

图1-10

> **提示** Point out
>
> 选中项目缩略图后单击左下角的“导出”按钮，可以把项目文件保存到磁盘中。项目文件中记录了素材的保存路径和分割、转场等剪辑信息，但是不包含项目使用的素材。选中缩略图后按【Ctrl+C】和【Ctrl+V】快捷键可以在项目管理器中创建项目文件的副本。

07 单击项目管理器左上方的▯按钮可以显示项目库。单击“详情”按钮后，再单击“打开文件位置”按钮，即可打开项目库所在的文件夹，DaVinci Resolve 19的配置文件和项目文件都保存在这里。继续单击“备份”按钮可以把项目库打包成一个文件，如图1-11所示。单击“恢复”按钮，则可以恢复备份的项目库文件。

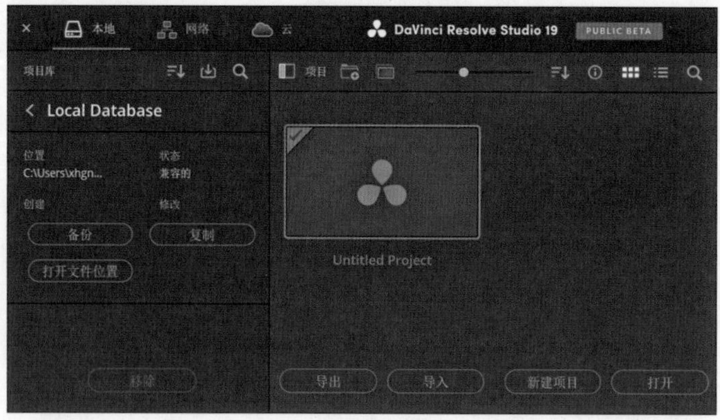

图1-11

1.3 熟悉界面和工作流程

在DaVinci Resolve 19的主界面中，只有顶部的菜单栏和底部的页面导航是固定的，其余区域会随着页面切换而改变，如图1-12所示。

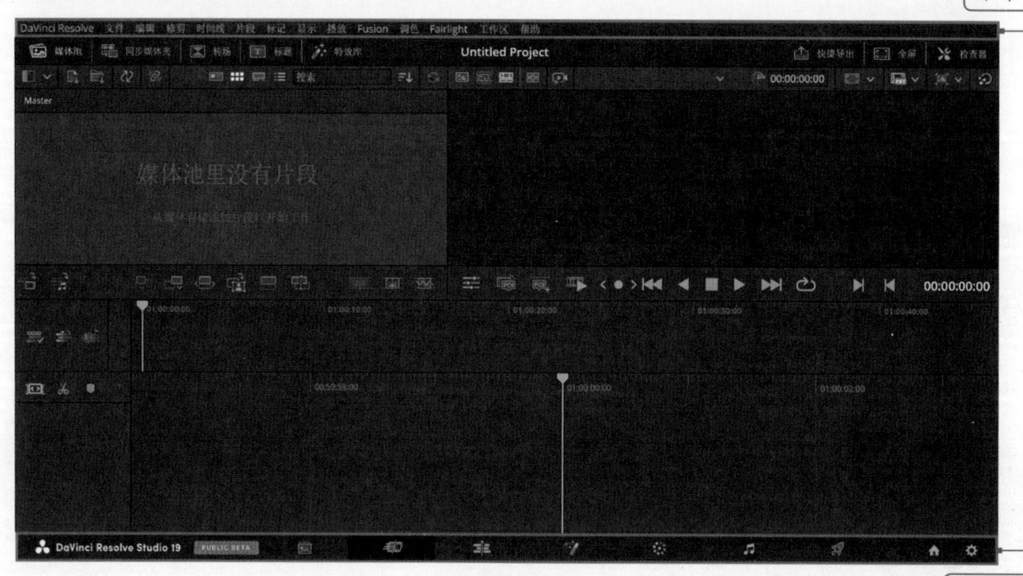

图1-12

底部的页面导航如图1-13所示。左侧显示了DaVinci Resolve 19的版本号，单击中间的7个图标按钮，可以在不同页面间切换。单击右侧的🏠按钮可打开项目管理器，单击⚙按钮则可打开项目设置窗口。

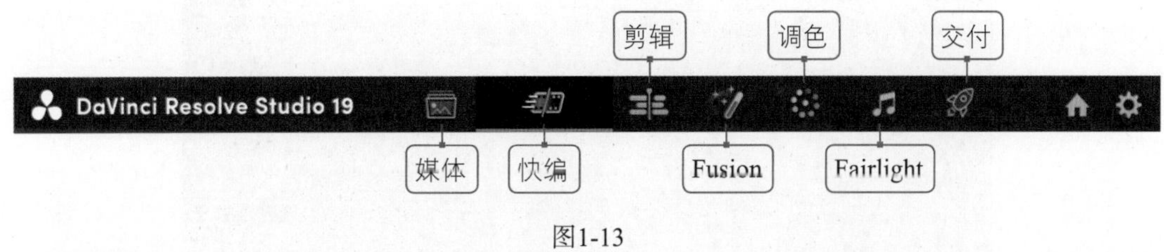

图1-13

提示 Point out

在小屏幕上剪辑视频时，可以执行“工作区/全屏幕窗口”命令来最大化显示主界面。执行“工作区/页面导航”命令可以隐藏页面导航，然后使用快捷键【Shift+2】~【Shift+8】切换页面。

使用DaVinci Resolve 19剪辑视频的基本流程如下：首先在“媒体”页面中管理和添加剪辑视频所需的各种素材，然后进入“快编”或“剪辑”页面，对素材进行分割、修剪、添加转场和字幕等剪辑操作。如果有需要，还可以在Fusion页面中制作粒子、动态跟踪等特效，在“调色”和Fairlight页面中进行调色和音频处理。最后进入“交付”页面，将剪辑好的项目渲染成视频文件。

1.4 偏好设置和项目设置

在主界面中执行“DaVinci Resolve/偏好设置”命令，在打开的窗口中可以设置DaVinci Resolve 19的系统环境。操作步骤如下：

01 在“媒体存储”选项中，可以查看渲染缓存的保存路径，如图1-14所示。
在片段上添加了大量效果器后，回放影片时可能会出现速度变慢或卡顿现象。此时，可以执行“播放/渲染缓存/智能”命令，等时间线上的红线变成蓝色后，DaVinci Resolve 19将会把效果器预先渲染到片段上，从而实现流畅的影片预览。每次渲染缓存相当于输出一次影片，因此若长时间不清理，可能会占用几十甚至上百吉字节的存储空间。

02 DaVinci Resolve 19默认将渲染缓存保存在C盘，当磁盘空间不足时，可以打开渲染缓存的保存路径，删除CacheClip文件夹。也可以单击“添加”按钮，选择存储空间更充裕的盘符，并移除默认路径，如图1-15所示。

03 在偏好设置窗口中，单击上方的“用户”选项卡，然后选择“项目保存和加载”选项。在默认设置下，“实时保存”复选框是处于勾选状态的，即DaVinci Resolve 19会自动保存每一步的剪辑操作，如图1-16所示。我们还可以勾选“项目备份”复选框，设置DaVinci Resolve 19按照指定的时间自动备份项目文件。

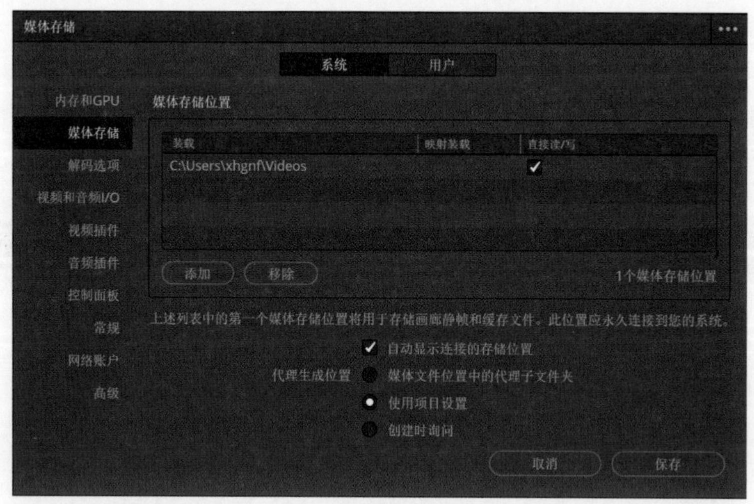

图1-14

图1-15

图1-16

04 发生断电、软件崩溃等意外情况后，只需在项目管理器的空白处右击，在弹出的快捷菜单中选择“其他项目备份”命令，即可找到自动备份的项目文件，如图1-17所示。

图1-17

05 新建项目时，DaVinci Resolve 19会套用一组默认的参数设置，其中最重要的就是分辨率和帧率。如果这两个参数设置不当，生成的视频可能会出现画面模糊、播放不流畅、跳帧等问题。为了避免发生这些问题，最好养成每次新建项目后都单击页面导航上的⚙按钮，检查“时间线分辨率”和“时间线帧率”的习惯，如图1-18所示。

> **提示** Point out
>
> 默认的时间线分辨率为1920×1080像素，也就是1080P。2K分辨率为2560×1440像素，4K分辨率为3840×2160像素。默认的时间线帧率为24帧/秒，这是电影采用的帧率。如果剪辑的视频在电视台中播放，应该将帧率设置为25帧/秒。如果剪辑的视频在网络上播放，可以把帧率设置为30帧/秒或者是60帧/秒。

06 单击“项目设置”窗口右上角的•••按钮，在弹出的菜单中选择“将当前设置设定为默认预设”命令，继续在弹出的对话框中单击“更新”按钮，即可把当前的项目参数保存为默认设置，如图1-19所示。

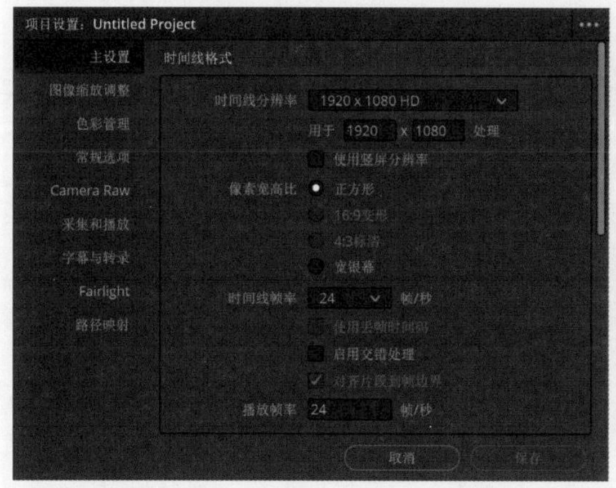

图1-18

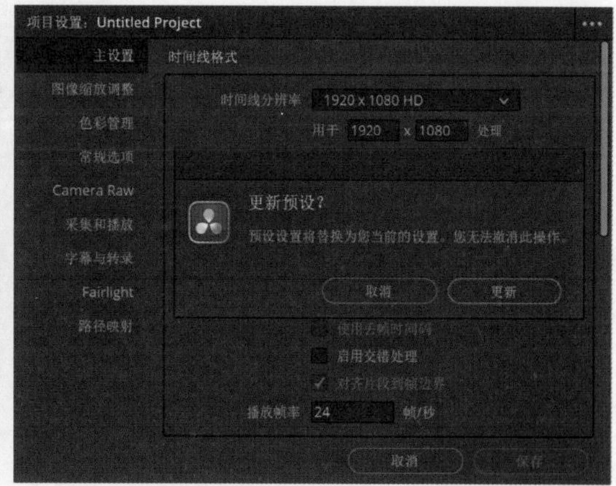

图1-19

1.5 用媒体页面管理素材

媒体页面主要由源片段检视器、媒体池、媒体存储面板、嵌入式音频面板和元数据面板组成，如图1-20所示。我们可以把媒体页面理解成Windows的资源管理器，其主要作用是整理和标记计算机里的各种素材文件。媒体页面的工作流程是，先在媒体存储面板中挑选素材，然后通过源片段检视器、嵌入式音频面板和元数据面板查看素材的画面、音频和数据信息，最后把需要的素材放入媒体池中等待剪辑。

图1-20

使用媒体页面管理素材的步骤如下：

01 在媒体存储面板的导航窗格里选中一个文件夹，文件夹里的素材会显示在右侧的窗口中，如图1-21所示。单击面板左上角的▯按钮可以隐藏导航窗格。把光标移到素材缩略图上，单击右下角的ⓘ图标，可以查看素材的详细信息。

图1-21

> **提示** Point out
>
> 在常用的文件夹上右击，在弹出的快捷菜单中选择“将文件夹添加到收藏”命令，这个文件夹就会出现在收藏窗口中，方便下次寻找素材。

02 在素材缩略图上左右移动光标，可以在源片段检视器中预览画面。选中一个素材，缩略图四周会出现橘红色边框，表示该素材将一直显示在源片段检视器中。元数据面板中也会显示这个素材的全部信息，如图1-22所示。

03 当需要把摄像机等拍摄设备中的素材复制到计算机上时，可以展开克隆工具面板，单击“添加作业”按钮，然后把导航窗格中的文件夹分别拖到“源”和“目标”项目上，最后单击“克隆”按钮开始复制素材，如图1-23所示。

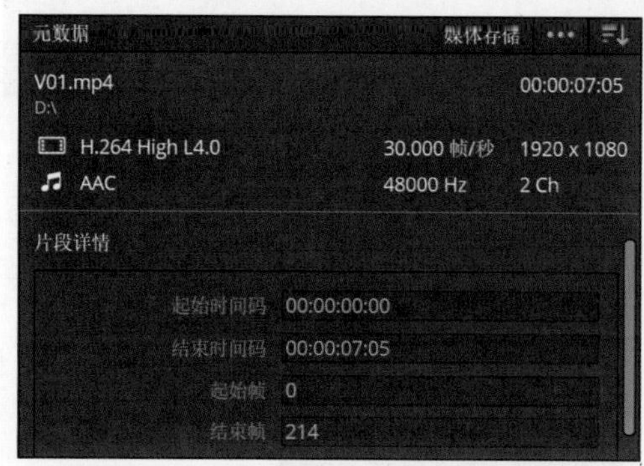

图1-22

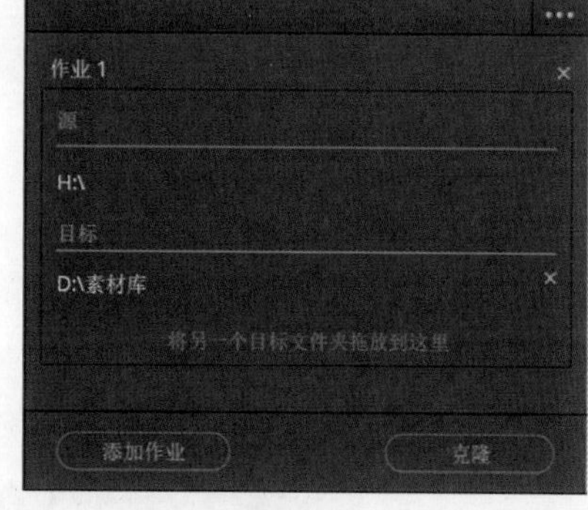

图1-23

提示 Point out

和复制粘贴素材相比，克隆工具可以通过校验码检查素材的完整性。在剧组中，这项工作由数字影像工程师专门负责，以免复制过程中发生错误，造成无法挽回的损失。

04 找到所需素材后，还需要将素材拖入媒体池，才能进行剪辑。如果拖入媒体池的素材帧率与项目设置的帧率不一致，就会弹出提示窗口，如图1-24所示。选择“更改”会把项目设置中的帧率修改为导入素材的帧率；选择“不更改”则项目设置的帧率保持不变。

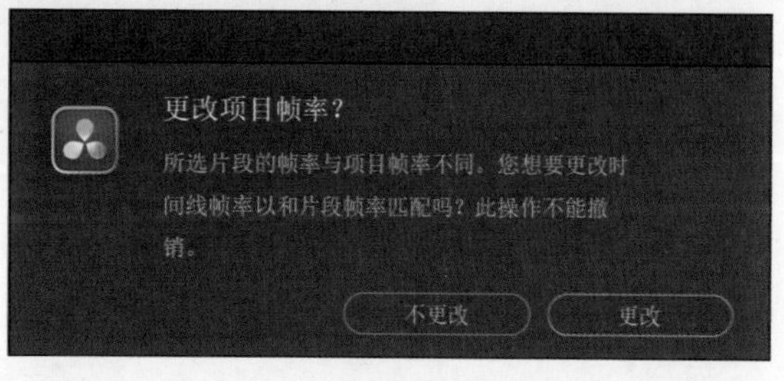

图1-24

提示 Point out

一旦将媒体池里的素材插入时间线上，项目设置里的时间线帧率就会变成灰色，无法修改。

05 如果只想导入素材中的部分画面，可以利用源片段检视器右下方的和按钮截取要保留的画面，如图1-25所示。接下来，把源片段检视器中的画面拖入媒体池，在弹出的窗口中单击“创建”按钮。

06 预览媒体池中的素材时，如果发现需要进行特殊处理的画面，为了防止剪辑时遗漏或提醒同事注意，可以在检视器左下角的下拉菜单中选择“标注”，然后用画笔或形状在画面上绘制标记。双击播放头上方的图标，还可以输入备注文本，如图1-26所示。

图1-25

图1-26

07 选中一个包含语音的素材后，单击媒体池左上角的按钮，可以把语音转换成文字。在转录窗口中框选一段文字，检视器会跳转到这段语音对应的画面，并且自动修剪掉与这段语音无关的画面。单击按钮，可以把这段语音及其对应画面提取为片段，插入媒体池，如图1-27所示。单击转录窗口右上方的按钮，可以导出TXT格式的文本。

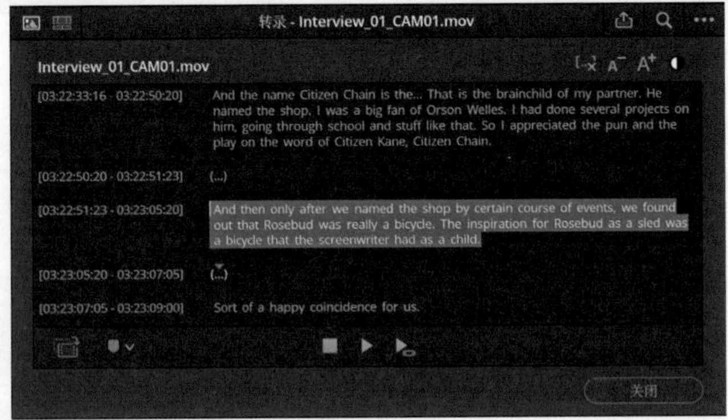

图1-27

1.6 用智能媒体夹筛选素材

使用智能媒体夹筛选素材的步骤如下：

01 当媒体池中添加了很多素材时，可以在媒体池的空白处右击，创建媒体夹对素材进行分类，如图1-28所示。

提示 Point out

缩略图显示的是素材第一帧的画面，如果第一帧画面不能反映视频中的主体内容，我们可以在缩略图上左右移动光标，找到最具代表性的画面后在缩略图上右击，在弹出的快捷菜单中选择“设定为标志帧”命令。

图1-28

02 我们还可以利用智能媒体夹快速筛选素材。在媒体池左侧的“智能媒体夹”列表中,展开“集合”卷展栏，单击其中的“视频片段”媒体夹，就只显示媒体池中的视频素材；单击“纯音频”媒体夹就只显示媒体池中的音频素材，如图1-29所示。

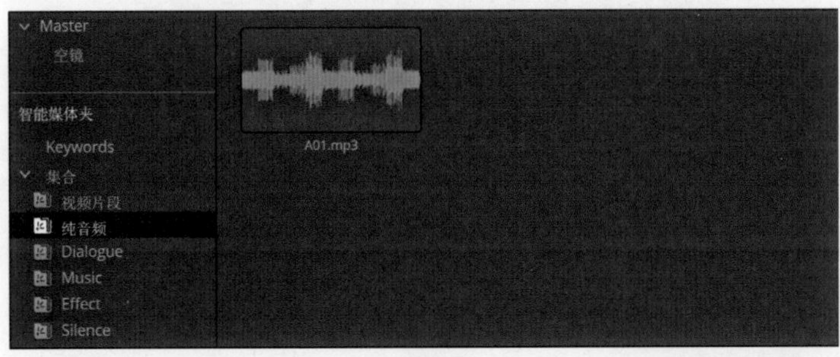

图1-29

03 创建智能媒体夹的方法是：在媒体池里选中一个素材，单击元数据面板右上角的☰↓按钮，在弹出的菜单中选择“镜头与场景”，然后输入描述视频内容的关键词，如图1-30所示。

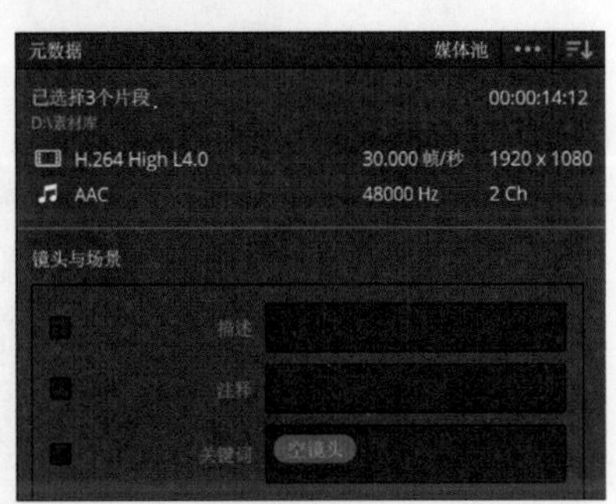

图1-30

04 在“智能媒体夹”列表中展开Keywords卷展栏，就能看到对应的智能媒体夹，所有关键词相同的素材都会出现在这个媒体夹中，如图1-31所示。每个素材可以输入多个关键词，这样就能快速找到特定的素材。

图1-31

提示 Point out

切换到某个智能媒体夹后，单击媒体池左上方的“Master”，可以重新显示媒体池里的所有素材。

05 在媒体池里选中所有素材后，右击任意一个缩略图，在弹出的快捷菜单中选择“分析片段查找人物信息”命令，DaVinci Resolve 19就能自动识别素材中的人脸。识别完成后，会在元数据中添加标识属性，并创建智能媒体夹来区分不同的人物，如图1-32所示。

图1-32

提示 Point out

在左侧的列表中单击“人物”，就可以在缩略图下方输入人物的名字。

06 执行“DaVinci Resolve/偏好设置”命令，打开偏好设置窗口，单击“用户”选项卡后选择“剪辑”选项，勾选“为人物元数据创建智能媒体夹”复选框，如图1-33所示。单击“保存”按钮后，在媒体池的“集合”卷展栏中就能看到人物智能媒体夹。

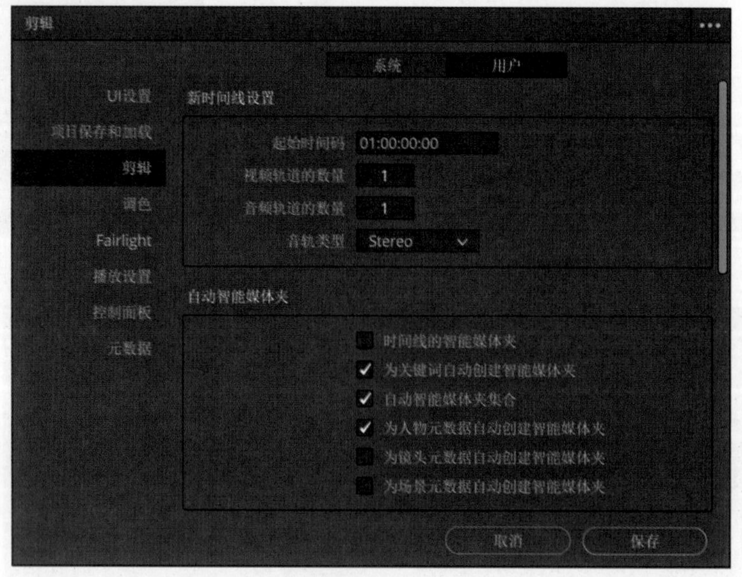

图1-33

DAVINCI RESOLVE 19

达芬奇

视频剪辑与调色

快编页面：极速出片的最佳选择

快编页面和剪辑页面的大部分功能是重合的。与剪辑页面相比，快编页面中提供了很多创新功能，筛选和插入素材的效率更高。用户不用切换页面即可完成剪辑、调色、添加标题和转场、合成语音和字幕以及渲染输出等工作，非常适合对视频进行粗剪或在时间紧迫时快速出片。

2.1 把素材导入媒体池中

快编页面主要由媒体池、检视器、工具条和时间线面板组成，如图2-1所示。在DaVinci Resolve 19中，首先需要把素材导入媒体池，然后把媒体池中的素材插入时间线上进行剪辑操作。

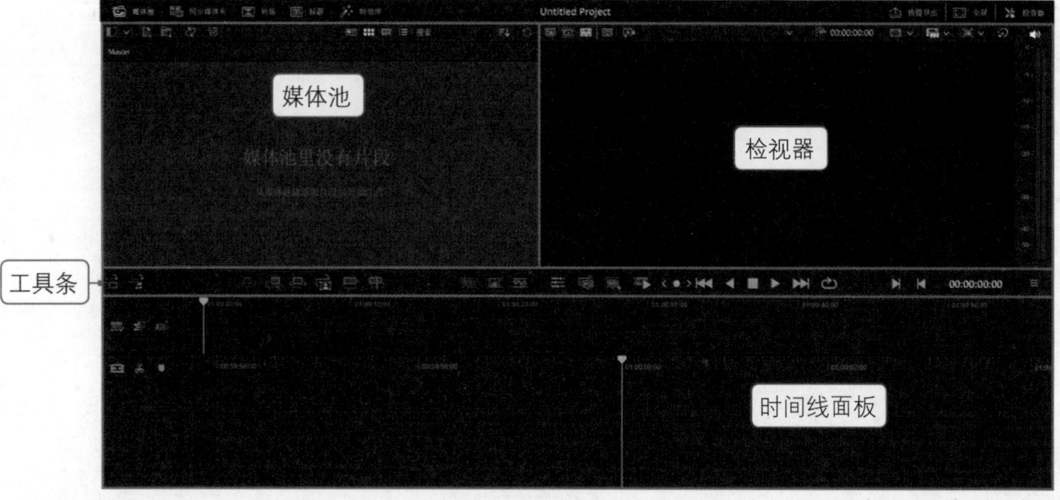

图2-1

提示 Point out

为了便于区分，本书把媒体池中导入的视频、图片、音频等媒体文件统称为素材，把插入时间线的素材统称为片段。

01 单击媒体池上方的按钮，或者在媒体池的空白处右击，在弹出的快捷菜单中选择“导入素材”命令，就能把磁盘中的素材导入媒体池。我们也可以单击媒体池上方的按钮，在打开的窗口中单击“选择文件夹”按钮，把选中的文件夹连同里面的所有素材一并导入媒体池，如图2-2所示。

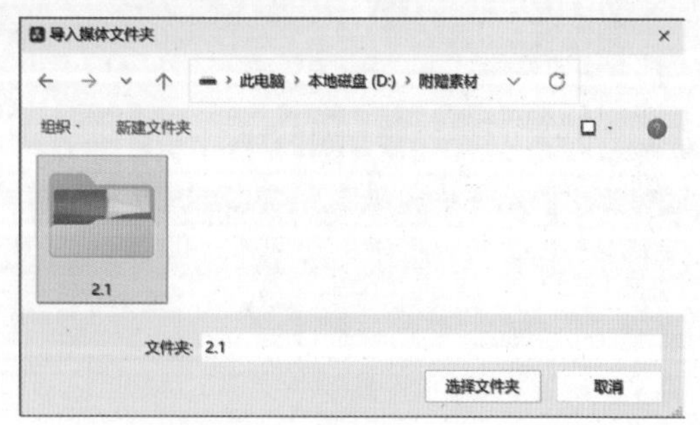

图2-2

02 打开已保存的项目时，如果项目中使用的素材文件被删除，媒体池里会出现红色的离线媒体，如图2-3所示。如果素材更改了名称或保存路径发生了变化，也会显示为离线媒体。遇到这种情况，可以单击媒体池上方的按钮，然后单击“位置”按钮以重新指定素材的路径。

图2-3

03 在媒体池中双击视频素材，把检视器切换到源片段模式，此时素材的画面将始终显示在检视器中。拖曳进度条底部的两个白色滑块，可以定位素材的入点和出点，入点和出点以外的画面将被修剪掉，如图2-4所示。

图2-4

提示 Point out

拖动滑块修剪素材时，检视器中的画面会变成两个，左侧显示的是入点处的画面，右侧显示的是出点处的画面。检视器的底部还会出现带有连续序号的缩略图，表示修剪掉了多少帧的画面。假设项目设置的帧率为30帧/秒，那么修剪掉29帧画面，视频素材的时长就会缩短1秒。

04 修剪素材的第二种方法是在检视器中把播放头拖曳到要保留画面的开始位置，按快捷键【I】标记入点；然后将播放头拖曳到要保留画面的结尾处，按快捷键【O】标记出点，如图2-5所示。

图2-5

提示 Point out

需要精确控制播放头的位置时，可以把光标移动到检视器下方的‹ ● ›按钮上，上下滚动一下鼠标中键，播放头就会前进或后退一帧。我们也可以单击播放头将其激活，然后按键盘上的左或右方向键，每按一下就前进或后退一帧。按住Shift键的同时按左或右方向键，可以前进或后退1秒。

2.2 用源磁带模式整理素材

源磁带模式的主要作用是梳理影片的故事线，使用源磁带模式整理素材的步骤如下：

01 单击检视器左上角的按钮，媒体池中的所有素材将以完整影片的形式显示在检视器里，进度条上的竖线表示每段素材的时间长度，如图2-6所示。可以单击检视器下方的按钮，加速播放较长素材，节省浏览素材的时间。

图2-6

02 如果素材的排列顺序与故事线不符，可以通过单击媒体池上方的按钮，按照时间码、摄影机或日期重新排序。如果这些排序方式仍无法满足需要，还可以单击按钮后选择“场景，镜头”进一步调整，如图2-7所示。

图2-7

03 单击媒体池上方的按钮切换到列表视图，双击片段名前面的“镜头”类目，输入自定义的镜头编号，如图2-8所示。完成初步修剪后，素材的排列即可符合故事线的顺序。

图2-8

2.3 将素材插入时间线上

快编页面的时间线分成上下两部分：上方为时间线总览，无论插入多少片段，总览都会显示完整时长，便于快速定位而无须频繁缩放时间线；下方的时间线中显示了片段每一帧的缩略图。将素材插入时间线上的步骤如下：

01 在媒体池里把选中的视频素材拖曳到时间线总览或时间线上，就能新建轨道并插入片段。音频素材需拖曳到视频片段下方的轨道上，如图2-9所示。

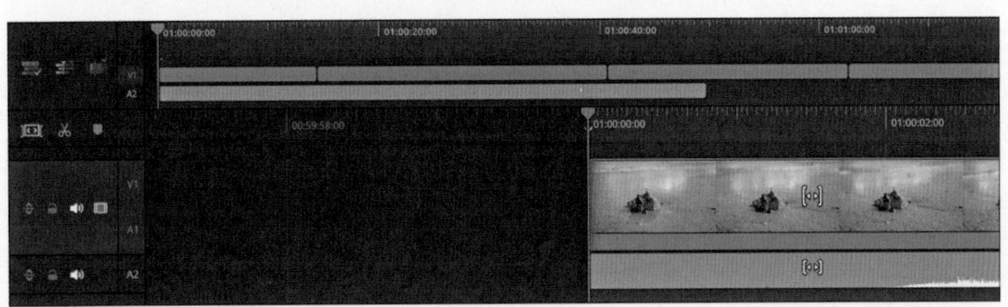

图2-9

提示 Point out

在时间线左侧的面板上激活按钮，可以只插入视频素材；激活按钮，可以只插入音频素材。

02 在DaVinci Resolve 19中，片段的入点、出点及两个片段相交的位置被称为编辑点。在时间线总览上，按住鼠标左键把片段拖曳到任意编辑点，待片段变为深色后松开鼠标左键，即可调整片段的顺序，如图2-10所示。

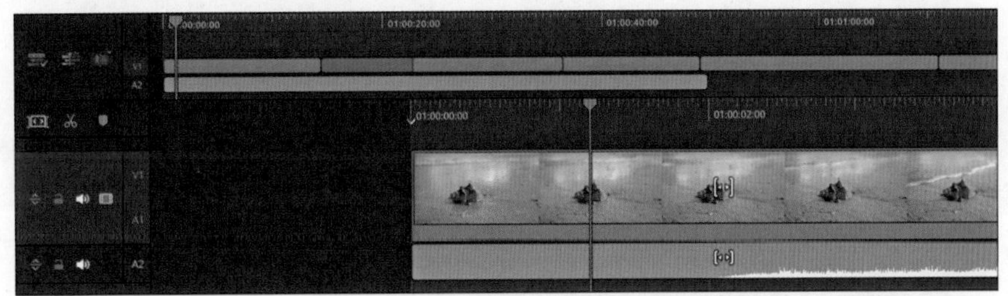

图2-10

03 使用快捷键和工具条上的快捷按钮可更高效地插入片段。在媒体池里选中素材并按F9键，即可把素材插入时间线，并把播放头移动到片段的结尾处，如图2-11所示。随后选中另一个素材，再按F9键，该素材会被插入播放头所在的位置。

如果把播放头移动到片段的中间位置，按F9键插入的素材会把播放头处的片段分割成两段。

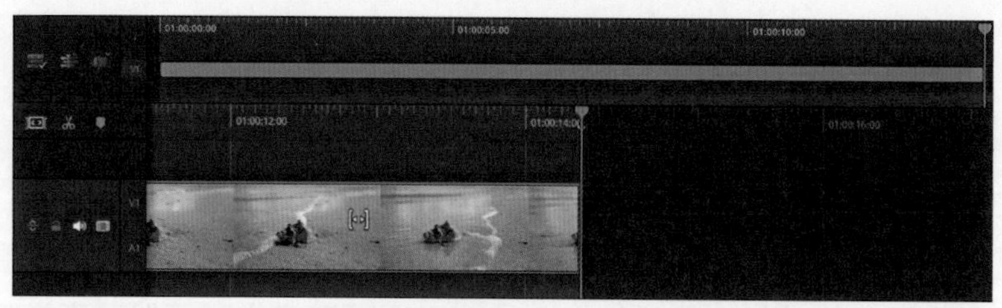

图2-11

04 单击工具条上的按钮，可以忽略播放头的位置，把素材插入时间线的尾部。将播放头移动到片段的一侧，当工具条上的按钮从灰色变成正常显示时，单击该按钮，素材会被插入距离播放头最近的编辑点，如图2-12所示。

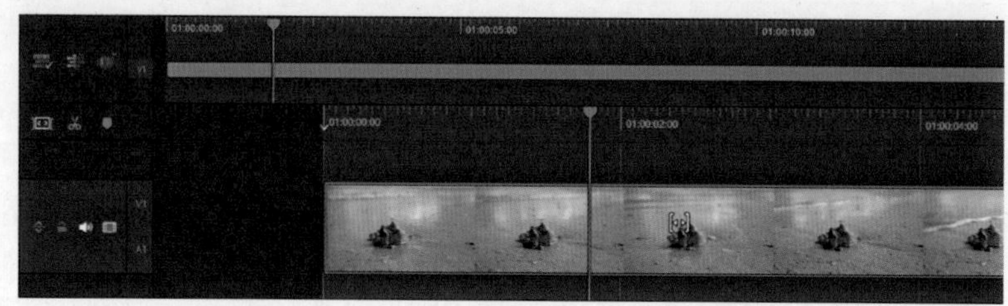

图2-12

05 单击工具条上的按钮，媒体池里选中的素材会替换播放头指向的片段。单击工具条上的按钮，会在播放头位置新建轨道并插入素材，如图2-13所示。

图2-13

06 单击工具条上的按钮，如果播放头指向的片段包含人脸，则会在新建轨道上叠加放大的人脸画面，如图2-14所示。如果播放头指向的片段上没有人脸，就把片段上的画面放大一倍，然后插在新建的轨道上。

图2-14

07 时间线上的播放头默认处于锁定状态，左右拖曳只能移动缩略图。在时间线总览左侧的面板上单击按钮，在弹出的菜单中取消对“固定的播放头”按钮的勾选，即可解除播放头的锁定，如图2-15所示。在默认设置下，播放头靠近编辑点时会自动吸附上去。单击按钮后，在弹出的菜单中取消对“吸附”按钮的勾选，即可关闭这项功能。

图2-15

提示 Point out

关闭吸附功能后，可以按上、下方向键跳转到相邻的编辑点，按V键可以跳转到距离播放头最近的编辑点。

08 在时间线的缩略图上右击，在弹出的快捷菜单中可以为片段指定不同的颜色，如图2-16所示。在时间线左侧的面板上单击按钮，会在播放头的位置创建作为参照或提示的标记。双击标记，在弹出的窗口中可输入备注文本或选择标记的颜色。

图2-16

2.4 去除影片中的多余画面

把素材插入时间线后，我们还可以拖曳片段两侧的编辑点，继续修剪多余的画面。去除影片中多余画面的步骤如下：

01 单击时间线面板上的按钮可以关闭波纹模式。在波纹模式下，修剪片段时，后面的片段会随之向前移动。关闭波纹模式后，修剪片段的操作不会改变影片的总时长，但片段之间会留下空隙，如图2-17所示。

提示 Point out

需要精确修剪片段的时长时，可以用播放头定位时间码，单击按钮后单击“修剪起点到播放头”和“修剪终点到播放头”按钮，删除多余画面。

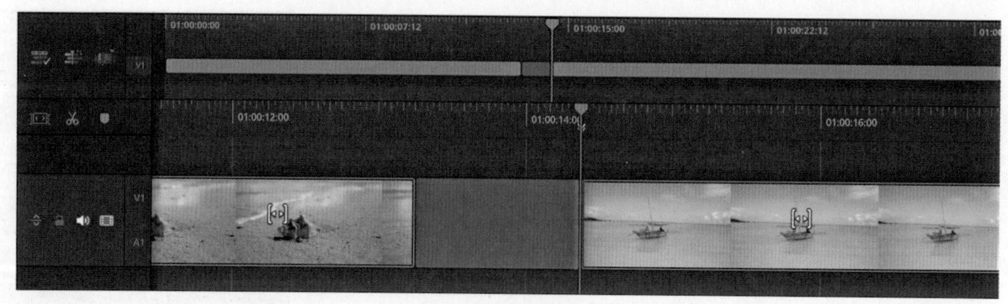

图2-17

02 需要删减片段中间的画面时，可以把播放头拖到要去除画面的开始处，单击✂按钮分割片段。继续把播放头拖到要去除画面的结尾处，再次单击✂按钮分割片段。现在片段被分割成3段，选择中间的片段后按Delete键即可删除多余的部分，如图2-18所示。

图2-18

03 也可以单击✂按钮把片段分割成两段，然后从分割点向两侧修剪画面。把光标移到分割点的位置，光标显示为 时按住鼠标左键拖曳，即可移动分割点的位置，如图2-19所示。

图2-19

提示 Point out

如果分割点两侧的片段没被修剪，单击 按钮后单击“连接匹配剪辑片段”按钮，可以把分割的片段重新连接到一起。

04 剪辑影视素材时，经常需要进行大量的分割操作。单击 按钮后，再单击“探测场景切点”按钮，DaVinci Resolve 19将自动检测片段并根据画面的镜头变换进行分割，如图2-20所示。

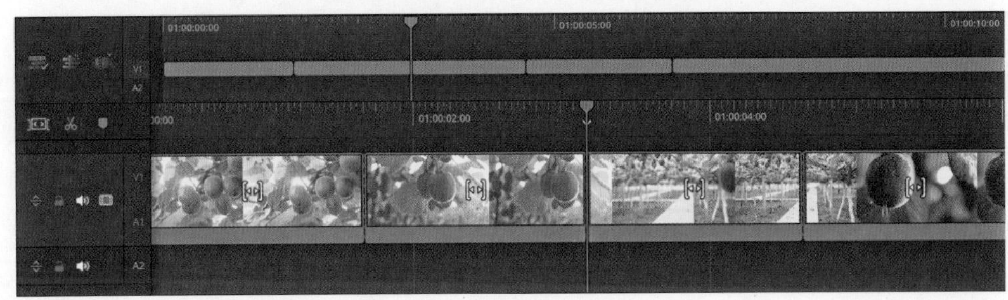

图2-20

05 左右拖曳缩略图上的图标，可以在不改变片段时长的情况下调整入点和出点的位置。修剪有语音的片段时，需要优先保证每段语音的完整性，先单击按钮，再单击“修剪到音频”按钮，拖曳编辑点时缩略图就会显示片段的音频波形，如图2-21所示。

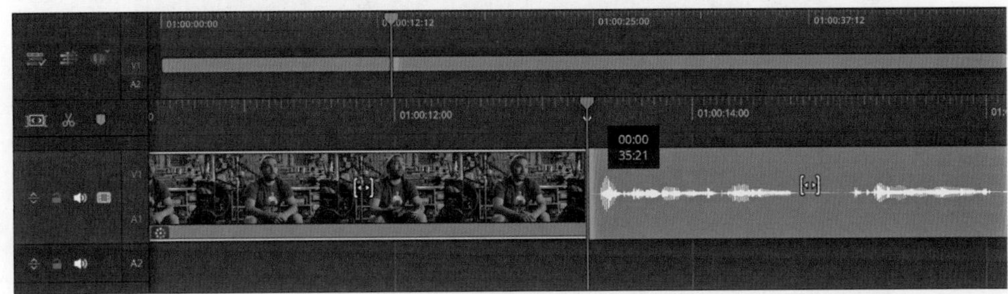

图2-21

06 剪辑快节奏的视频时，可以先单击按钮，再单击“单调片段检测器”按钮。假设我们希望每个片段的时长都不超过5秒，则在弹出的窗口中把“单调片段”设置为5，如图2-22所示。跳切片段指的是画面突然切换且时长非常短的镜头。

07 单击“分析”按钮后，在时间线上会用灰色区域标记每个片段超出的时长，跳切片段会用红色区域标记，如图2-23所示。

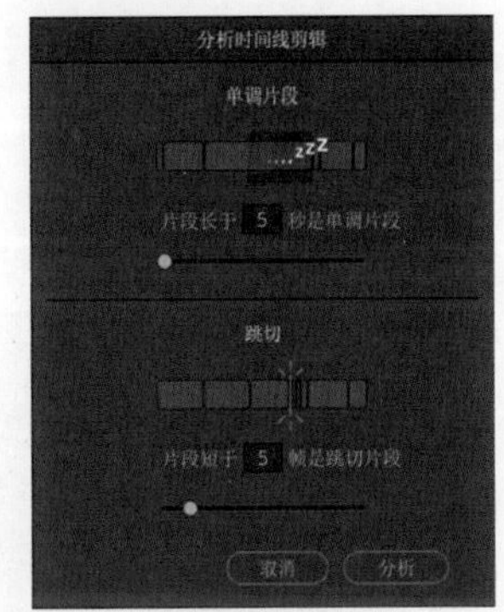

图2-22

图2-23

2.5 添加转场、标题和特效

为视频添加转场、标题和特效的步骤如下：

01 单击媒体池上方的“转场”按钮展开“转场”面板，如图2-24所示。在预设转场上左右移动光标，就能在检视器里预览转场效果。把转场预设拖曳到片段上，或者单击工具条上的◧和◨按钮，可以把选中的转场预设添加到片段的开头和结尾处。单击▣按钮，可以删除距离播放头最近的转场。

图2-24

02 要想在两个片段之间添加转场，需要在编辑点的两侧分别修剪掉部分时长。例如，想在两个片段之间添加时长为4秒的转场效果，需要把第一个片段的结尾和第二个片段的开头分别修剪掉2秒，如图2-25所示。

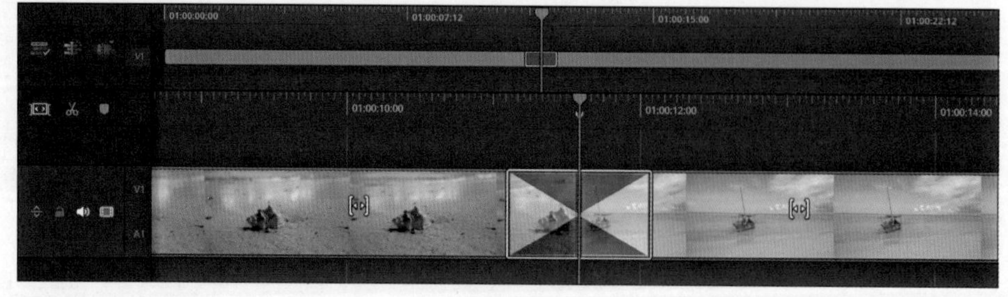

图2-25

03 在时间线中拖曳转场边框即可修改转场的时长。在DaVinci Resolve 19主页面的右上角展开“检查器”面板，在这里可以切换转场类型，或修改转场的时长、对齐方式等参数，如图2-26所示。

把转场预设拖到时间线的转场上，也能更改转场类型。

04 切换到“标题”面板，这里提供了很多标题和字幕预设。把标题或字幕预设拖曳到视频片段上方，或者选中一个预设后按F12键，就能新建字幕轨道并在播放头的位置叠加字幕，如图2-27所示。

05 在时间线总览上左右拖曳字幕片段，可以调整字幕的入点和出点；拖曳字幕片段两侧的编辑点，可以修改字幕的时长。字幕的文本内容、字体大小等属性需要在“检查器”面板中修改，如图2-28所示。

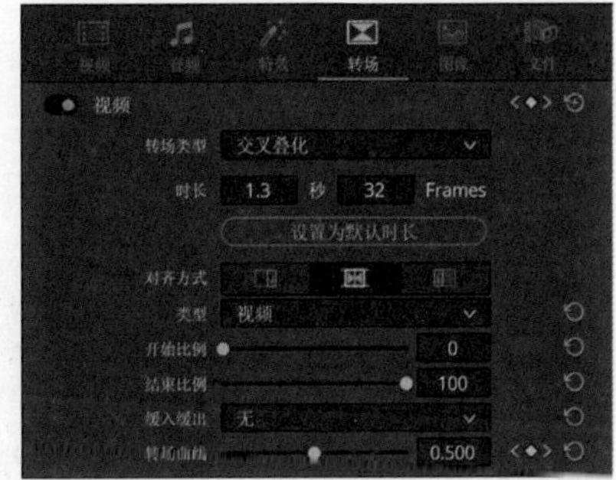

图2-26

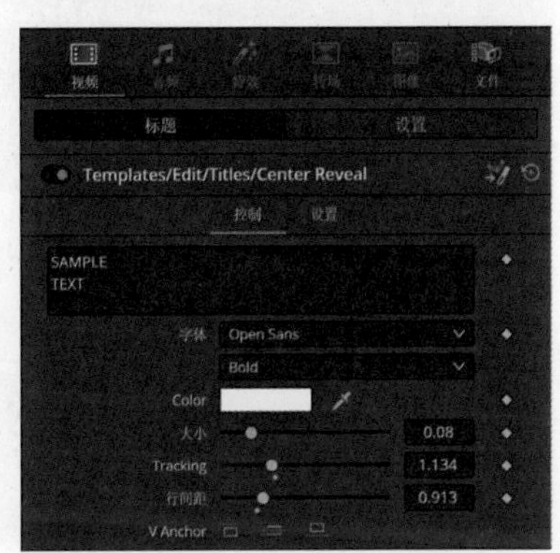

图2-28

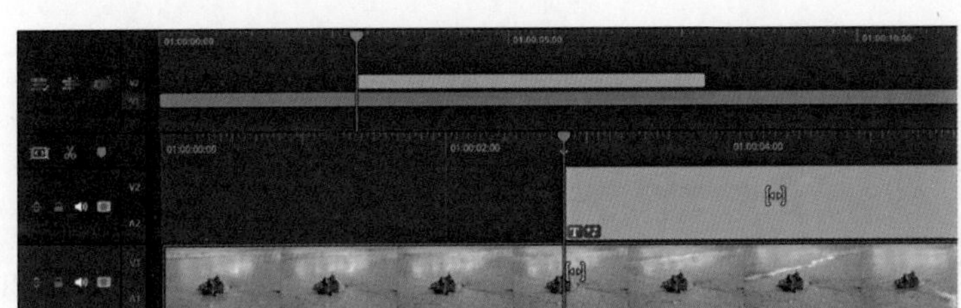

图2-27

06 如果插入的视频片段包含语音，可以先单击时间线面板上的按钮，再单击“从音频创建字幕”按钮，然后根据需要选择字幕的样式，最后单击Create按钮，如图2-29所示。接下来，DaVinci Resolve 19就会分析语音并自动创建字幕。

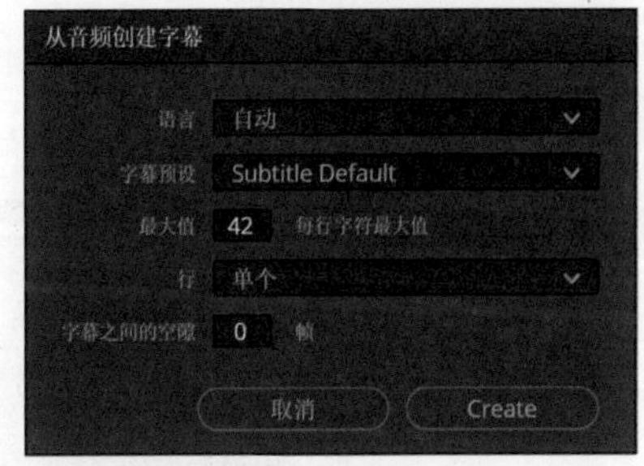

图2-29

提示 Point out

字幕的个别单词出现识别错误，或者需要修改字幕字体、大小、位置等样式和属性时，可以在“检查器”面板中调整。

07 切换到“特效库”面板，如图2-30所示。把特效预设拖曳到时间线的视频片段上，就能添加特效。也可以双击特效预设，或者选中特效预设后单击工具条上的按钮，把特效添加到播放头指向的视频片段上。

08 特效的参数同样要在“检查器”面板中设置。在“检查器”面板中单击特效名称右侧的按钮可以删除特效。单击特效名称左侧的开关，可以暂时将特效关闭，如图2-31所示。单击特效名称，可以隐藏特效的参数。单击按钮可以恢复特效的默认参数。

提示 Point out

在视频片段上可以同时添加多个特效。添加了很多特效后，在检视器中回放视频时会变得比较卡顿，单击检视器右上角的按钮可以不显示特效，从而提高回放的流畅度。

图2-30

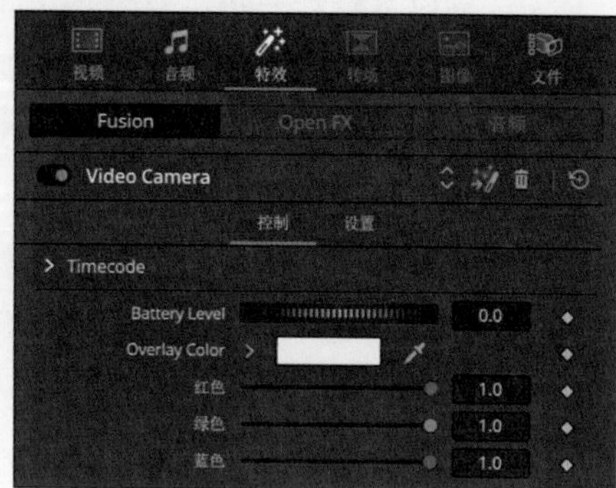

图2-31

2.6 在预览窗口中修改片段

DaVinci Resolve 19在快编页面的检视器中集成了很多快捷工具，无须展开“检查器”面板即可设置片段的各种属性。单击检视器下方的按钮，可以显示更多快捷按钮和设置参数，如图2-32所示。

图2-32

01 激活按钮后，双击参数后输入数值，或通过左右拖曳来调整参数，即可调整片段的缩放、位置和角度等属性。激活按钮后，可以在检视器中裁剪视频片段，如图2-33所示。

02 单击按钮，检视器上会出现两个边框，绿色边框代表片段第一帧的尺寸，红色边框代表片段最后一帧的尺寸。拖曳边框四角可以调整画面的大小，移动边框可以调整画面的位置。移动边框后，出现的红色线段表示画面的运动路径，如图2-34所示。

图2-33

图2-34

提示 Point out

设置好动态缩放后，取消按钮的激活状态，才能预览动画效果。

03 当时间线上叠加了多条视频轨道时，上方轨道会遮挡下方轨道的画面。需要合成光晕、镜头光斑等效果时，可以单击按钮，先选中上层轨道的片段，然后在下拉菜单中选择合成模式。利用滑块可以调整片段的不透明度，如图2-35所示。

图2-35

04 单击按钮可以设置选中片段的播放速度。先单击按钮，再单击“稳定”按钮，DaVinci Resolve 19就会自动分析画面的运动幅度，然后通过缩放和反向运动来减少晃动，如图2-36所示。

05 先单击按钮，再单击“分析”按钮，可以自动处理画面的透视关系，既可以修正广角镜头的畸变，也可以模拟鱼眼镜头等特殊效果。先单击按钮，再单击“自动调色”按钮，可以自动平衡画面的色彩和对比度，如图2-37所示。

图2-36

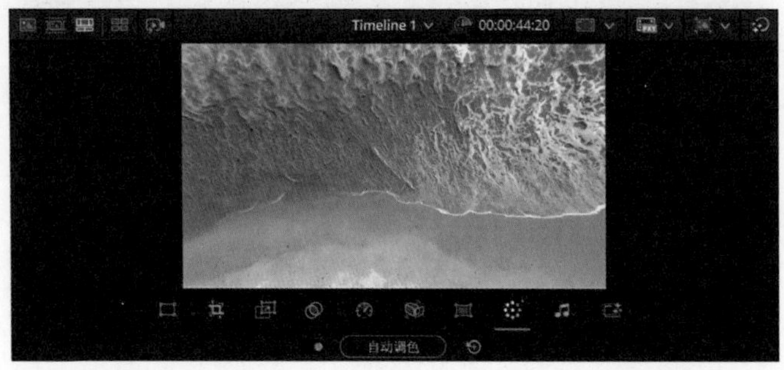

图2-37

06 单击检视器右上方的按钮，在弹出的菜单中可以快速设置项目分辨率。单击按钮后，可以显示常用媒体和广播节目的画幅和安全框。在剪辑过程中，确保人物、标题等重要内容始终处于安全框内，可以避免这些内容在不同媒介或设备上播放时被裁剪掉，如图2-38所示。

图2-38

2.7 利用快编页面快速出片

本节综合前面的内容，在快编页面中剪辑一个要素齐全的完整视频。具体步骤如下：

01 剪辑视频的第一步是新建项目和导入素材。在项目管理器中单击“新建项目”按钮，在弹出的面板中输入项目名称后单击“创建”按钮进入主界面。接着，单击主界面右下角的⚙按钮打开项目设置窗口，在“时间线分辨率”菜单中选择“1920×1080HD”，然后设置“时间线帧率”为30帧/秒。单击媒体池左上角的按钮，选中“附赠素材/2.7”文件夹后单击“选择文件夹”按钮导入素材文件，如图2-39所示。

图2-39

02 接下来，选择根据画面配乐还是根据音乐剪辑画面。在媒体池里双击A01音频素材，在检视器面板的底部拖曳入点滑块，修剪掉没有波形的空白部分。然后，拖曳出点滑块，参考检视器上方的时间码，把音频的时长修剪为45秒，如图2-40所示。

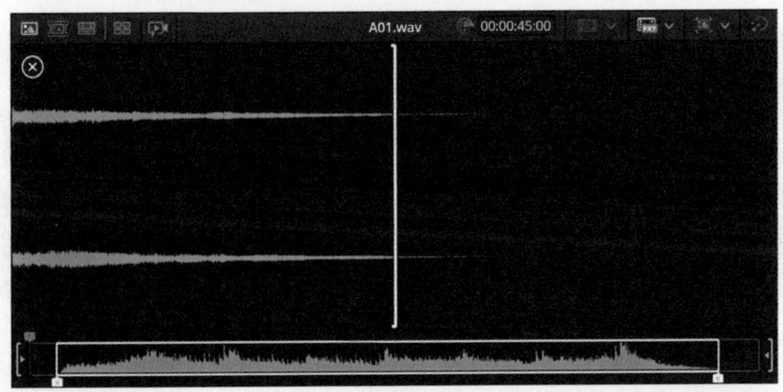

图2-40

> **提示** Point out
>
> 一般来说，纪录片、微电影、VLOG、教学片这些以故事为主的视频需要先排列画面，然后根据画面内容合成音乐和语音；而广告、宣传片、踩点短视频这种以情绪为主的视频，通常是先确定音乐，然后根据音乐的节奏剪辑画面。

03 按F9键把音频素材插入时间线，按空格键播放项目，熟悉一下音乐的节奏。然后，选中时间线上的片段，单击时间线面板上的按钮，添加4个标记，并根据具有重复性和节奏感的重拍把音频片段分成5个段落，如图2-41所示。

04 根据划分好的段落排列视频素材。把媒体池里的V01素材拖曳到时间线的0帧处，拖曳视频片段的编辑点，把出点修剪到第一个标记处，如图2-42所示。

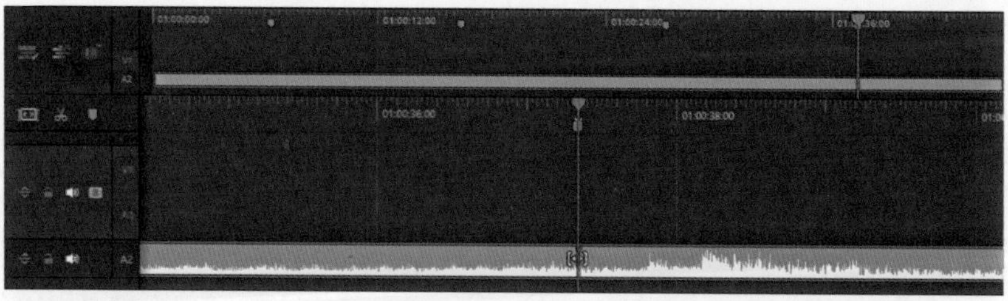

图2-41

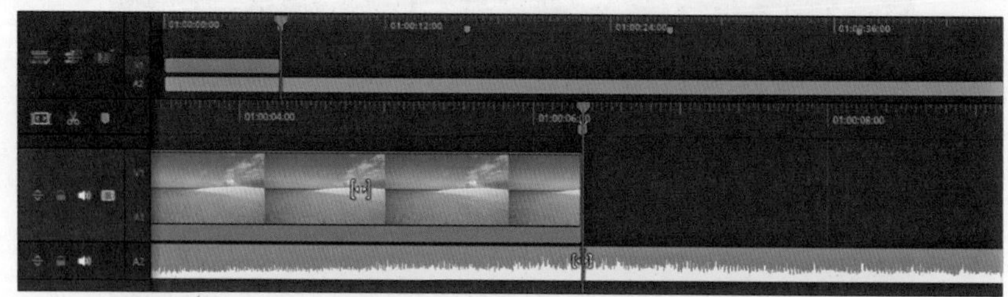

图2-42

05 在媒体池里双击V02素材，在检视器中拖曳入点滑块，修剪掉大约30帧的画面，这样做是为了在片段之间添加转场。修剪完成后，单击工具条上的按钮，把素材附加到时间线末端，然后拖曳片段的出点，与第二个标记对齐。重复前面的操作，依次修剪、附加和对齐V03~V05素材，完成视频素材的排列，结果如图2-43所示。

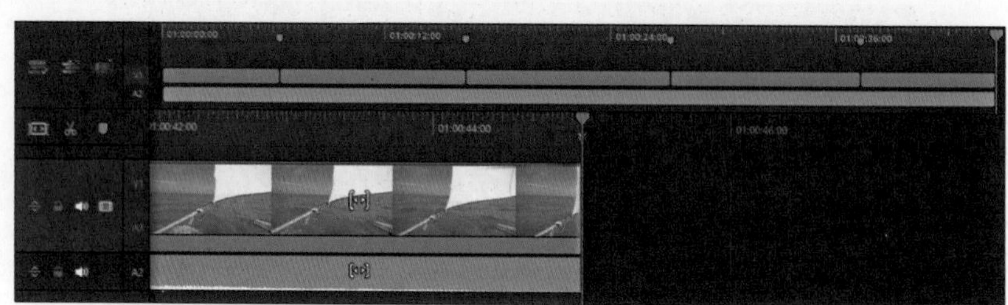

图2-43

06 框选时间线面板上的所有视频片段，展开“转场”面板，在“交叉叠化”预设上右击，在弹出的快捷菜单中选择“添加到所选的编辑点和片段”命令。在时间线总览上选中第一个转场，展开“检查器”面板，设置“时长”为3秒；选中最后一个转场，设置“时长”为4秒，结果如图2-44所示。

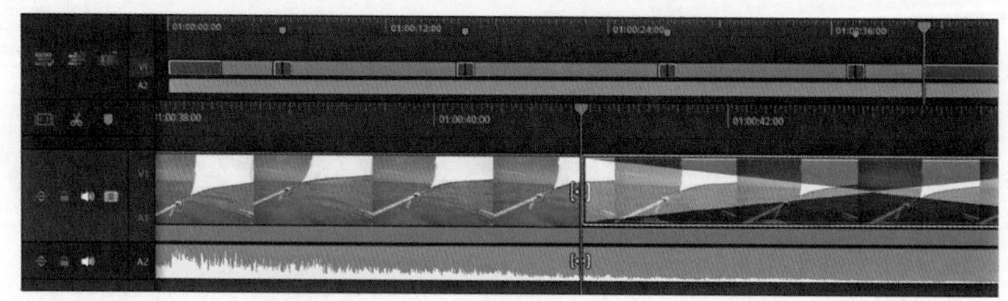

图2-44

07 展开“标题”面板，选中Fade On预设。把时间线上的播放头拖到0帧处，按F12键叠加标题预设，然后把标题片段的出点与第一个标记对齐。继续展开“检查器”面板，设置标题的内容、字体和大小，如图2-45所示。

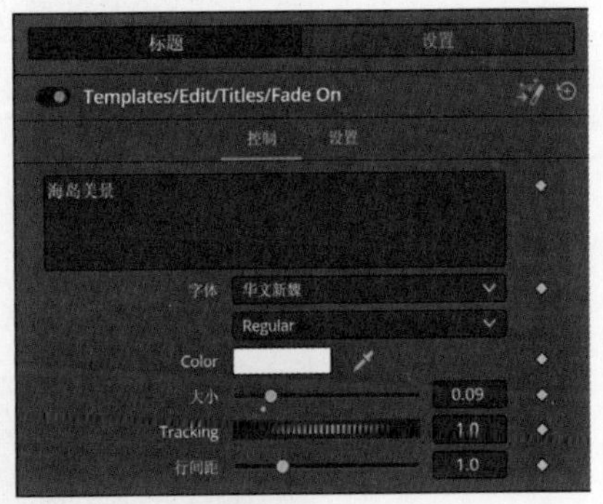

图2-45

08 在时间线面板上选中所有视频片段，展开“特效库”面板，选中Colored Border效果器后，单击工具条上的按钮添加边框特效，结果如图2-46所示。

图2-46

09 把时间线面板上的播放头拖到第二个标记处，在媒体池里选中F01视频后，按F12键叠加素材，然后把片段的出点对齐到第三个标记处。继续在第三个标记处叠加F02视频，把出点对齐到第四个标记处，如图2-47所示。

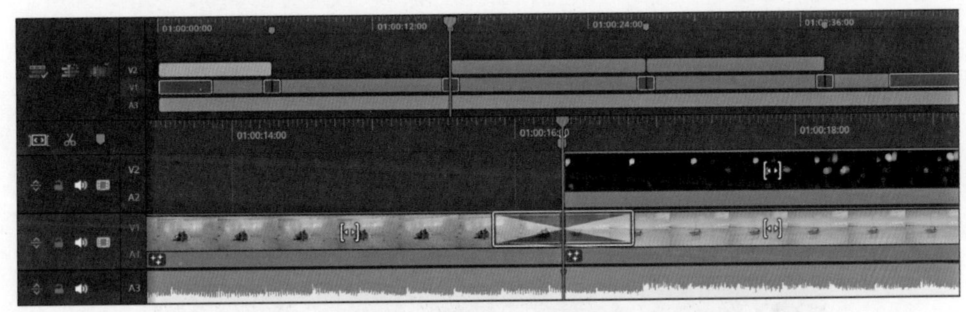

图2-47

10 选中叠加的两个视频片段，单击检视器面板下方的按钮后单击按钮，在下拉菜单中选择“滤色”，继续拖曳滑块降低不透明度，如图2-48所示。

11 在时间线面板上选中音频片段，单击检视器面板上的按钮，按空格键播放项目，参考检视器面板右侧的音频表调整音量，让电平尽量不出现红色区域，如图2-49所示。继续在时间线面板左侧单击按钮，让两个视频轨道静音。

图2-48

图2-49

12 视频剪辑完成后，单击检视器面板右上方的“全屏”按钮，然后按空格键预览项目，确认没有问题后按Esc键退出全屏。

13 单击“检视器”面板右上方的“快捷导出”按钮，设置好导出参数，如图2-50所示。单击“导出”按钮后选择视频文件的保存路径，即可导出剪辑好的视频。

图2-50

第 3 章

剪辑页面：更加精细地处理视频

如果说快编页面的特色是高效，那么剪辑页面的特色就是精细。虽然快编页面和剪辑页面中的大部分功能是重合的，但它们在很多操作上存在差异，而且变速曲线、关键帧插值等高级功能只能在剪辑页面中使用。

3.1 剪辑页面的布局

剪辑页面由媒体池、检视器（包括源片段检视器和时间线检视器）、工具条和时间线面板组成，如图3-1所示。在默认设置下，媒体池占据了较大的页面空间，可以单击左上角的按钮收缩媒体池，以最大化显示时间线。“检查器”面板也可以通过单击其名称右侧的按钮来展开和收起。

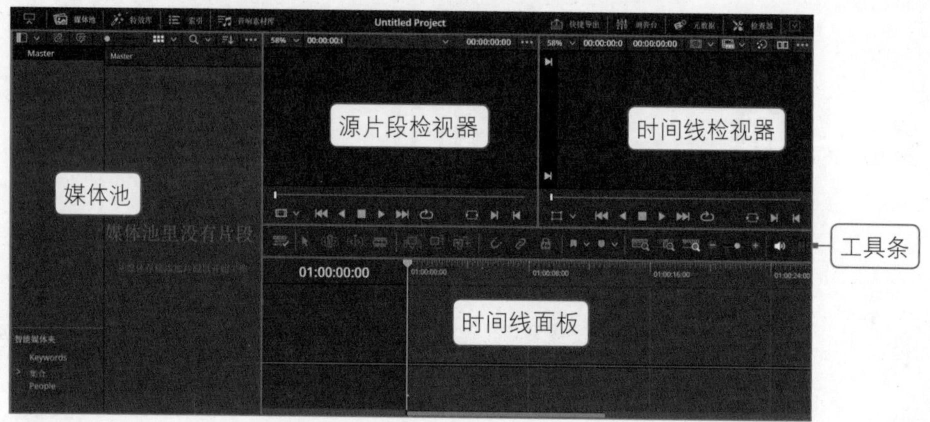

图3-1

提示 Point out

把光标移到两个面板的交界处，当光标显示为时拖曳，可以调整面板的大小。修改了页面布局后，执行工作区/重置用户界面布局”命令，可以恢复到默认状态。

01 按【Ctrl+I】快捷键导入素材，选中V01视频后按F9键将其插入时间线上。剪辑页面包含两个检视器：左侧的源片段检视器用于显示媒体池里的素材，在媒体池里双击一个素材，该素材会持续显示在源片段检视器中；右侧的时间线检视器则始终显示时间线上的片段。展开“检查器”面板，或单击检视器右上角的按钮，可以把两个检视器合并，如图3-2所示。

图3-2

02 把光标移到检视器的画面上，滚动鼠标中键可缩放画面，按住中键拖曳可移动画面。在检视器左上角的菜单中，可以选择画面的缩放比例；按Z键可根据面板尺寸自动调整画面大小。检视器上方显示两个时间码：左侧的时间码显示时间线上片段的总时长，右侧时间码显示播放头所在的时间点。

03 可以利用右侧的时间码精确定位播放头的位置。例如，单击右侧的时间码后输入920，按回车键可将播放头移动到9秒20帧；输入“+200”可将播放头从当前位置向右移动2秒；同理，输入“–100”可将播放头从当前的位置向左移动1秒，如图3-3所示。

图3-3

04 需要反复预览某个时段时，可以在检视器下方的■按钮上右击，在弹出的快捷菜单中勾选“停止播放并把播放头放回原位”，如图3-4所示。接下来播放片段时，停止播放后播放头会自动跳回起始位置。

图3-4

提示 Point out

我们也可以按L和J键播放和倒放项目，播放项目的过程中按一下L键可以2倍速播放，继续按L键最高可以加速到64倍速。同时按住K和L键可以用0.5倍速慢放。

05 剪辑页面把转场、标题和特效库合并在一起。展开“特效库”面板后，可通过左侧的列表进行切换，如图3-5所示。

06 “编辑索引”面板显示了所有片段的详细信息。在该面板中单击某个片段，播放头将跳转到该片段的入点处，如图3-6所示。在处理复杂的剪辑项目时，可以单击“编辑索引”面板右上角的•••按钮，筛选特定类型的片段。

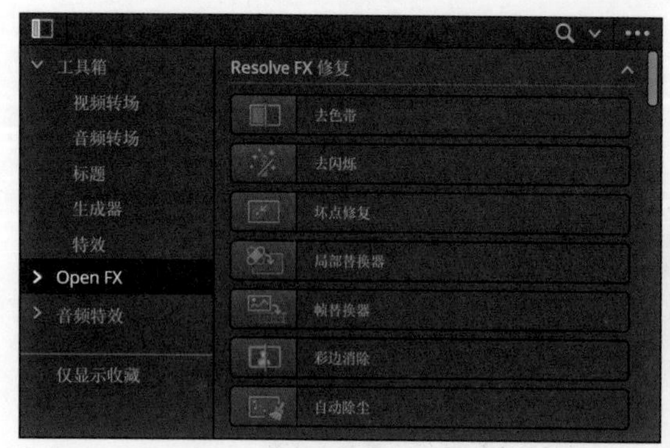

图3-5

图3-6

07 切换到“音响素材库”面板，单击面板右上角的•••按钮，选择“添加素材库”命令后，继续选择一个文件夹即可导入其中的音频素材。导入完成后，需要搜索文件名才能看到对应的音频素材。我们可以在搜索栏中输入“***”以显示出所有音频列表，如图3-7所示。

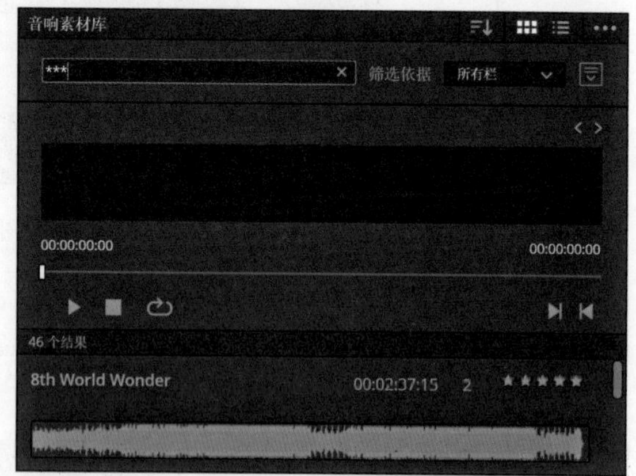

图3-7

3.2 时间线中的常用操作

时间线中的常用操作步骤如下：

01 继续上一节的项目，可以注意到剪辑页面的工具条上只提供了“插入片段”“覆盖片段”和“替换片段”3个快捷按钮。把媒体池中的素材拖到检视器后，检视器的右侧会显示所有插入工具的快捷按钮，如图3-8所示。

把素材拖曳到时间线上时，按住Alt键可以只插入素材的视频画面，按住Shift键可以只插入素材的音频。

图3-8

02 在时间线上插入片段后，拖曳工具条上的圆形滑块或者按【Ctrl+减号】和【Ctrl+加号】快捷键可以缩放时间线。单击工具条上的按钮，可以显示时间线的全部时长。单击按钮，会以播放头为中心放大时间线，如图3-9所示。

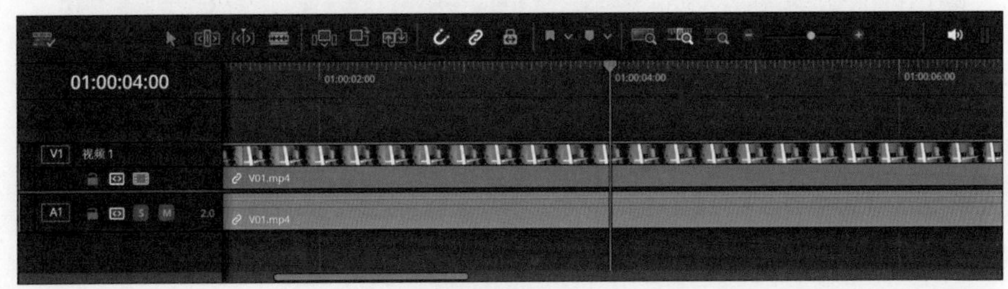

图3-9

03 激活工具条上的按钮，在片段缩略图上单击即可连续分割片段，如图3-10所示。

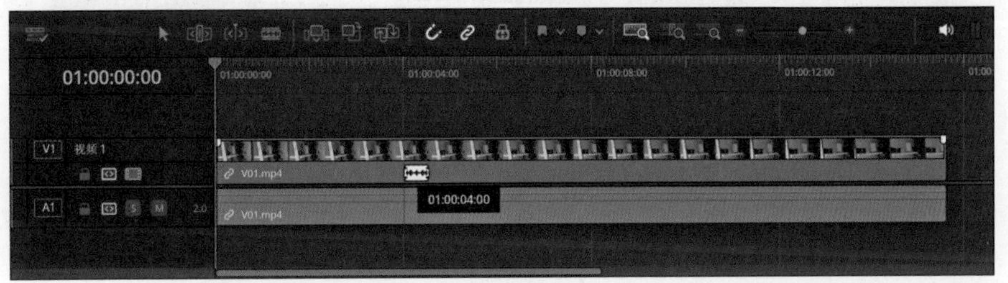

图3-10

提示 Point out

在时间线上选中一个片段后，按Backspace键删除片段会留下空隙，按Delete键可以把片段连同空隙一并删除。

04 把片段分割成3段后，在移动中间的片段时，其左侧片段的末尾会被修剪，其右侧片段的开头则会留下空隙。激活工具条上的按钮后，光标显示为时拖曳片段，可以在不改变片段时长和位置的情况下调整入点和出点。将光标移到片段名称上，当光标显示为时拖曳该片段，与之相邻的左侧片段会被修剪，右侧片段则会延长，如图3-11所示。

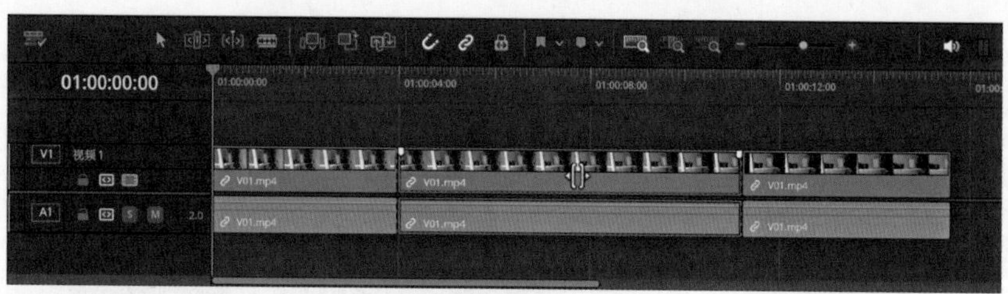

图3-11

05 激活工具条上的按钮，播放头会自动跳转到距离最近的编辑点。按空格键后，播放头会后退2秒再向前播放，这一功能主要用来查看片段间的衔接效果，如图3-12所示。

图3-12

提示 Point out

按【,】或【.】键可以把片段向左或向右移动1帧。按【Shift+,】或【Shift+.】快捷键可以向左或向右移动5帧。按【Ctrl+Shift+,】或【Ctrl+Shift+.】快捷键可以交换相邻左侧或右侧片段的位置。

06 单击工具条上的按钮，在弹出的列表中可以设置时间线缩略图的显示方式和轨道高度。把光标移动到轨道的边框处，光标显示为时拖曳，可以调整轨道高度，如图3-13所示。

图3-13

07 在时间线中拖动片段时，片段的视频轨道和音频轨道会一起移动。如果在工具条上取消按钮的激活，视频和音频轨道就能分别拖动，如图3-14所示。

08 激活时间线工具栏上的按钮，可以锁定所有轨道上的片段。被锁定的片段不能移动位置，但可以进行分割或修剪等操作。我们还可以单击时间线面板左侧的按钮，单独解锁某个轨道的锁定状态，如图3-15所示。

提示 Point out

在时间线面板的左侧激活按钮，被锁定的片段既不能移动位置，也不能进行剪辑操作。取消按钮的激活，可以禁用轨道上的视频画面。

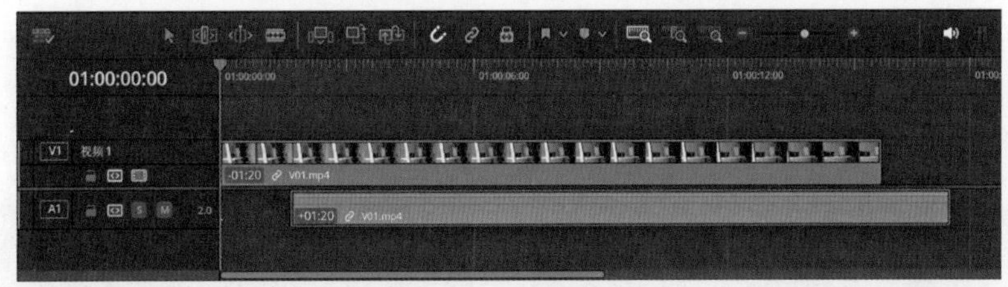

图3-14

图3-15

3.3 利用关键帧制作动画

关键帧的作用是把片段某一时刻的参数属性记录下来。当相邻两个关键帧的参数属性不同时，片段会从一种状态过渡到另一种状态，从而产生动态效果。本节通过一个示例介绍创建和编辑关键帧。

01 按【Ctrl+I】快捷键导入素材，在媒体池里选中V01视频后按F9键将其插入时间线。按向上箭头把播放头移到0帧处。在媒体池里选中V02视频后按F12键将其叠加到轨道2上。在检视器上单击右侧的时间码，输入600把播放头定位到6秒处，按【Shift+]】快捷键修剪片段，结果如图3-16所示。

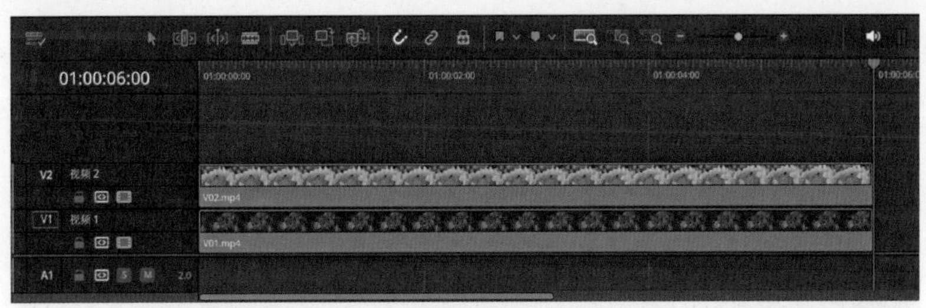

图3-16

02 展开“检查器”面板，展开“裁切”选项组后勾选“保留图像位置”复选框，把“裁切右侧”参数设置为960；在“变换”选项组中把“位置X”参数设置为-420。当前的画面效果如图3-17所示。

03 把播放头定位到2秒处，在“检查器”面板中单击“位置”参数右侧的◆按钮创建关键帧。把播放头移到0帧处，在“检查器”面板中将“位置Y”参数设置为1080，如图3-18所示。播放片段时，轨道2上的片段会在2秒内从上方向下逐渐进入镜头。

图3-17

图3-18

04 把播放头定位到4秒处，按【Ctrl+[】快捷键创建关键帧，确保片段在2~4秒时间段内的位置保持不变。把播放头定位到6秒处，在“检查器”面板中将“位置Y”参数设置为-1110，让片段用2秒的时间向下运动并离开镜头，如图3-19所示。

图3-19

提示 Point out

单击关键帧右侧的↺按钮，可以把这个参数恢复成默认值。单击↺按钮能把选项组中的参数都恢复成默认值。

05 播放项目时会发现，片段进入和退出的速度较慢。单击片段缩略图右下角的◆按钮展开关键帧编辑器，把第二个关键帧拖到1秒15帧处，把第三个关键帧拖到4秒15帧处，如图3-20所示。

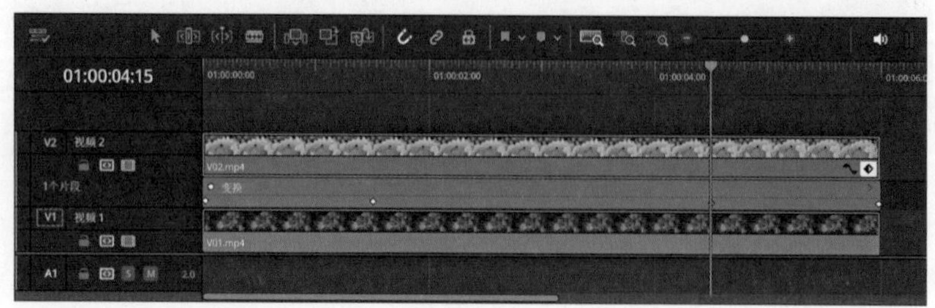

图3-20

06 关键帧默认使用线性插值，这会导致对象始终匀速运动。单击片段缩略图右下角的按钮，展开曲线编辑器。选中第二个关键帧，单击上方的按钮把插值设置为缓入；选中第三个关键帧后，单击按钮把插值设置为缓出，如图3-21所示。这样就能让运动产生加速和减速的变化。

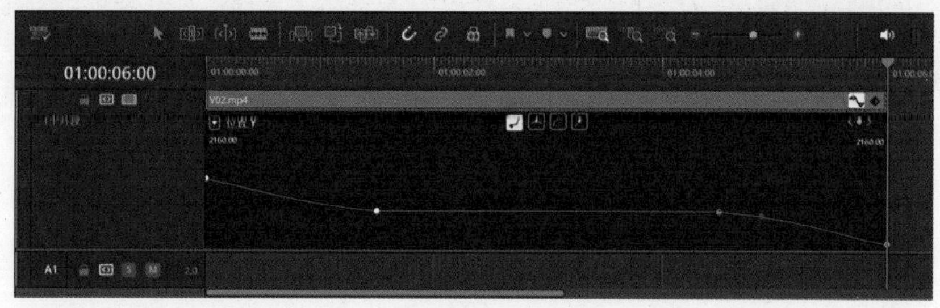

图3-21

07 按住Alt键后把轨道2上的片段向上方拖曳，复制一个片段。单击复制轨道的序号V3使其变成带有橘红色边框的V1，把播放头拖到0帧处，在媒体池里选中V03视频后按F11键替换复制的片段，如图3-22所示。

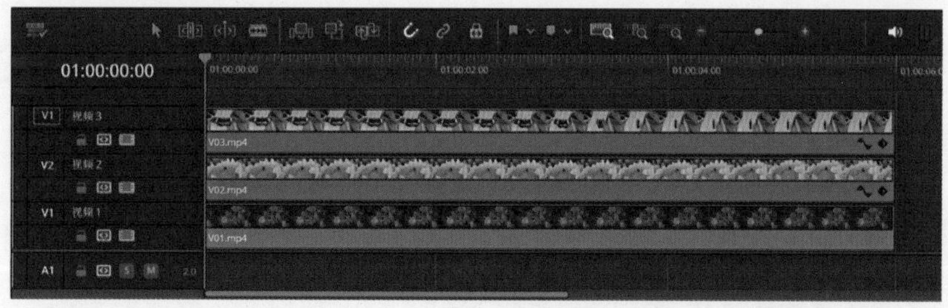

图3-22

08 在“检查器”面板中依次将“裁切左侧”参数设置为960，“裁切右侧”参数设置为0。单击关键帧右侧的按钮跳转到第二个关键帧，将“位置X”参数设置为580。跳转到第一个关键帧，将“位置Y”参数设置为-1080。跳转到最后一个关键帧，将“位置Y”参数设置为1110。当前的效果如图3-23所示。

图3-23

09 按【Shift+C】快捷键展开曲线编辑器，框选中间两个关键帧后单击按钮恢复成线性插值。继续选中第二个关键帧后单击按钮；选中第三个关键帧后单击按钮，如图3-24所示。最后按【Ctrl+A】快捷键选中所有片段，在“检查器”面板中展开“稳定”选项组，单击“稳定”按钮。至此，利用关键帧就完成了动画的制作。

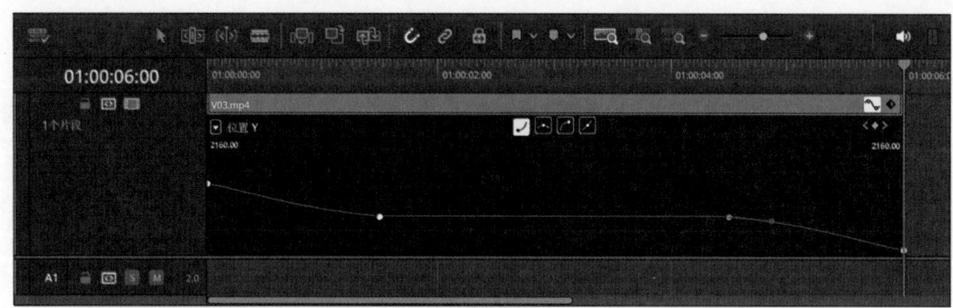

图3-24

3.4 改变影片的播放速度

本节将介绍在DaVinci Resolve 19中改变画面的播放速度和方向（实现快放、慢放、倒放和定格效果）的方法。具体步骤如下：

01 按【Ctrl+I】快捷键导入素材。在媒体池里选中V01视频后，按F9键将其插入时间线。在“检查器”面板中展开“变速”选项组，将“速度”参数设置为200，片段就会以2倍速快放，如图3-25所示。速度参数值小于100时则会慢放片段，数值越低，片段的播放速度就越慢。

提示 Point out

勾选“波纹时间线”复选框后，慢放的片段时长会根据慢放倍数增加；未勾选时，慢放片段的时长保持不变。

02 把速度参数设置为负数或者单击《按钮，可以让片段倒放，负值越高，倒放的速度越快，如图3-26所示。单击❄按钮，片段会在播放头位置分割，播放头右侧部分都会变为静帧图片。

图3-25

图3-26

03 把媒体池里的V02视频插入时间线。当我们只想快放或慢放片段中的部分画面时，需要按B键激活刀片工具，分割片段后选中需要变速的片段，在“检查器”面板中调整“速度”参数，结果如图3-27所示。

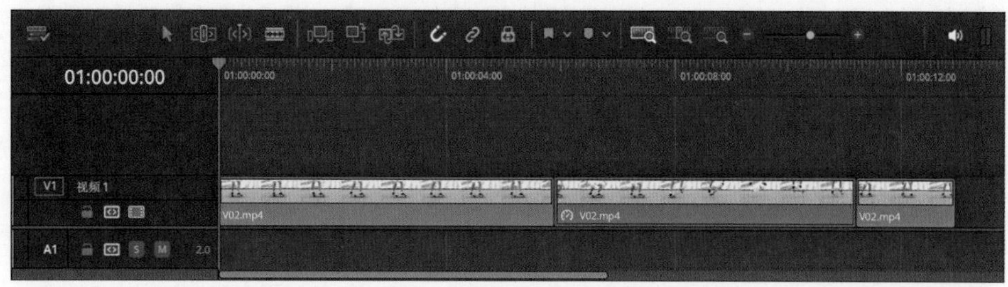

图3-27

04 更加方便、灵活的变速方法是在片段缩略图上右击，在弹出的快捷菜单中选择“变速控制”命令。把播放头拖到变速的起始位置，单击片段下方的▼按钮，执行“添加速度点”命令，这时片段缩略图上会出现一个滑杆，把片段划分成两个区域。继续把播放头拖到变速的结束位置，再次添加速度点，如图3-28所示。

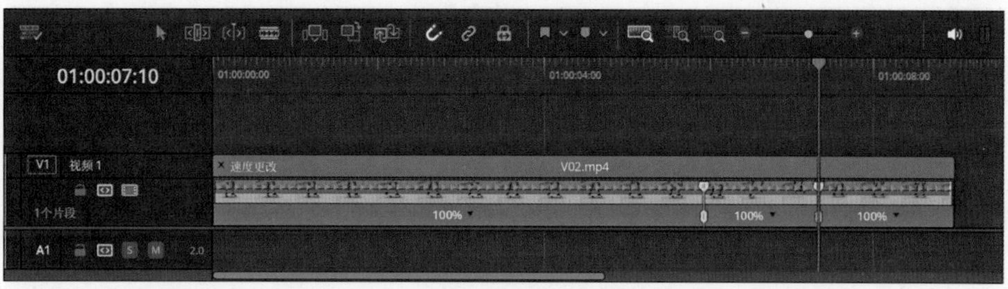

图3-28

05 滑杆由上下两个滑块组成，拖曳下方的滑块可以调整速度点的位置，拖曳上方的滑块可以调整滑杆左侧区域速度的快慢，如图3-29所示。

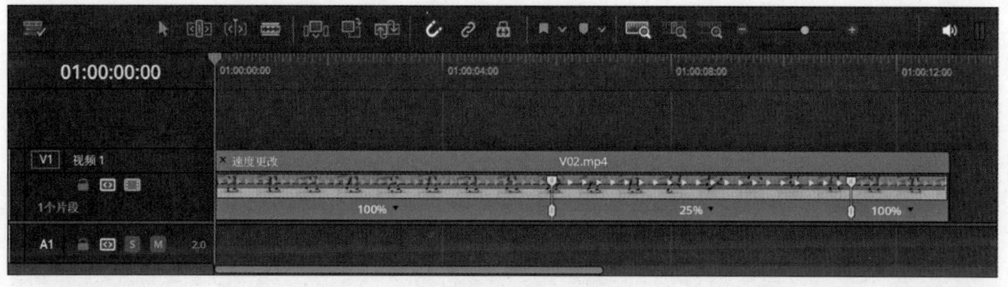

图3-29

提示 Point out

片段缩略图的上方用一排箭头表示了播放方向和帧密度。箭头的间距越小，表示帧率越高，播放速度也就越快。箭头显示为黄色时，表示片段正在慢放。

06 把光标移动到片段右上角的边框。当光标显示为⟷时，拖曳可以调整最后一个段落的速度，如图3-30所示。除了拖曳以外，也可以单击▼按钮，在弹出的菜单中更改速度。单击▼按钮后执行“清除速度点”命令，可以删除区域左侧的滑杆。

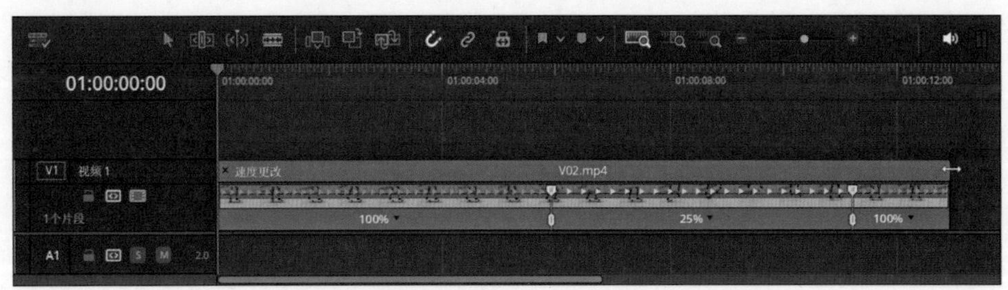

图3-30

07 需要让不同速度之间的过渡更加平滑时，可以使用变速曲线功能。把媒体池里的V03视频插入时间线，把播放头拖到15秒处，先按【Ctrl+R】快捷键进入变速控制模式，然后按【Ctrl+[】快捷键添加速度点。拖曳滑块，把滑杆左侧的速度设置为1800%，把滑杆右侧的速度设置为75%，如图3-31所示。

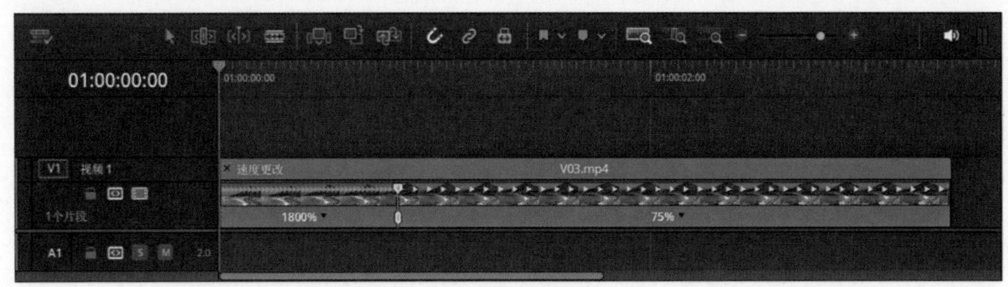

图3-31

08 在片段上右击，在弹出的快捷菜单中选择“变速曲线”命令，轨道下方出现一条代表播放速度和方向的线段。单击左上角的▼按钮，在弹出的菜单中取消“重新调整变速”的勾选。选中线段上的关键帧后单击上方的按钮，继续拖曳关键帧两侧的圆形手柄，把线段调整成曲线，如图3-32所示。

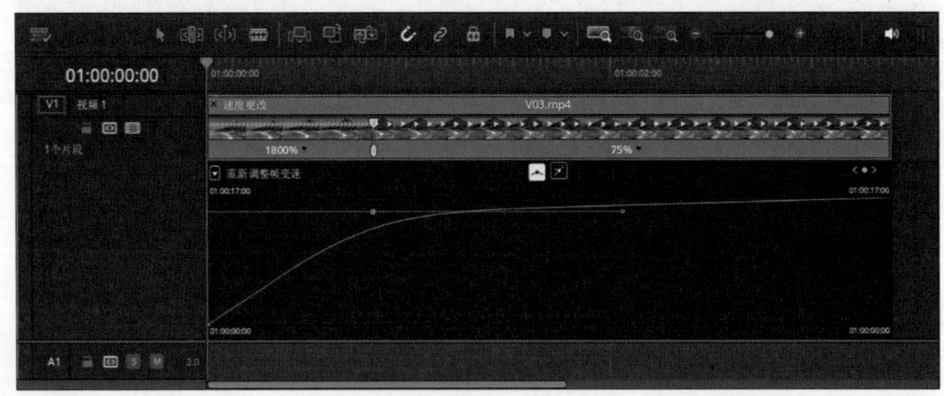

图3-32

09 片段慢放后帧率会降低，因此播放过程中会出现卡顿。在“检查器”面板中展开“变速与缩放设置”选项组，在“变速处理”下拉菜单中选择“光流”，然后在“运动估计”下拉菜单中根据需要选择一种模型，DaVinci Resolve 19就会对片段进行补帧处理，让慢放的画面看起来更流畅，如图3-33所示。

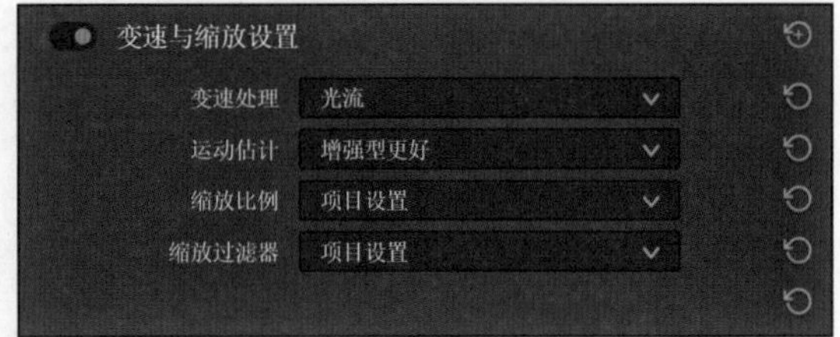

图3-33

3.5 快速剪辑多机位视频

多机位拍摄是指使用两台或两台以上的摄像机同时从多个角度对同一场景进行多方位的拍摄，使观众能够从多个不同的视角观看画面。本节将结合快编页面和剪辑页面的优势，介绍一种高效、简捷的多机位素材剪辑流程。

01 按【Ctrl+I】快捷键导入素材，素材包括8个不同机位的画面和一个独立录制的主音频文件。因为不同摄像机的开机时间不同，所以剪辑多机位视频的第一步是让所有画面和音频同步，也就是俗称的“合板”。在快编页面的媒体池上方单击按钮，打开“同步片段”窗口，如图3-34所示。

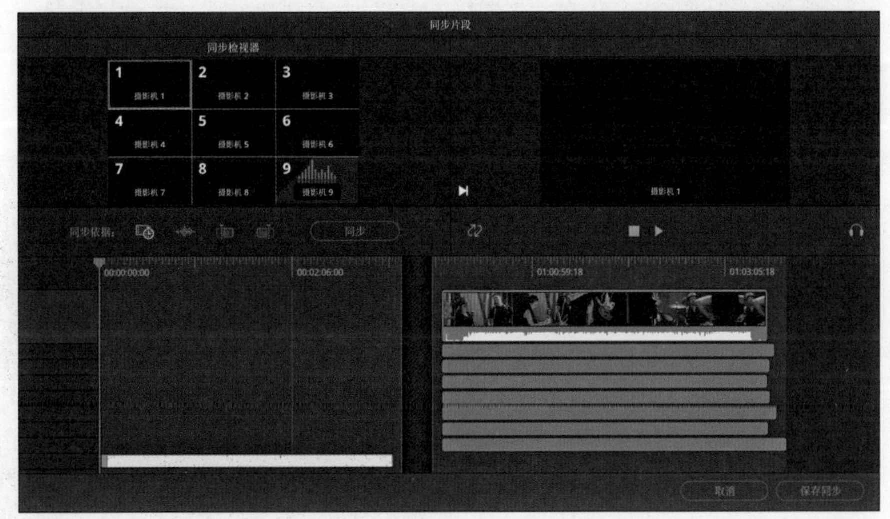

图3-34

02 如果拍摄设备有时间码功能或使用时码器设置了同步，可在“同步依据”选项中选择默认的时间码。如果拍摄前通过打板或拍手的方式创建了声音波形，就在“同步依据”里单击按钮后单击“同步”按钮，DaVinci Resolve 19会根据素材的音频波形自动完成同步。同步完成后，单击“保存同步”按钮，结果如图3-35所示。

图3-35

03 切换到剪辑页面，在媒体池里选中Media Sync素材，按F9键将其插入时间线。在时间线的音频缩略图上右击，在弹出的快捷菜单中选择“转换多机位片段角度/摄影机9”命令，切换到音质最佳的轨道，如图3-36所示。

图3-36

04 把播放头拖到0帧处，切换到双检视器模式后，在媒体池中双击Media Sync素材。然后单击左侧检视器左下角的✔按钮，在弹出的菜单中选择“多机位”，如图3-37所示。

05 接下来，按空格键播放片段，在播放过程中，直接单击检视器中的任意机位，即可在时间线上切换到相应机位的画面，如图3-38所示。

图3-37

提示 Point out

检视器下方有3个按钮：激活按钮后单击机位时，只切换画面；激活按钮后单击机位时，会同时切换画面和音轨；激活按钮后单击机位时，则只切换音轨不切换画面。

图3-38

06 完成粗剪后，在时间线上左右拖曳编辑点可根据音乐节奏进一步精确调整每个片段的入点和出点。单击一个编辑点，编辑点变成绿色激活状态后按Delete键可删除多余的片段，如图3-39所示。

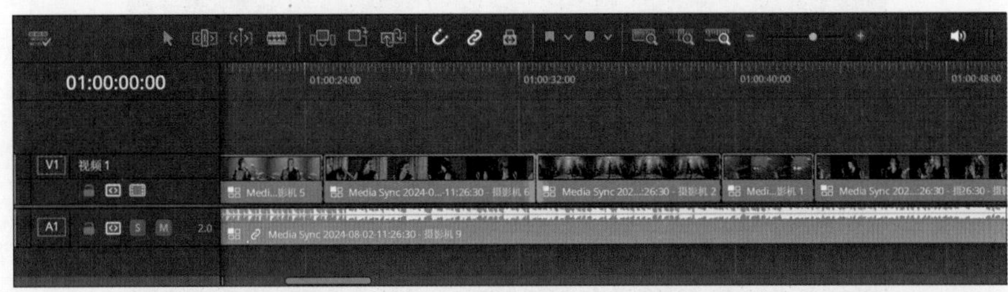

图3-39

提示 Point out

在检视器里单击一个机位的画面，就能在播放头的位置插入新片段，如果按住Alt键单击机位的画面，可以替换播放头指向的片段。

07 最后把播放头拖到音频轨道的开始处，按【Shift+[】快捷键，把播放头拖到音频轨道的结束位置，按【Shift+]】快捷键修剪掉多余的画面，如图3-40所示。

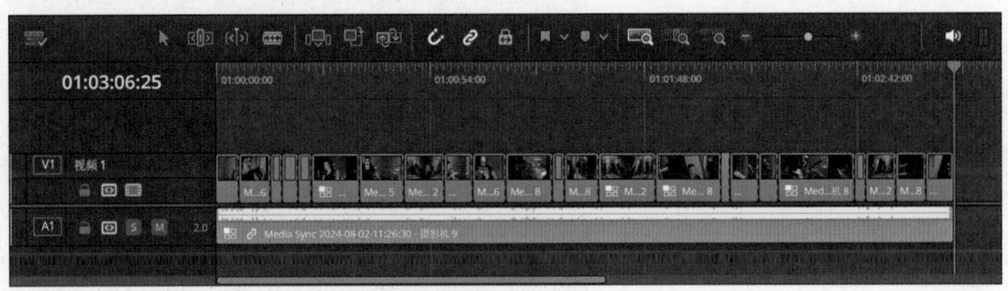

图3-40

3.6 更加流畅地剪辑视频

当计算机配置不足或剪辑超高清素材时，不但回放会频繁卡顿，还可能出现软件无法响应、闪退等现象。为了解决这一问题，最好的方法是使用代理媒体功能，把原素材转码成低分辨率版本，从而提升回放流畅度和剪辑效率；剪辑完成后再切换回原始素材进行高画质输出。

01 按【Ctrl+I】快捷键导入素材。如果按照原片的参数，把项目时间线的分辨率设置为8192×4320像素，并把“时间线帧率”设置为50帧/秒，大部分计算机可能无法流畅播放这种分辨率的片段。我们可以在检视器上方查看实时更新的回放帧率，如图3-41所示。

图3-41

02 卡顿现象不是很严重时，可以在“播放/时间线代理解决方案”菜单中把时间线的分辨率降低到原片的一半或四分之一。如果降低分辨率后仍然存在卡顿问题，可以单击页面导航右下角的⚙按钮，打开项目设置窗口，并在“代理媒体的分辨率”下拉菜单中选择更低的分辨率，如图3-42所示。

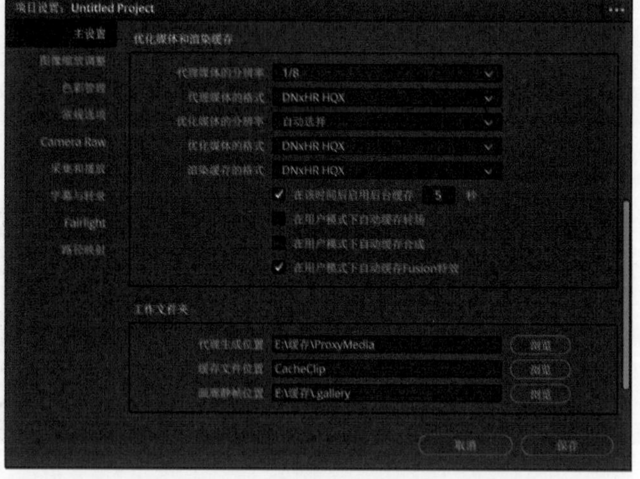

图3-42

在“工作文件夹”选项组中可以查看和重新设置代理文件的保存路径。

03 在媒体池的素材缩略图上右击，在弹出的快捷菜单中选择“生成代理媒体”命令，即可根据项目设置生成代理文件。生成完毕后，素材和片段缩略图的左下角会出现PXY图标，表示已经连接到代理文件，如图3-43所示。

图3-43

04 单击检视器右上角的按钮，可以选择是否开启代理媒体，如图3-44所示。例如，在调色阶段，因为代理媒体会降低片段分辨率，而分辨率的降低可能影响调色结果的准确性，所以调色时一般会暂时关闭把代理媒体。

图3-44

05 生成代理媒体的第二种方法是，在Windows的开始菜单单击“所有应用”按钮，运行Blackmagic Design中的Blackmagic Proxy Generator程序。在弹出的窗口中选择原素材所在的路径，如图3-45所示。

06 单击“开始”按钮后，代理生成器会把选定文件夹中的所有视频素材转码为低分辨率版本，并保存到选定路径的子文件夹中，如图3-46所示。在DaVinci Resolve 19中正常导入原素材后，默认设置下会优先连接子文件夹中的代理文件。

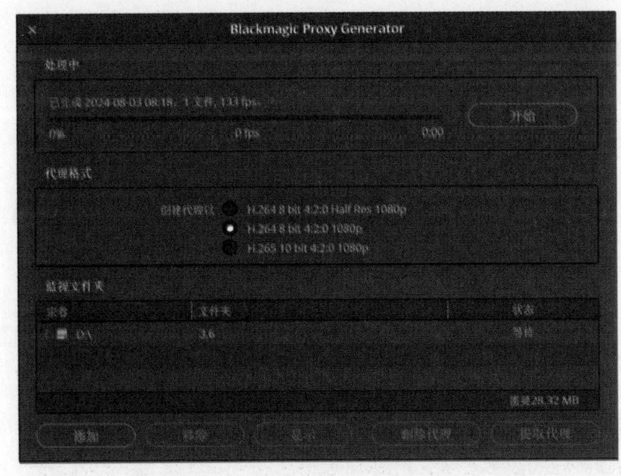

图3-45

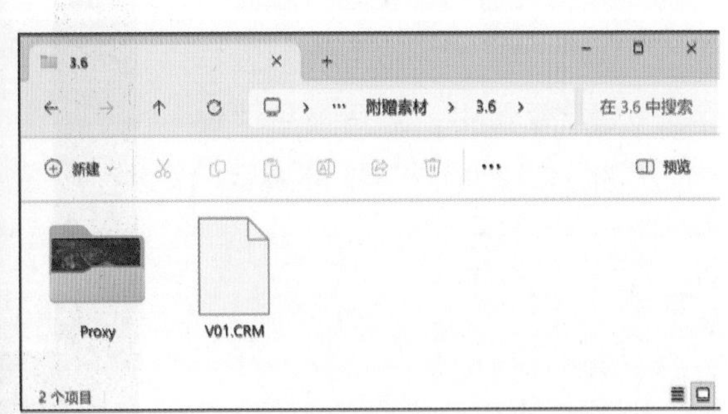

图3-46

提示 Point out

除了代理媒体以外，DaVinci Resolve 19还提供了优化媒体功能。代理媒体是把媒体池里的素材转码成另一种格式的视频文件，转码后的文件可以正常播放，并且能在别的软件中使用。优化媒体则是把原素材转码成只能在DaVinci Resolve 19内部使用的文件格式，转码后的文件既不能播放预览，也不能与其他软件交互。优化媒体的特点是可以在剪辑的过程中对时间线上的片段进行转码，而且转码过的素材在其他项目中使用时无须重新转码。代理媒体只能转码媒体池里的素材。

3.7 制作图文排版幻灯片

本章最后通过一个示例来帮助读者熟悉剪辑页面的工作流程，并介绍一些DaVinci Resolve 19的剪辑小技巧。

01 按【Ctrl+I】快捷键导入素材，选中A01音频后，按F9键将其插入时间线。接着，在时间线上把音频片段的出点拖到24秒处。展开“特效库”面板，在左侧的列表中选择“生成器”，把“纯色”生成器拖到视频轨道上。在时间线上，把纯色片段的时长和音频片段对齐，如图3-47所示。选中纯色片段后，展开“检查器”面板，并将“色彩”设置为白色。

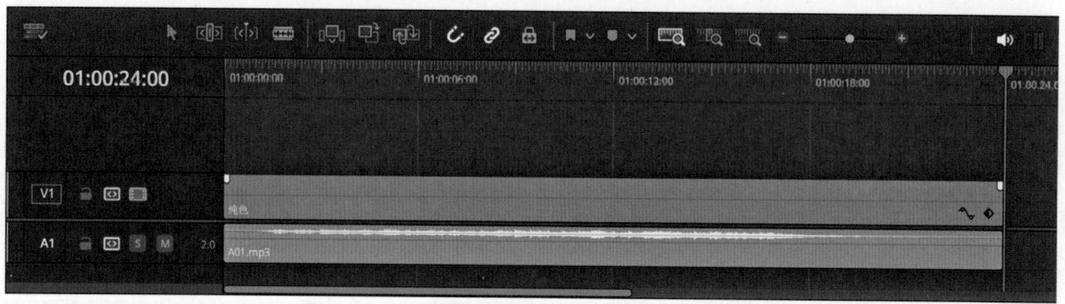

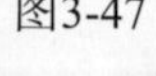
图3-47

02 把播放头拖到0帧处，在“特效库”面板中选择“标题”选项，将“Drop In”预设拖到检视器中，然后拖到“叠加”按钮上，如图3-48所示。

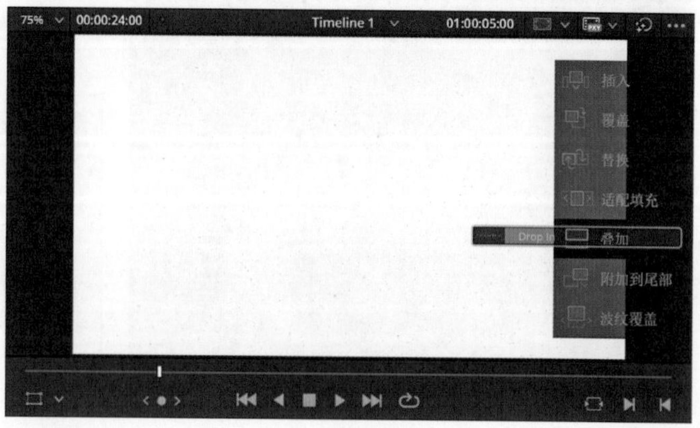

图3-48

03 展开“检查器”面板，将Color设置为黑色，Animation Delay设置为8。单击面板上方的“设置”选项卡，把播放头拖到4秒处，单击◆按钮为“位置”参数创建关键帧，在5秒处把“位置Y”参数设置为580。继续为“缩放”参数创建关键帧，在0帧处将“缩放”参数设置为1.2，如图3-49所示。这样就完成了标题逐渐缩小并从画面上方离场的动画设置。

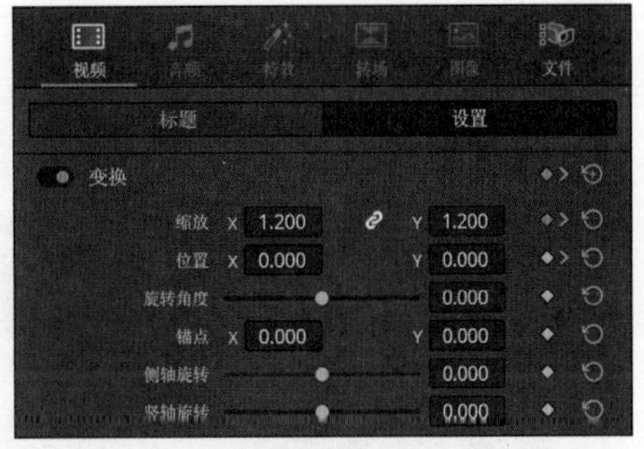

图3-49

04 单击标题片段右下角的按钮，展开曲线编辑器，然后单击左上方的▼按钮，只显示“位置Y”曲线。选中第一个关键帧后，单击按钮，选中第二个关键帧后，再单击按钮。拖曳两个关键帧的圆形手柄，把曲线设置为圆弧，如图3-50所示。

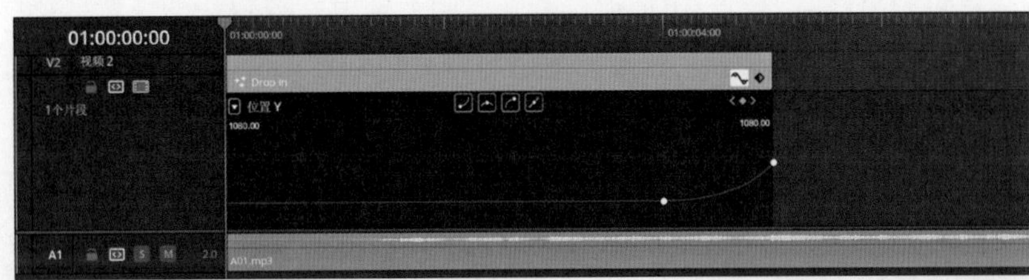

图3-50

05 在媒体池里选中V01素材，把播放头拖到4秒处后，按F12键叠加片段，然后把视频片段的出点拖到 12秒处。接着，把播放头拖到6秒处，在“检查器”面板中依次将“缩放”参数设置为0.6，“位置X”参数设置为-150，然后创建关键帧，如图3-51所示。

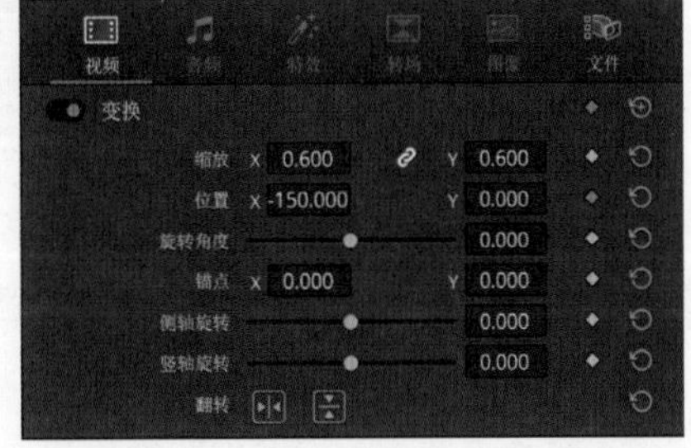

图3-51

06 把播放头拖到8秒处，单击◆按钮添加一个关键帧。把播放头拖到9秒处，在“检查器”面板中将“位置X”参数设置为-1535。接着，把播放头拖到4秒处，在“检查器”面板中将“位置 Y”参数设置为-865。按【Shift+C】快捷键展开曲线编辑器，把关键帧的插值设置为缓入缓出，如图3-52所示。

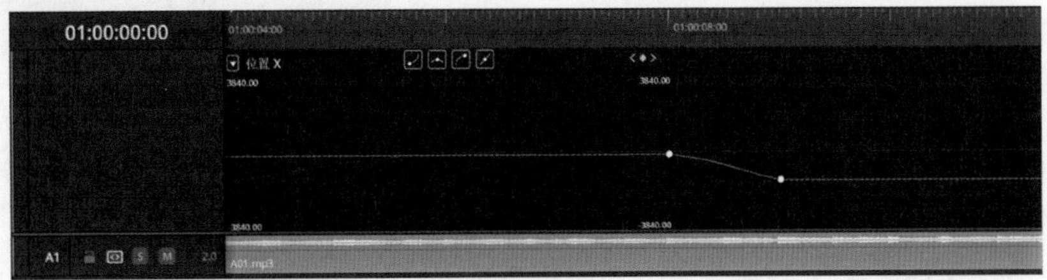

图3-52

07 在“特效库”面板中选择“视频转场”选项，把“运动”组中的“双侧平推门”预设拖到视频片段的入点处，如图3-53所示。在“检查器”面板中，将“时长”设置为2秒，在“预设”下拉菜单中选择“横向双侧平推门”，在“缓入缓出”下拉菜单中选择“缓入与缓出”。

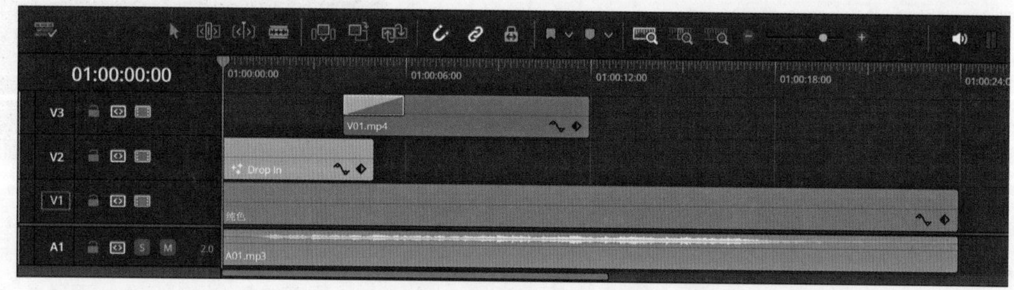

图3-53

08 把播放头定位到8秒处，按住Alt键把视频片段向上拖曳到播放头的位置。继续在时间线左侧的面板上激活轨道4的序号，使其变成带有橘红色边框的V1。在媒体池里选中 V02视频后，按F11键替换素材，如图3-54所示。

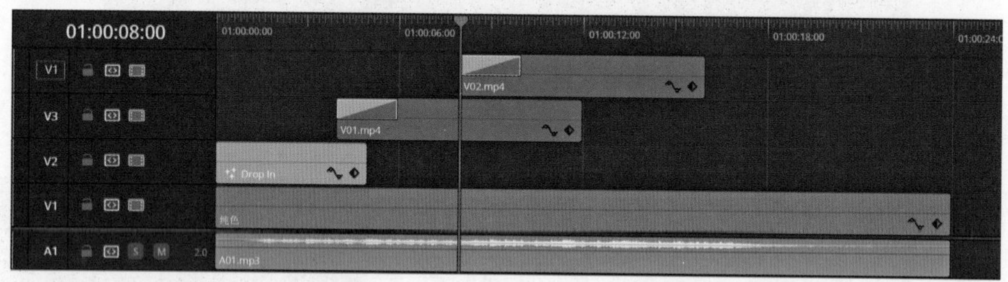

图3-54

09 选中V02片段，在“检查器”面板上方单击“转场”选项卡，在“预设”下拉菜单中选择“纵向双侧平推门”。单击“视频”选项卡，依次将“位置X”参数设置为1550，“位置Y”参数设置为0。按“]”键切换到下一个关键帧，依次将“位置X”参数设置为150，“位置Y”参数设置为0。继续切换到下一个关键帧，依次将“位置X”参数设置为150，“位置Y”参数设置为0。切换到最后一个关键帧，依次将“位置X”参数设置为150，“位置Y”参数设置为-865，如图3-55所示。这样我们就把第二个视频片段的运动路线修改为从右侧入场，从下方退场。

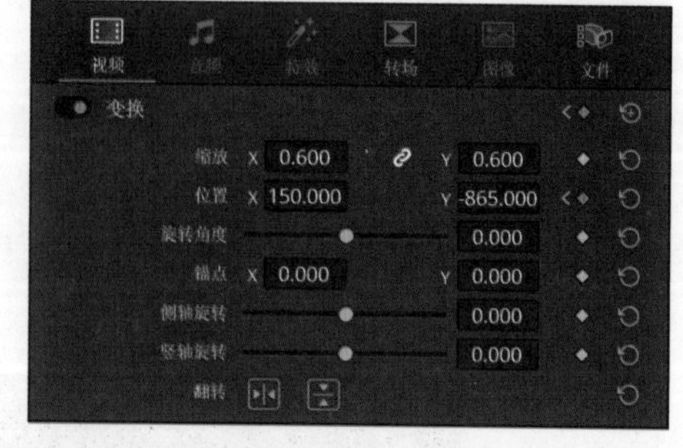

图3-55

10 按【Ctrl+Shift+C】快捷键展开关键帧编辑器，单击右上方的 > 按钮以显示所有关键帧。按Delete键删除“位置X”参数的后两个关键帧和“位置Y”参数的前两个关键帧，如图3-56所示。继续按【Shift+C】快捷键展开曲线编辑器，把关键帧插值设置为缓入和缓出。

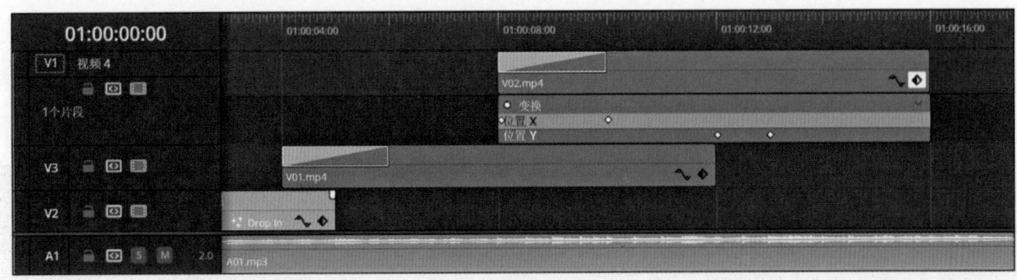

图3 56

11 把播放头定位到12秒处，按住Alt键并把轨道3上的片段拖曳到轨道5的播放头位置。激活轨道5的序号，使其变为带有橘红色边框的V1。在媒体池里选中V03视频后，按F11键替换素材，如图3-57所示。

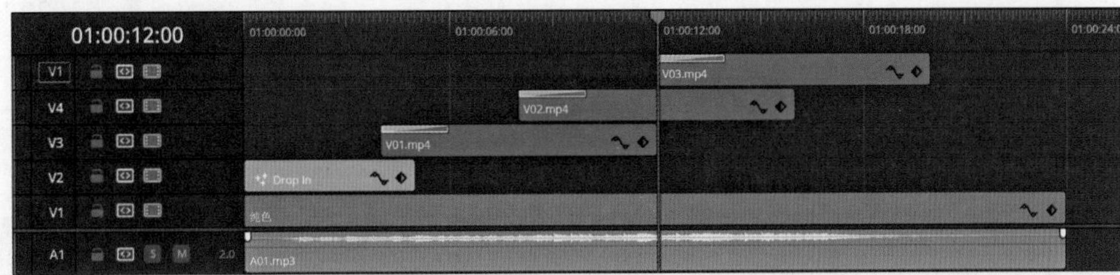

图3-57

12 选中V03片段，在“检查器”面板中依次将“位置X”参数设置为0，“位置Y”参数设置为865。把第二个和第三个关键帧的“位置X”和“位置Y”参数都设置为0。切换到最后一个关键帧，依次将“位置X”参数设置为1540，“位置Y”参数设置为0，如图3-58所示。

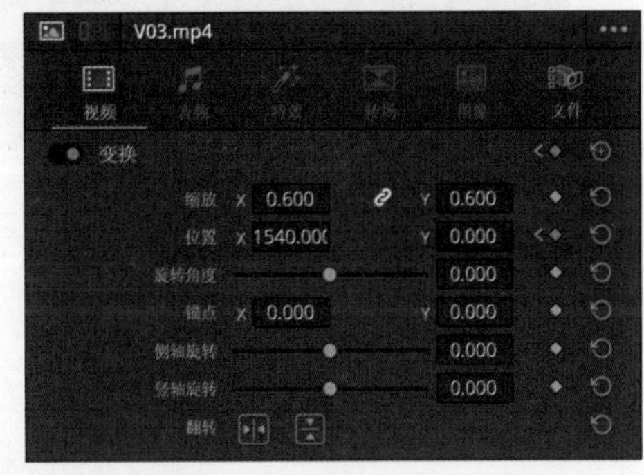

图3-58

13 将播放头拖到17秒处，在“特效库”面板中选择“标题”选项，把“Three Line Drop”预设拖到轨道6的播放头处，并将标题片段的出点与音频片段的出点对齐，如图3-59所示。

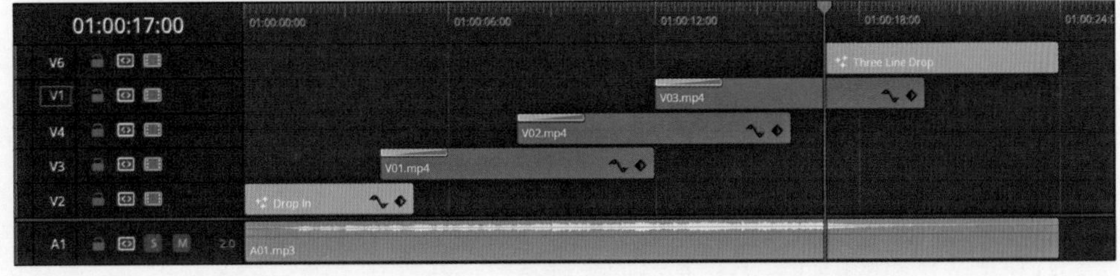

图3-59

14 在“检查器”面板中，将“Top Text Color”和“Headline Color”设置为黑色。单击面板

上方的“设置”选项卡，在最后一帧处为“缩放”参数创建关键帧。将播放头拖到17秒处，并将“缩放”参数设置为1.2。然后，把播放头拖到5秒处，把“特效库”面板中的Zipper预设拖到轨道5的播放头处，并将出点拖到8秒15帧处，如图3-60所示。

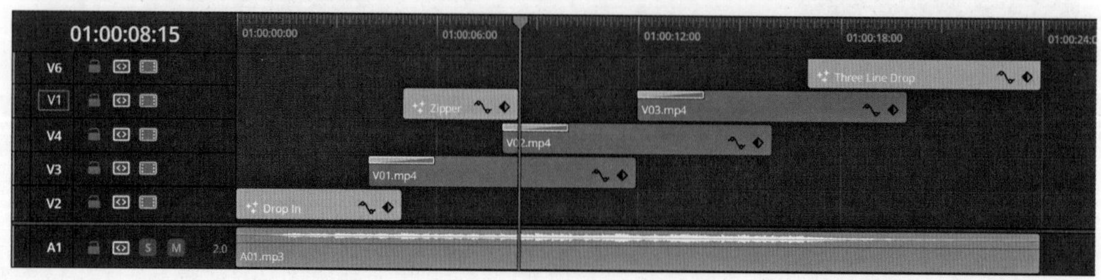

图3-60

15 在“检查器”面板中，依次将“缩放”参数设置为0.7，“位置X”参数设置为1020，“位置Y”参数设置为50。切换到“标题”选项卡，将“Color”设置为黑色。把播放头拖到9秒处，按住Alt键，将轨道5上的标题片段复制到轨道6的播放头处，如图3-61所示。在“检查器”面板中，将复制片段的“位置X”参数设置为-340。

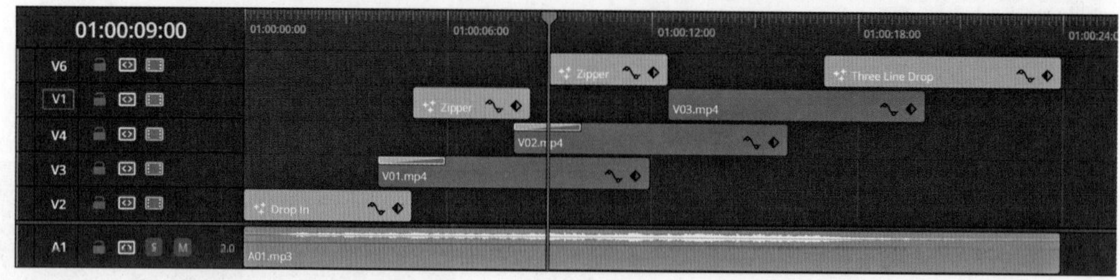

图3-61

16 现在，标题和动画已全部设置完成，效果如图3-62所示。

图3-62

17 最后，利用一个新的时间线为视频添加全局特效。在媒体池的空白处右击，在弹出的快捷菜单中选择“新建时间线”命令，在弹出的窗口中单击“创建”按钮。双击切换到新建的时间线，在媒体池里选中Timeline1后按F9键将其插入新建的时间线，如图3-63所示。

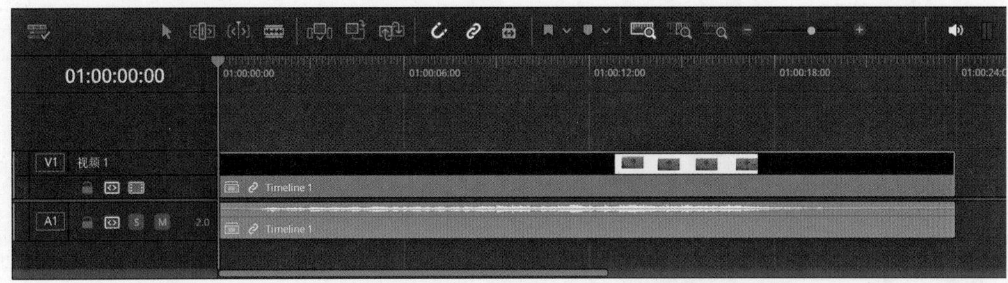

图3-63

18 展开“特效库”面板，选择“滤镜”选项后，将“暗角”效果器拖曳到视频片段上。在“检查器”面板中，依次将“大小”参数设置为1，“变形”参数设置为3，如图3-64所示。继续把“除霾”效果器拖曳到视频片段上，把“除霾强度”参数设置为0.4。

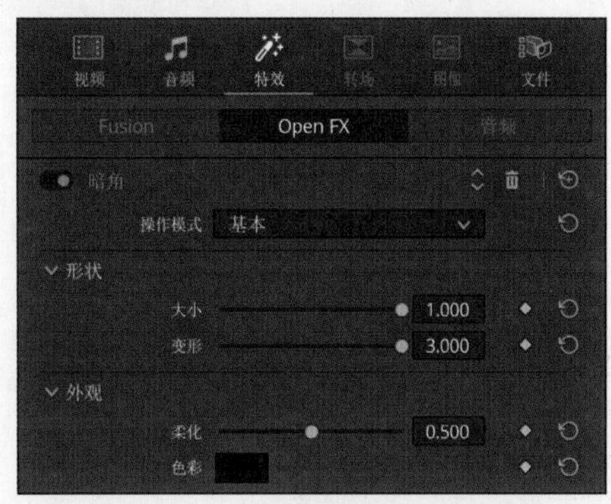

图3-64

19 在页面的右上角展开“调音台”面板，按空格键播放片段后，参考音频表调整音量，如图3-65所示。

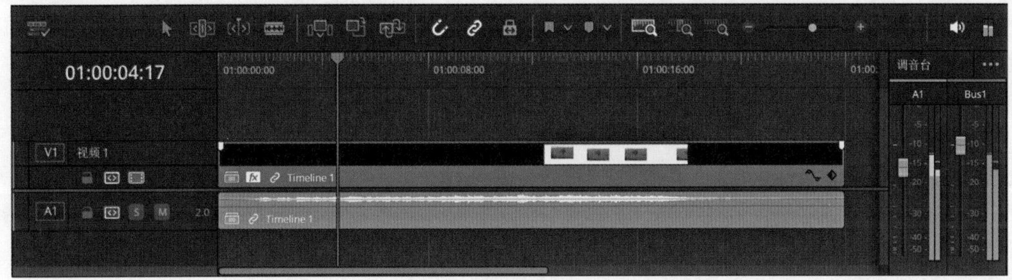

图3-65

20 单击页面右上角的“快捷导出”按钮，在弹出的面板中单击“导出”按钮后，选择视频文件的保存路径。

DaVinci Resolve 19

达芬奇

视频剪辑与调色

第 4 章

Fusion页面：节点式特效合成器

Fusion Studio是一款节点式的视频合成软件，既有内置在DaVinci Resolve 19中的版本，也有独立运行的版本。Fusion补齐了DaVinci Resolve 19视觉特效方面的短板，让DaVinci Resolve 19具备了运动跟踪、遮罩蒙版、三维粒子等高级合成功能。本章将介绍如何在Fusion页面中制作各种常用的视觉特效。

4.1 熟悉节点的操作方法

Fusion页面采用了节点式的操作方式，对于未接触过节点操作的用户来说，入门阶段的学习曲线较为陡峭。本节将通过一个照片下落的示例，帮助读者熟悉Fusion页面的工作流程和各项基本操作。

01 按照常规的剪辑流程，在快编或剪辑页面中按【Ctrl+I】快捷键导入素材，再按F9键将所有素材插入时间线。当需要为某个片段制作特效时，将播放头拖到该片段上，然后切换到Fusion页面。Fusion页面的布局和剪辑页面基本相同，唯一不同的是将时间线面板替换成了节点面板，如图4-1所示。

图4-1

02 有些特效不是在视频片段的基础上创建的。例如，想在两个片段之间插入一段图形动画时，可以在剪辑页面的媒体池里右击，在弹出的快捷菜单中选择“新建Fusion合成”命令，然后把Fusion合成片段作为占位符插入时间线，表示这段动画的位置和时长，如图4-2所示。

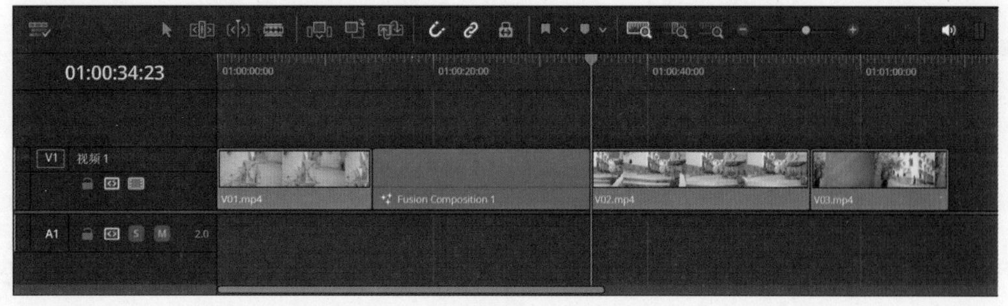

图4-2

提示 Point out

切换到Fusion页面后，编辑的是播放头指向的片段。需要为别的片段制作特效时，可以在页面左上方展开片段面板，然后单击缩略图切换片段。

03 编辑视频片段时，节点面板中会出现两个通过线段连接的节点，如图4-3所示。左侧的MediaIn节点表示插入的素材，右侧的MediaOut节点表示合成后的结果。把光标移动到两个节点之间靠近箭头一侧的线段上，当线段变为蓝色后，单击线段即可断开两个节点的连接。

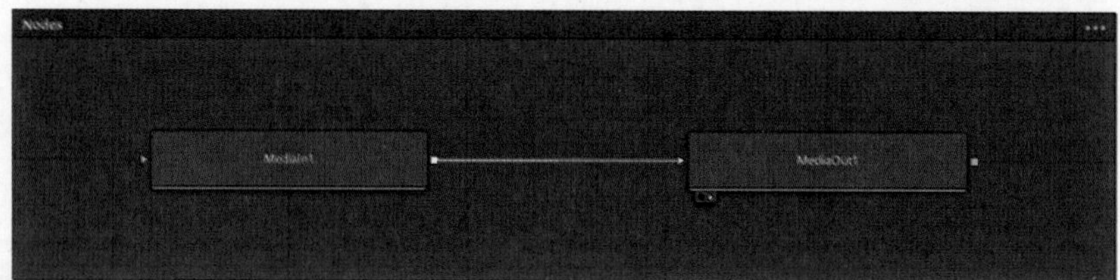

图4-3

提示 Point out

如果编辑的是Fusion合成片段，节点面板中只有MediaOut1节点，就需要把媒体池里的素材拖到节点面板中创建MediaIn1节点。接下来把光标移动到MediaIn1节点右侧的方块上，按住鼠标左键不放，把连线拖到MediaOut1节点左侧的三角形上建立连接。节点四周的方块和三角形叫作接口，方块接口只能输出信息，三角形接口只能接收信息。

04 MediaOut1节点的左下角有两个圆点，其中右侧的圆点处于白色的激活状态，表示这个节点的合成结果显示在右侧的检视器中。将光标移到MediaIn1节点上，激活其左下角左侧的圆点，可以把这个节点的画面显示在左侧的检视器上，如图4-4所示。

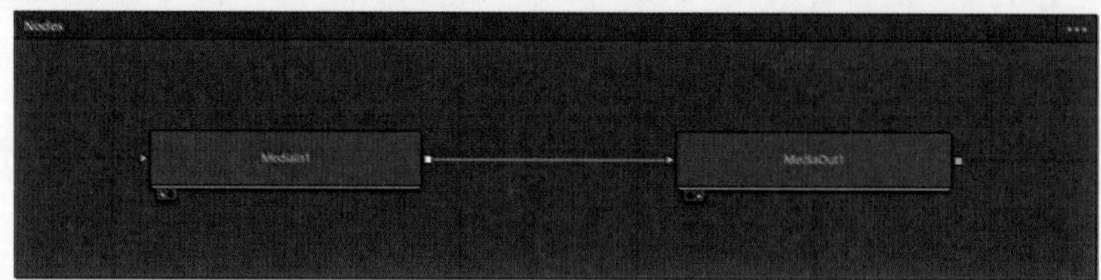

图4-4

提示 Point out

选中一个节点后，按1键，可以把这个节点的画面显示在左侧的检视器中；按2键，可以显示在右侧的检视器中。除此以外，还可以把节点拖曳到想要显示的检视器上。

05 在节点面板上方的工具条上，把按钮拖曳到节点面板的空白处，创建背景节点Background1，然后在“检查器”面板中将“颜色”设置为红绿蓝=210、210、210。选中MediaIn1节点后，单击工具条上的按钮，在视频节点后面插入合并节点Merge1，如图4-5所示。

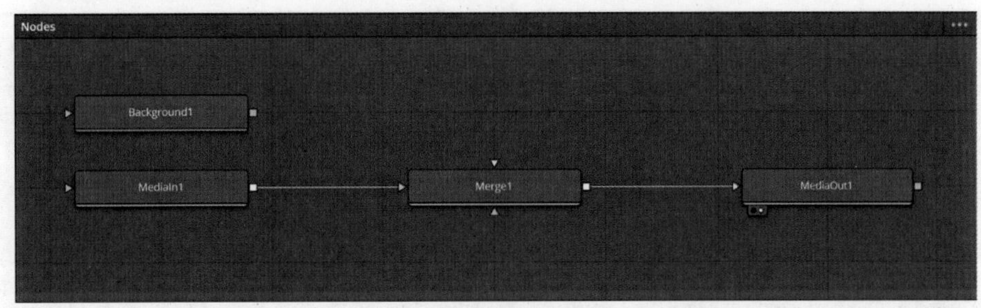

图4-5

06 把Background1节点连接到Merge1节点上，这样就将视频和背景节点合并到了一起，如图4-6所示。Merge1节点上有3种颜色的三角形：连接到绿色三角形上的节点位于上层，连接到黄色三角形上的节点位于下层，上一层的片段会遮挡下一层的显示。蓝色三角形用来连接蒙版节点。

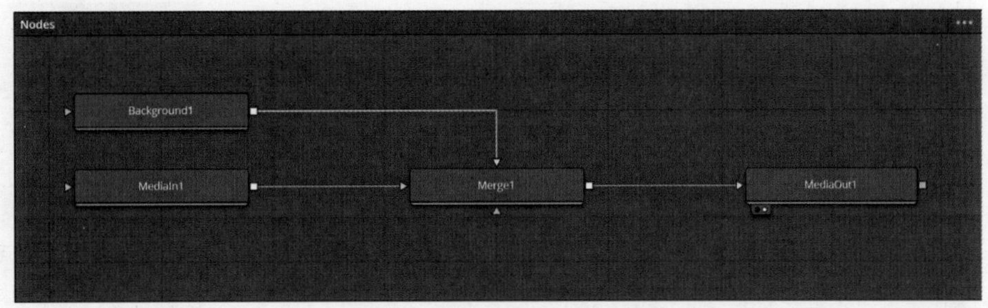

图4-6

07 选中Merge1节点后，单击工具条上的按钮添加变换节点Transform1，如图4-7所示。也可以把工具条上的按钮拖到节点之间的连线上，当连线的一端变成蓝色后松开鼠标，即可添加变换节点。选中Transform1节点，在“检查器”面板中依次将“大小”参数设置为0.6，“角度”参数设置为7.3，“中心X”参数设置为0.47，“中心Y”参数设置为1.4。

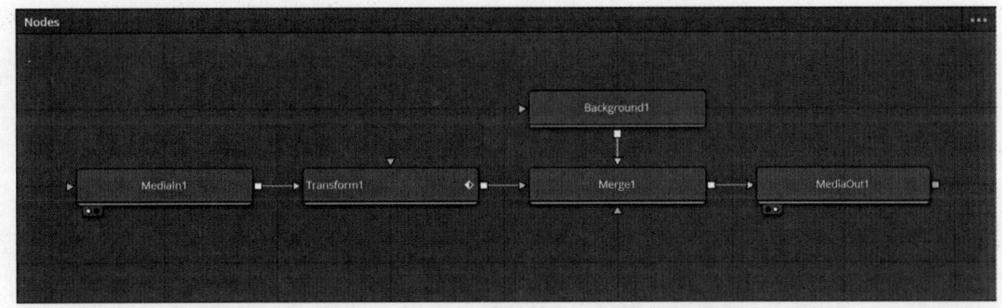

图4-7

08 接下来开始设置动画，单击“中心”参数右侧的◆按钮创建关键帧，把检视器中的播放头拖到45帧处，在“检查器”面板中将“中心Y”参数设置为0.48。在页面的右上方展开样条线面板，勾选“位移”复选框显示出关键帧。框选两个关键帧后右击，在弹出的快捷菜单中选择“缓和/Out Cubic”命令，结果如图4-8所示。

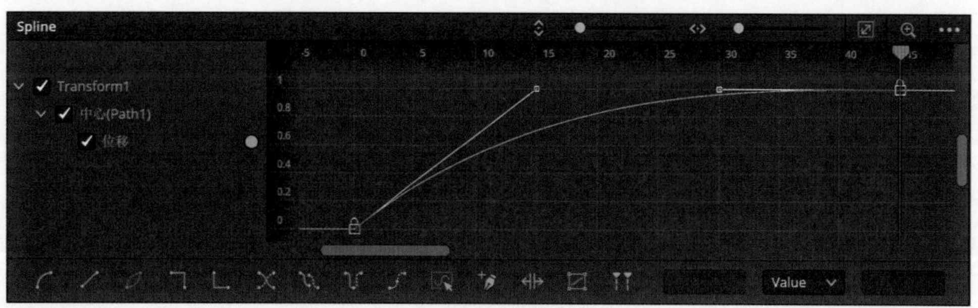

图4-8

提示 Point out

Fusion页面的检视器时间线使用帧为单位，我们需要根据项目帧率进行换算。例如，当前的项目帧率为30帧/秒，把播放头拖到45帧就等同于1秒15帧。

09 选中MediaIn1节点后，展开“特效库”面板，先在左侧的列表中选择Templates，然后单击Colored Border节点，为视频添加边框。在节点面板中选中Transform1节点，按【Shift+空格】快捷键打开“选择工具”窗口，在窗口下方搜索 Shadow后单击“添加”按钮，如图4-9所示。

图4-9

提示 Point out

缩放节点面板的方法是按住Ctrl键后在节点面板中滚动鼠标中键，或者单击节点面板的空白处将其激活，然后按“+”和“-”键。

10 第一个片段的动画设置完成后，接下来展开片段面板，按住Ctrl键选中后面两个片段。在第一个片段的缩略图上右击，在弹出的快捷菜单中选择“应用合成”命令，在弹出的窗口中单击“覆盖”按钮，把第一个片段上的所有设置复制到剩余两个片段上，如图4-10所示。

图4-10

11 切换到第二个片段，删除Background1节点。选中Transform1节点，在“检查器”面板中将“角度”参数设置为-8，在0帧处将“中心X”参数设置为0.54；在45帧处依次将“中心X”参数设置为0.54，“中心Y”参数设置为0.47。结果如图4-11所示。

12 切换到第三个片段，删除Background1节点。选中Transform1节点，在“检查器”面板中将“角度”参数设置为15.4，在0帧处将“中心X”参数设置为0.53；在45帧处依次将“中心X”参数设置为0.53，“中心Y”参数设置为0.49。结果如图4-12所示。

图4-11

图4-12

13 切换到剪辑页面，依次把第二个片段拖到轨道2上，把入点拖到2秒处，把出点修剪到8秒处。再依次把第三个片段拖到轨道3上，把入点拖到4秒处，把出点修剪到8秒处。结果如图4-13所示。

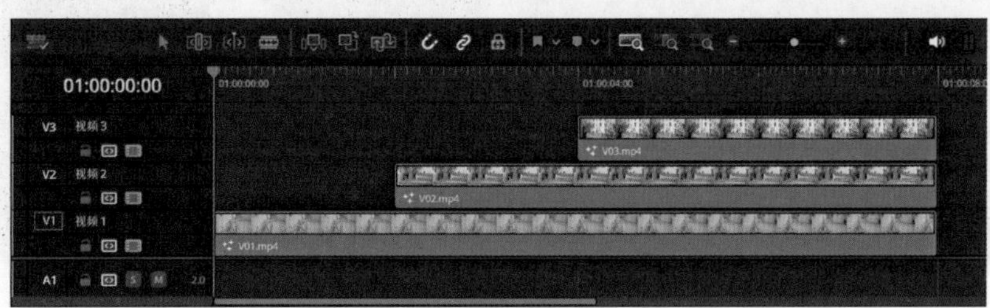

图4-13

4.2 绿幕抠像合成技术

绿幕抠像已经成为常规的视频合成技术，在各类影视作品、短视频和直播中得到了广泛应用。本节将介绍如何在Fusion页面中使用抠像替换背景的方法。

01 在剪辑页面按【Ctrl+I】快捷键导入素材，将媒体池里的V01视频插入时间线。切换到Fusion页面，选中MediaIn1节点后按【Shift+空格】快捷键，搜索并添加DeltaKeyer1节点，如图4-14所示。

提示 Point out

节点数量比较多时，我们可以按V键显示导航器，在导航器窗口中定位节点。要想让节点排列得整齐一些，可以在节点面板的空白处右击，在弹出的快捷菜单中选择“所有工具对齐到网格”命令。

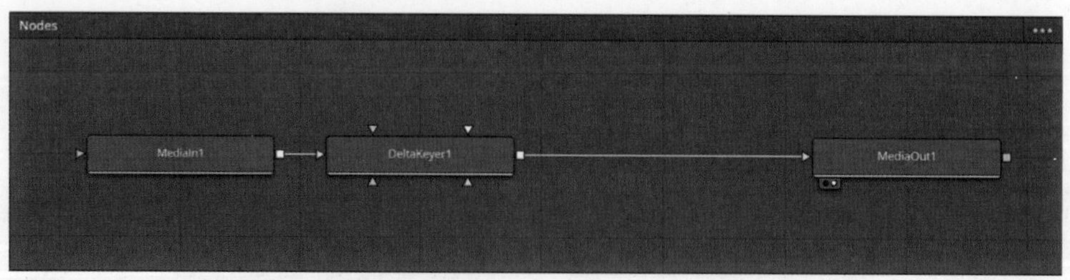

图4-14

02 选中DeltaKeyer1节点，在“检查器”面板中，把“背景颜色”右侧的按钮拖到检视器中的绿幕区域上，松开鼠标后绿幕区域将变为透明，如图4-15所示。

03 单击检视器上方的按钮切换到Alpha模式，在“检查器”面板中单击“蒙版”选项卡，拖曳“阈值”参数的两个滑块，去除画面中的灰色区域，让人物区域变成纯白色，背景区域变成纯黑色，如图4-16所示。

图4-15

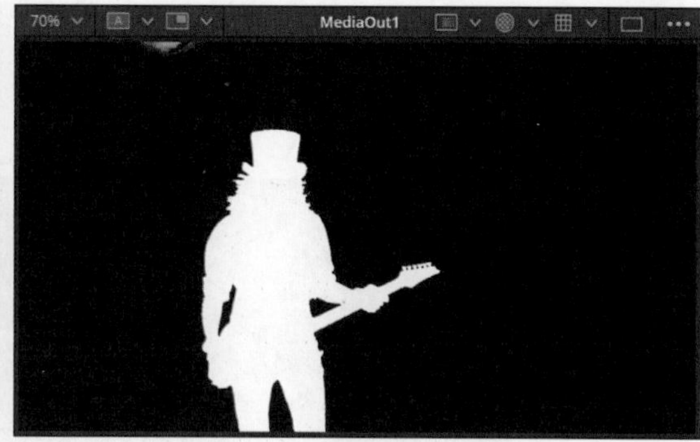

图4-16

04 现在开始合成背景视频。选中DeltaKeyer1节点后，单击工具条上的按钮创建合并节点Merge1。展开媒体池，把V02视频拖到节点面板的空白处，然后把MediaIn2节点连接到Merge1节点上。接下来，选中Merge1节点，按【Ctrl+T】快捷键交换输入接口，如图4-17所示。

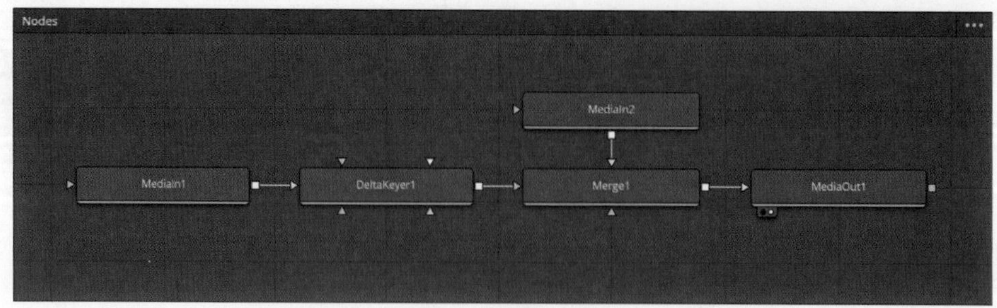

图4-17

05 视频是一个动态过程，按空格键回放片段时会发现，部分画面中会有未抠干净的区域。选中DeltaKeyer1节点后，按【Ctrl+P】快捷键暂时关闭节点，然后拖曳播放头找到未抠干净的画面。在节点面板的空白处单击取消所有节点的选择，接着单击工具条上的按钮，在检视器中绘制一个封闭的蒙版区域，将背景中不是绿幕的范围容纳其中，如图4-18所示。

图4-18

提示 Point out

按住鼠标中键后在检视器中拖曳，可以导航画面。按住Ctrl键后滚动鼠标中键可以缩放画面。在检视器的任意区域单击，然后按“+”和“-”键也可以缩放画面。

图4-19

06 拖曳播放头回放其他画面，然后调整蒙版的形状，让蒙版在覆盖抠去物体的同时不包含画面中的人物，如图4-19所示。

07 选中DeltaKeyer1节点后，按【Ctrl+P】快捷键暂时开启节点，按住Alt键把BSpline1节点右侧的方框拖到DeltaKeyer1节点上，在弹出的菜单中选择“垃圾蒙版”命令，如图4-20所示。

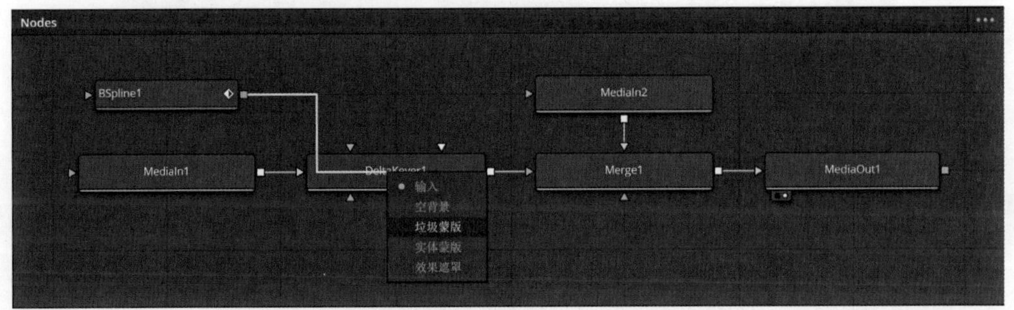

图4-20

08 选中MediaIn1节点后，单击工具条上的按钮，添加色彩校正器节点ColorCorrector1，如图4-21所示。在“检查器”面板中依次将“对比度”设置为1.06，“伽马”参数设置为0.94，使人物和背景的亮度和对比度一致。

09 最后，为背景添加一些光晕特效。选中MediaIn2节点后展开“特效库”面板，依次展开Templates/Fusion/Lens Flares选项，单击添加Lens Flare V17模板，如图4-22所示。

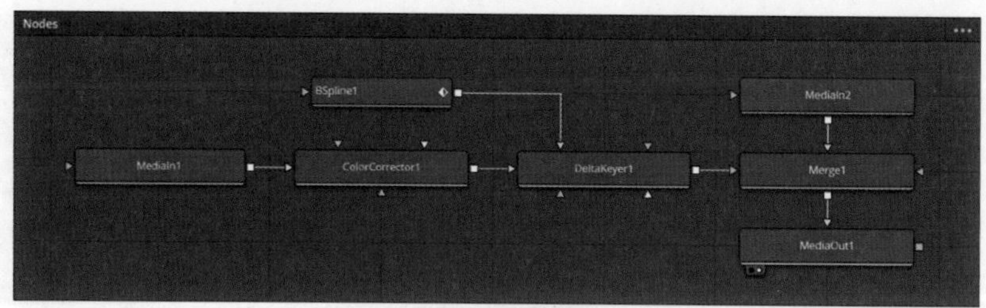

图4-21

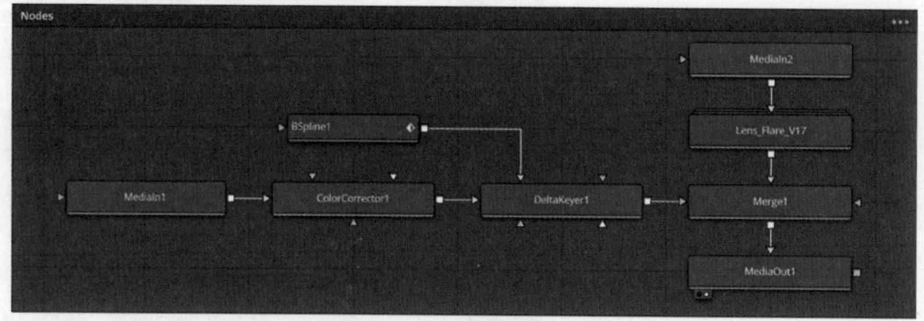

图4-22

10 双击Lens_Flare_V17节点组将其展开，如图4-23所示。选中HS17_1节点后，在“检查器”面板中单击“设置”选项卡，将“混合”参数设置为0.4。依次选中节点组中的其余节点，将“混合”参数设置为0.4。

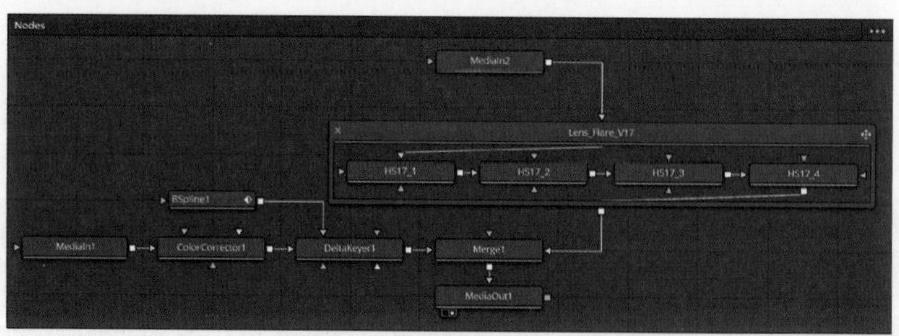

图4-23

11 把播放头拖到0帧处，选中Lens_Flare_V17节点组后在“检查器”面板中单击◆按钮，为Primary Center参数创建关键帧，然后在检视器中把光效的坐标轴与背景视频中的发光区域对齐，如图4-24所示。将播放头拖到最后一帧，再次把光效的坐标轴与背景视频中的发光区域对齐。光晕特效就添加完成了。

图4-24

4.3 跟踪和替换画面元素

在Fusion中，可以利用跟踪功能制作多种类型的特效。本节将介绍跟踪器和平面跟踪节点的使用方法。

01 在剪辑页面按【Ctrl+I】快捷键导入素材，将所有素材插入时间线，然后把播放头拖到0帧处。切换到Fusion页面，选中MediaIn1节点后按【Shift+空格】快捷键，在“选择工具”窗口中搜索并添加Tracker1节点，如图4-25所示。

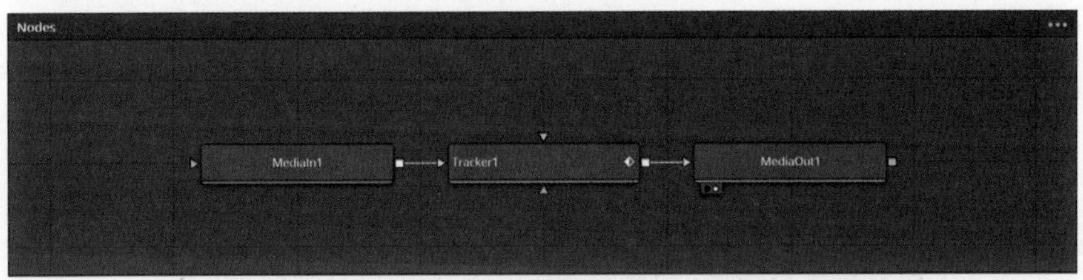

图4-25

提示 Point out

选中节点后按F2键可以给节点重新命名，方便区分和查找节点。

02 把播放头拖到30帧处，画面右下角会出现一辆红色汽车。在检视器中把跟踪框拖到特征明显的物体上，这里将跟踪框对准红色汽车的尾灯，如图4-26所示。

03 在“检查器”面板的“自适应模式”中单击“每一帧”，然后单击—▶—按钮进行跟踪计算，计算结束后检视器中会出现一条绿色的线段，代表跟踪点的运动轨迹，如图4-27所示。单击“检查器”面板上方的“操作”选项卡，在“操作”下拉菜单中选择“匹配移动”。

图4-26

图4-27

提示 Point out

可以拖曳播放头检查一下跟踪效果，如果某些帧的跟踪位置不准确，可以在“检查器”面板中利用Tracked Center参数手动校正。

04 展开“特效库”面板，依次展开Templates/Edit/Titles选项，把Call Out模板拖到节点面板的空白处，然后把CallOut节点组连接到Tracker1节点上，如图4-28所示。

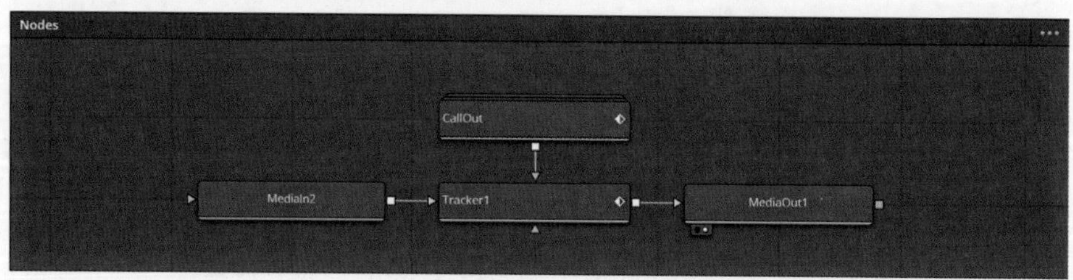

图4-28

05 在“检查器”面板中设置字体样式为Extrabold Italic，在Line选项组中把Color设置为白色。在检视器中把文字和呼出线条的端点拖到合适的位置，如图4-29所示。现在播放项目时，文字将会跟随汽车一起运动。

图4-29

06 最后调整文字出现和退出画面的时间。在页面的右上角展开关键帧面板，展开 CallOut选项组，将所有参数的第一个关键帧拖到30帧处，把第二个关键帧拖到35帧处，如图4-30所示。

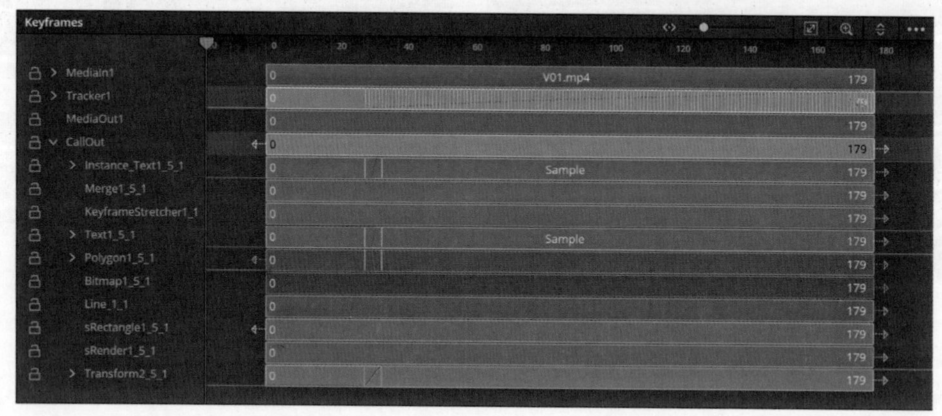

图4-30

07 选中CallOut节点后，单击工具条上的按钮添加变换节点Transform1，如图4-31所示。把播放头拖到130帧处，在“检查器”面板中为“大小”参数创建关键帧，将播放头拖到135帧处，把“大小”参数设置为0。

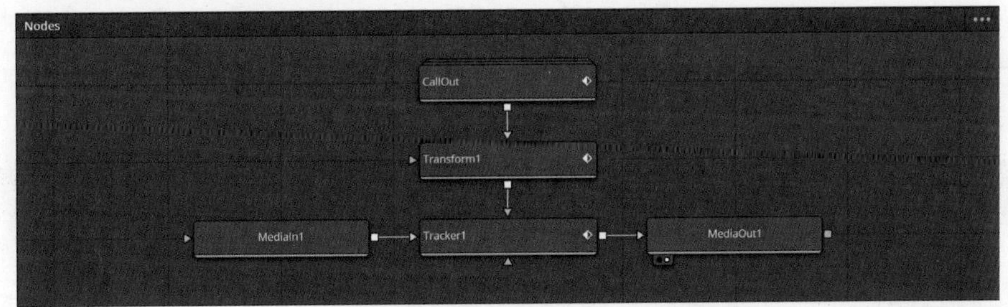

图4-31

08 利用跟踪器还可以实现很多特殊效果。展开片段面板后切换到第二个片段，选中MediaIn1节点后按【Shift+空格】快捷键，搜索并添加Tracker1节点。将播放头拖到0帧处，然后把跟踪框对准角色的鼻子，如图4-32所示。

09 在“检查器”面板的“自适应模式”中单击“最佳匹配”，单击—▶—按钮进行跟踪计算。计算结束后单击“检查器”面板上方的“操作”选项卡，在“操作”下拉菜单中选择“匹配移动”，在“合并”下拉菜单中选择“只有背景”，如图4-33所示。

图4-32

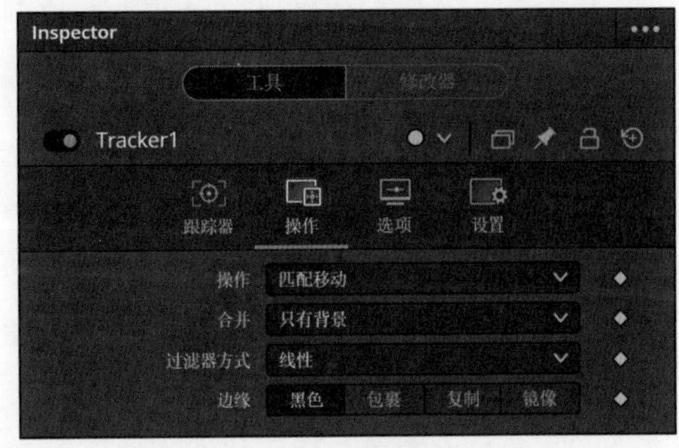

图4-33

10 选中Tracker1节点后，单击工具条上的按钮添加变换节点Transform1，如图4-34所示。在“检查器”面板中依次将“大小”参数设置为1.15，“轴心Y”参数设置为0.8，这样就得到了人物头部稳定而身体和背景大幅运动的效果。

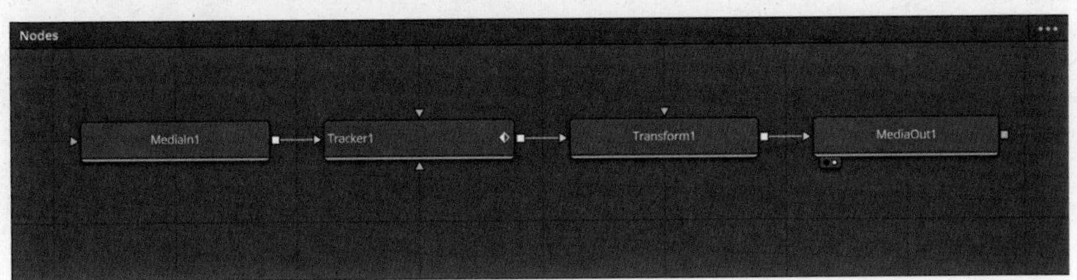

图4-34

11 接下来介绍平面跟踪器的使用方法。展开片段面板后切换到第三个片段，选中MediaIn1节点后按【Shift+空格】快捷键，搜索并添加PlanarTracker1节点。在检视器上绘制一个封闭的矩形区域，定位需要跟踪的范围，如图4-35所示。

12 在“检查器”面板的Tracker下拉菜单中选择Hybrid Point/Area，把播放头拖到0帧后单击▶——按钮开始跟踪计算。计算完成后，在Operation Mode下拉菜单中选择Corner Pin，然后在检视器中拖曳矩形的角点，设置跟踪平面的透视关系，如图4-36所示。

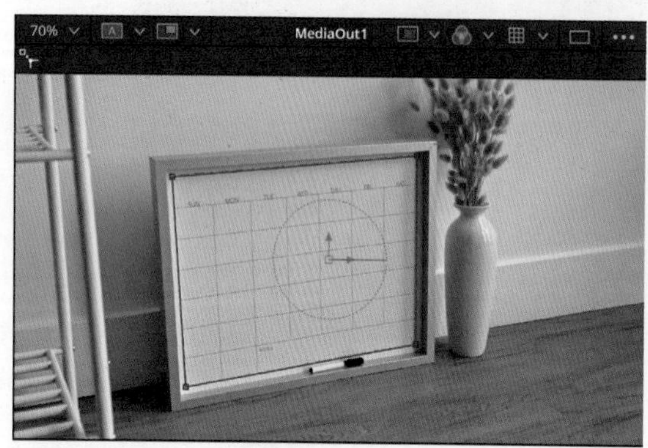

图4-35

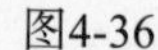

图4-36

13 展开媒体池，把V04视频拖到节点面板的空白处，然后将MediaIn2节点连接到PlanarTracker1节点上，这样就完成了画面内容的替换，如图4-37所示。

图4-37

14 最后调整替换画面的宽高比。选中MediaIn2节点后，单击工具条上的按钮添加变换节点Transform1，如图4-38所示。在“检查器”面板中依次将“大小”参数设置为1.35，“宽高比”参数设置为0.75。

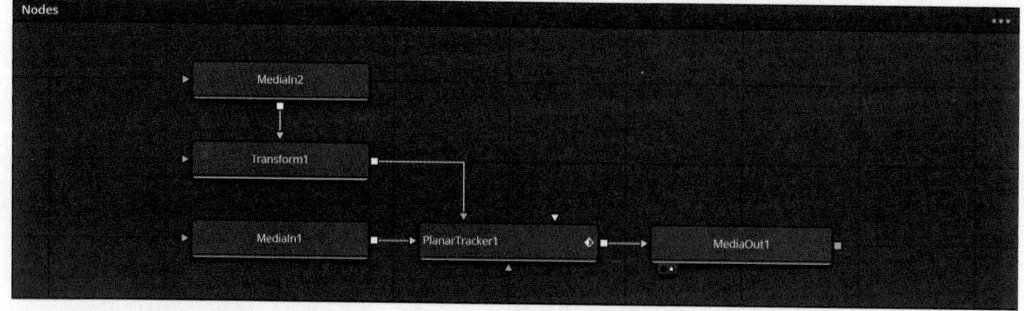

图4-38

4.4 制作路径跟踪动画

路径动画可以让对象沿着特定的路径进行运动或旋转，是一种基础且常用的动画类型，很多特效都是在路径动画的基础上制作出来的。

01 在剪辑页面中按【Ctrl+I】快捷键导入素材，然后在媒体池的空白处右击，在弹出的快捷菜单中选择“新建Fusion合成”命令，在打开的窗口中将“时长”设置为10秒，然后单击“创建”按钮，如图4-39所示。接下来，在媒体池里选中新建的片段，按F9键将其插入时间线。

02 切换到Fusion页面，单击工具条上的按钮添加背景节点Background1，把新建的背景节点连接到MediaOut1节点上，在“检查器”面板中把背景颜色设置为淡蓝色。选中Background1节点后，单击工具条上的按钮创建画笔节点，在检视器中绘制一条线段，如图4-40所示。

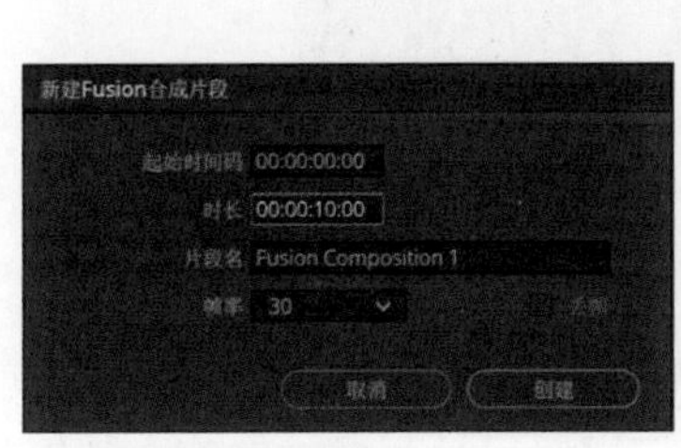

图4-39

图4-40

提示 Point out

在节点面板的空白处单击，新建的节点就会出现在单击的位置。

03 选中线段上的顶点后，单击检视器上方的按钮，将顶点设置为平滑，继续拖曳顶点两侧的手柄调整路径的形状，结果如图4-41所示。

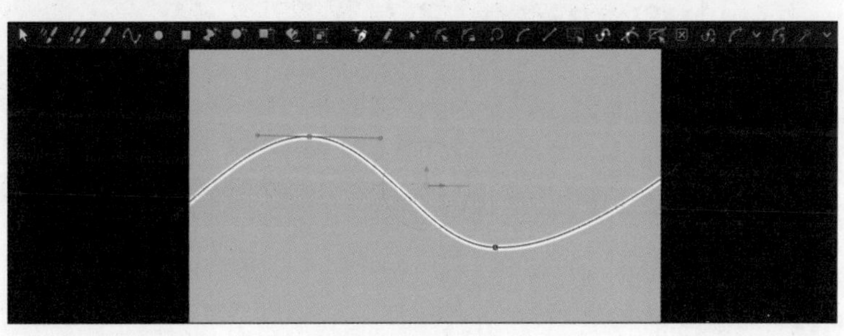

图4-41

04 把播放头拖到60帧处，在“检查器”面板中展开第二个“笔刷控制”卷展栏，单击“写入”右侧的◆按钮创建关键帧，如图4-42所示。将播放头拖到0帧处，把第二个滑块拖到最左侧。现在播放片段，就能看到线条沿着路径前进的效果。

05 在“笔刷控制”中，将“间距”参数设置为1.5，线段就会变成由圆点组成的虚线。单击“笔刷形状”中的第二个按钮，将“大小”参数设置为0.015，结果如图4-43所示。

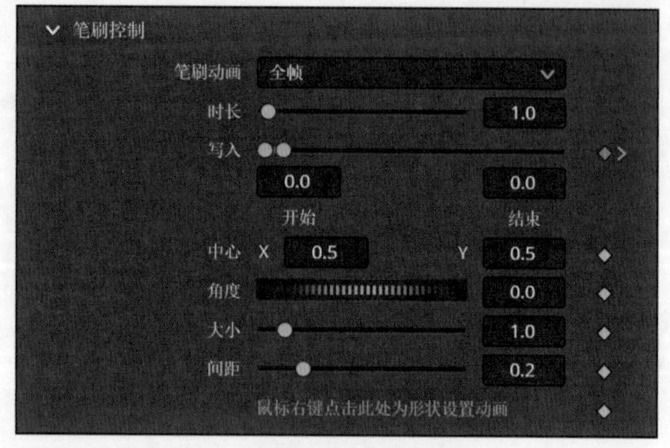

图4-42

提示 Point out

拖曳参数右侧的滑块，很多参数只能在0~1范围内调整，但是在数值框中可以输入更大或更小的数值。双击参数名称可以把参数恢复成默认值。

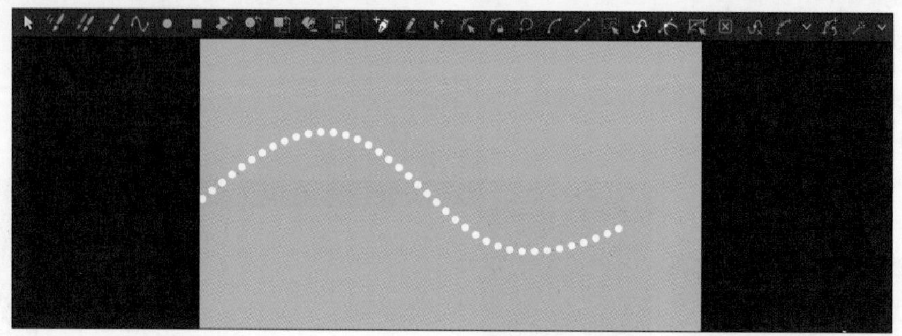

图4-43

06 把媒体池中的P01素材拖到节点面板的空白处创建节点Paint1，将MediaIn1节点右侧的方框拖到Paint1节点的方框上，创建与之连接的Merge1节点。选中MediaIn1节点后单击工具条上的按钮添加变换节点Transform1，如图4-44所示。继续在“检查器”面板中将“大小”参数设置为0.7。

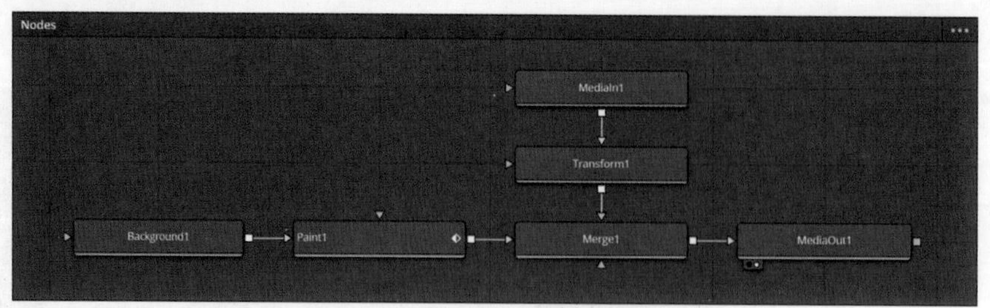

图4-44

07 选中Paint1节点，在“检查器”面板的最下方右击“鼠标右键单击此处为形状设置动画”，在弹出的快捷菜单中选择“发布”命令，将这个节点中的图形设置为路径。选中Merge1节点，在“中心”参数的名称上右击，在弹出快捷菜单中选择“路径”命令，如图4-45所示。

08 切换到“修改器”选项卡，右击“鼠标右键单击此处为形状设置动画”，在弹出的快捷菜单中选择“发布”命令，然后执行“连接到/PolylineStroke1：多边形折线/值”命令，汽车就会跳转到路径的起点，如图4-46所示。

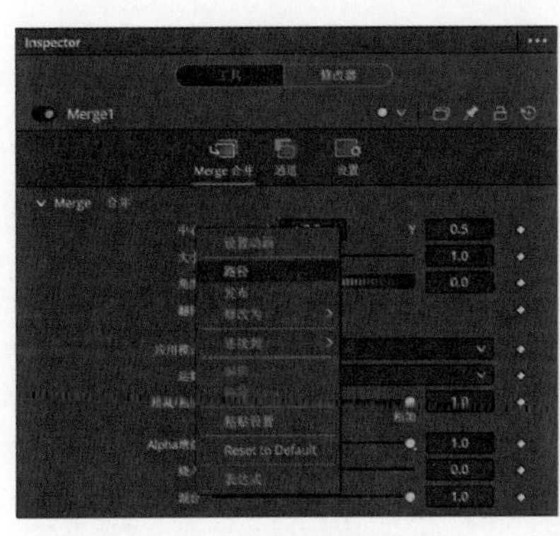

图4-45

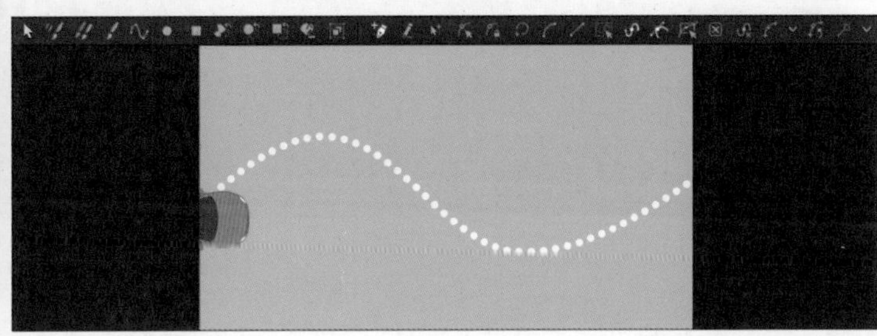

图4-46

09 在“位移”参数的名称上右击，在弹出的快捷菜单中选择“移除Path1位移”命令。将播放头拖到60帧处，把“位移”参数设置为-0.15后创建关键帧。将播放头拖到180帧处，把“位移”参数设置为1.15。现在，汽车虽然会沿着路径前进，但车头始终朝向一个方向，如图4-47所示。

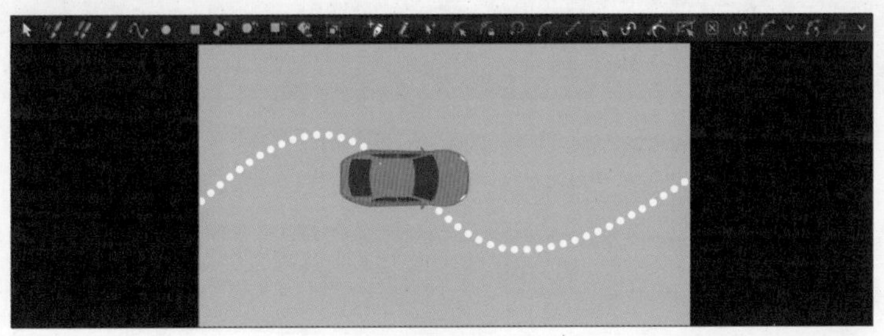

图4-47

10 选中Transform1节点，在“角度”参数的名称上右击，在弹出的快捷菜单中选择“连接到/Path1/方向”命令。这样，汽车就会跟随路径的方向自动旋转，如图4-48所示。

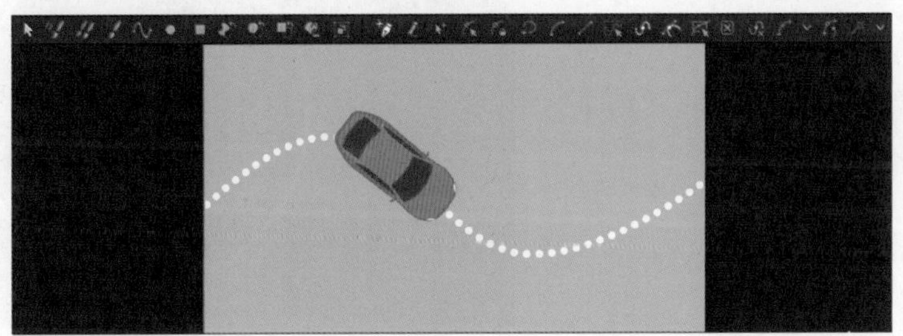

图4-48

11 几何形状的路径动画可以用更简单的方法制作。切换到剪辑页面，在媒体池里选中Fusion Composition1，然后按【Shift+F12】快捷键将其附加到时间线末端。切换到Fusion页面，单击工具条上的按钮添加背景节点Background1，将新建的背景节点连接到MediaOut1节点上，在“检查器”面板中把背景颜色设置为深灰色。继续选中Background1节点后，单击 按钮添加合并节点Merge1，如图4-49所示。

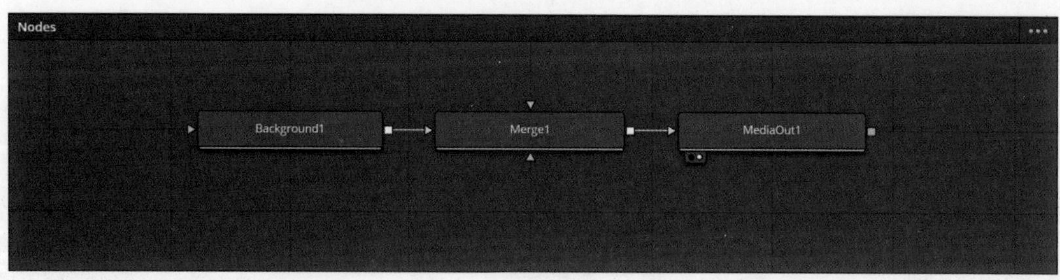

图4-49

12 在节点面板的空白处单击，然后按【Shift+空格】快捷键搜索并添加sEllipse节点。继续添加sOutline1和sRender1节点，把sRender1和Merge1节点连接起来，如图4-50所示。

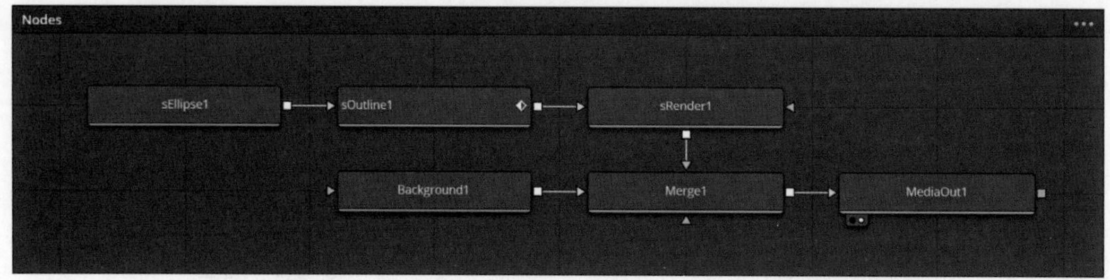

图4-50

> **提示** Point out
> 每个图形节点都要连接sRender节点，否则图形节点既不能显示在检视器中，也不能连接到其他节点上。

13 选中sEllipse1节点，在“检查器”面板中把“边框宽度”参数设置为0.15，把“宽度”和“高度”参数设置为0.3。选中sOutline1节点，将“厚度”参数设置为0.008。结果如图4-51所示。

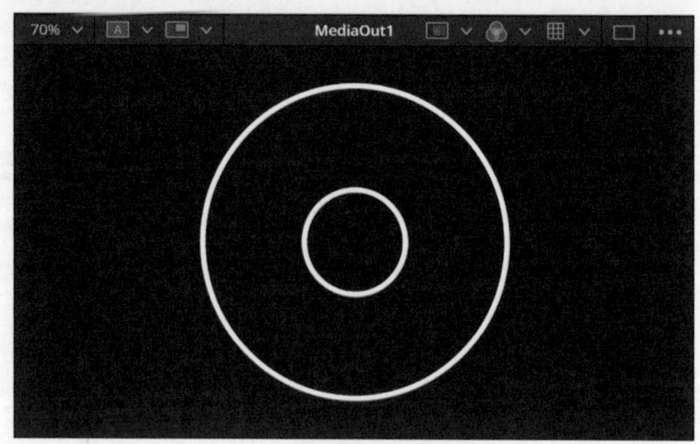

图4-51

14 把播放头拖到0帧处，将“位置”和“长度”设置为0后为这两个参数创建关键帧；把播放头拖到60帧处，把“长度”参数设置为0.8；把播放头拖到最后一帧，把“位置”参数设置为1，这样就能得到线条沿着圆形路径运动的效果。最后，展开样条线面板，勾选“长度”复选框。框选两个关键帧后，单击面板下方的按钮，把关键帧插值设置为圆滑，如图4-52所示。

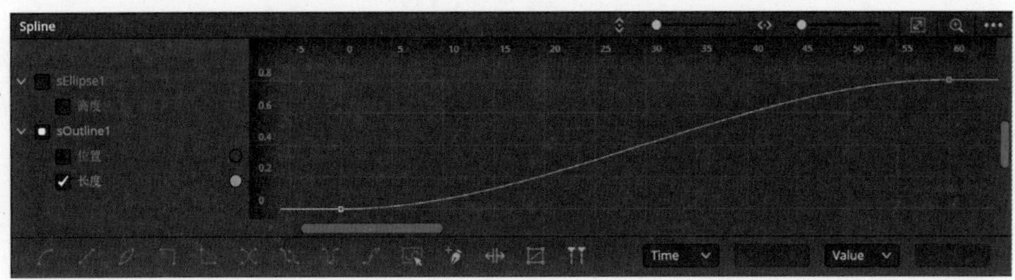

图4-52

4.5 让几何图形运动起来

图形动画短小精悍且富有趣味，通常用于短视频的片头和片尾。本节通过一个示例介绍图形动画的制作方法和技巧。

01 在剪辑页面的媒体池里右击，在弹出的快捷菜单中选择“新建Fusion合成”命令，把“时长”设置为3秒后单击“创建”按钮。把新建的片段插入时间线，然后切换到Fusion页面。单击工具条上的按钮后，新建背景节点Background1，把新建的背景节点连接到MediaOut1节点上，在“检查器”面板中把背景颜色设置为淡蓝色。选中Background1节点后，单击工具条上的按钮创建多重合并节点MultiMerge1，如图4-53所示。

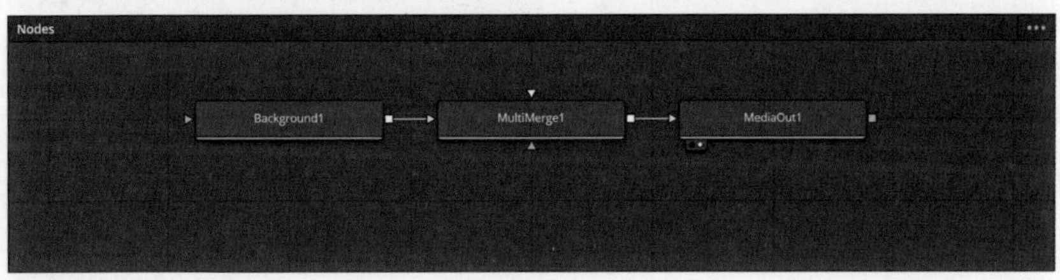

图4-53

02 在节点面板的空白处单击，取消所有节点的选择状态，然后按【Shift+空格】快捷键搜索并添加sRectangle1和sRender1节点，继续把sRender1节点连接到MultiMerge1节点上，如图4-54所示。

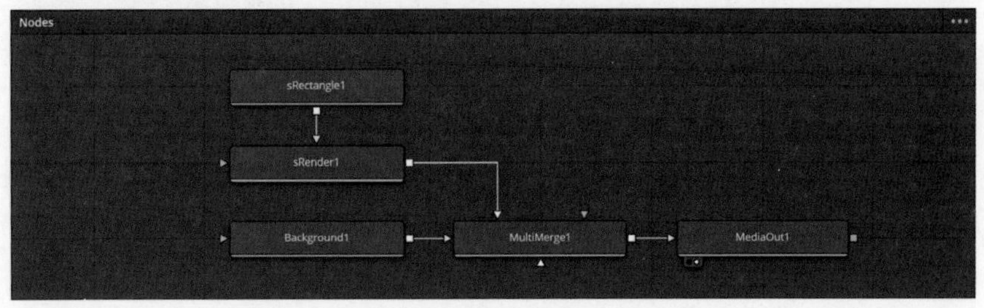

图4-54

提示 Point out

在工具条上右击，在弹出的快捷菜单中选择“自定义/创建工具栏”命令，输入名称后可以创建自定义的工具条。在自定义工具条上右击，可以删除快捷按钮和组。把“特效库”面板中的工具和模板拖到工具条上，就能添加新的快捷按钮。

03 选中sRectangle1节点，在“检查器”面板中依次把“宽度”参数设置为0.12，“高度”参数设置为0.04，“圆角半径”参数设置为1，“X轴偏移”参数设置为-0.38，然后为“X轴偏移”和“宽度”参数创建关键帧。把播放头拖到10帧处，依次把“X轴偏移”参数设置为-0.15，“宽度”参数设置为0.35。把播放头拖到20帧处，依次把“X轴偏移”参数设置为0，“宽度”参数设置为0.04。

04 展开样条线面板，勾选sRectangle1复选框，分别选中前两个和后两个关键帧，而后单击按钮，如图4-55所示。

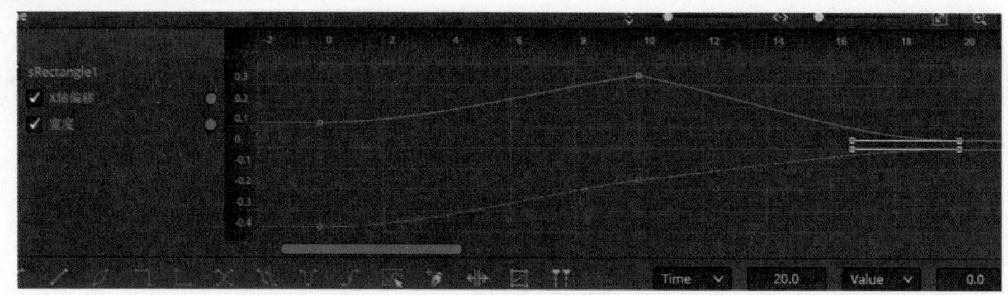

图4-55

05 选中sRender1节点，在“检查器”面板中单击“设置”选项卡，勾选“运动模糊”复选框，这样运动的线条就会产生模糊效果，如图4-56所示。

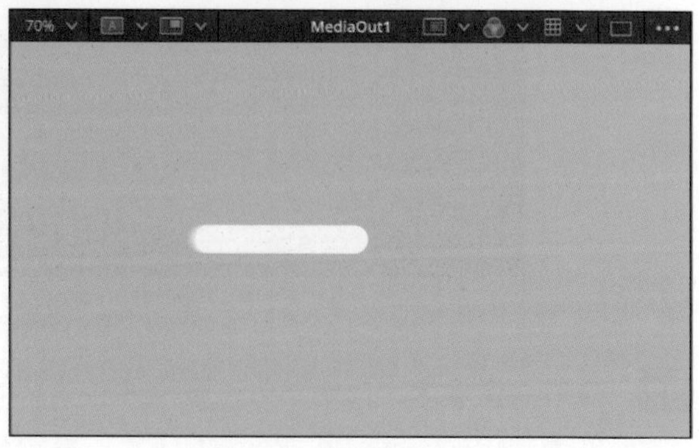

图4-56

06 框选sRectangle1和sRender1节点后，按【Ctrl+C】和【Ctrl+V】快捷键复制节点，把复制的sRender1_1节点连接到MultiMerge1节点上，如图4-57所示。选中sRectangle1节点后把播放头拖到0帧处，依次将“X轴偏移”参数设置为-0.6，“Y轴偏移”参数设置为0.175。把播放头拖到10帧处，依次“X轴偏移”参数设置为-0.24，“宽度”参数设置为0.53。

07 在“检查器”面板中单击“样式”选项卡，在20帧处为Opacity参数创建关键帧，在21帧处将Opacity参数设置为0。再次复制sRectangle1_1和sRender1_1节点，将sRender1-1节点连接到MultiMerge1节点上，如图4-58所示。选中sRectangle1_1_1节点后，把播放头拖到0帧处，依次把“X轴偏移”参数设置为-0.56，“Y轴偏移”参数设置为-0.175。把播放头拖到10帧处，依次把“X轴偏移”参数设置为-0.185，“宽度”参数设置为0.42。

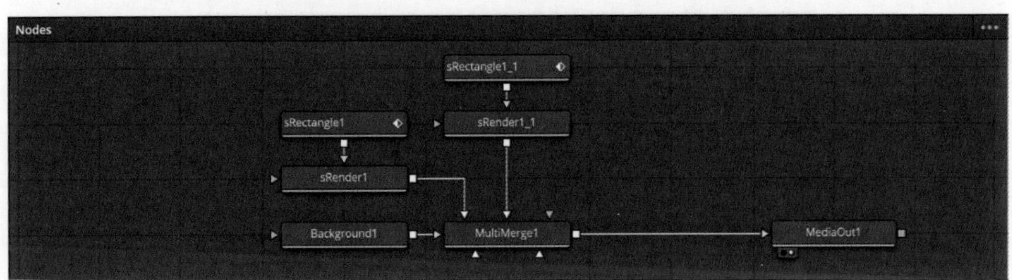

图4-57

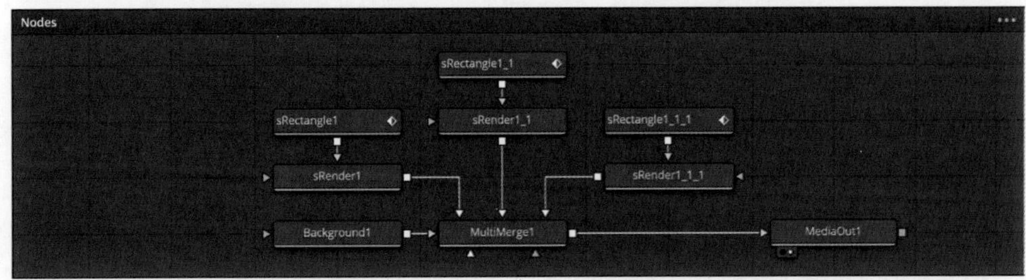

图4-58

08 为了让节点看起来更有条理，选中MultiMerge1节点后，单击工具条上的按钮，再次创建一个多重合并节点MultiMerge2。取消所有节点的选择，搜索并添加sEllipse1和sRender2节点，继续把sRender2节点连接到MultiMerge2节点上，如图4-59所示。

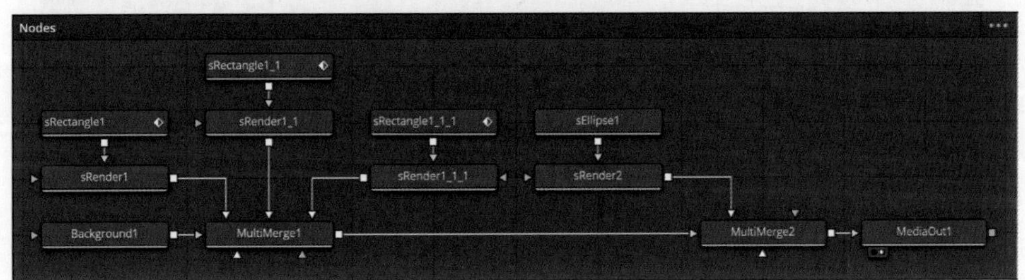

图4-59

09 选中sEllipse1节点，在“检查器”面板中取消勾选“实体”复选框，依次将“边框宽度”参数设置为0.003，“长度”参数设置为0，“宽度”和“高度”参数设置为0.35，“角度”参数设置为 90。把播放头拖到20帧处，为“长度”参数创建关键帧；在30帧处将“长度”参数设置为0.25，为“角度”参数创建关键帧；在40帧处将“长度”参数设置为0，“角度”参数设置为270。

10 展开样条线面板，勾选sEllipse1复选框。选中所有关键帧后单击按钮。当前的图形效果如图4-60所示。

11 切换到“样式”选项卡，在20和40帧处为Opacity参数创建关键帧，在19和41帧处将“Opacity”参数设置为0。选中sRender2节点，在“设置”选项卡中勾选“运动模糊”复选框，继续单击工具条上的按钮添加变换节点Transform1，单击“翻转”中的按钮。

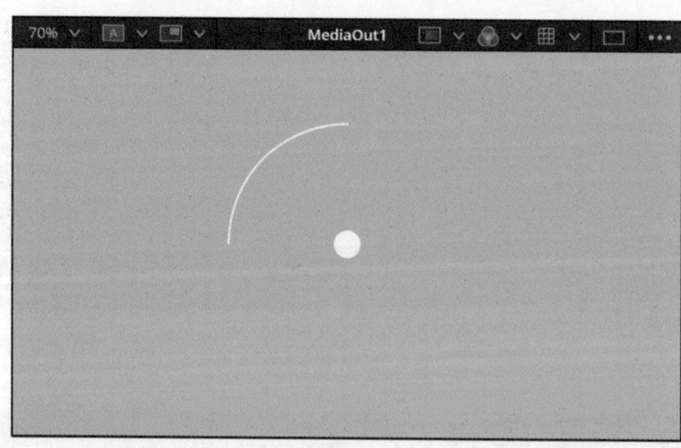

图4-60

12 选中sEllipse1节点，搜索并添加sDuplicate1节点，如图4-61所示。在“检查器”面板中，把Copies参数设置为1，把Z Rotation参数设置为180。

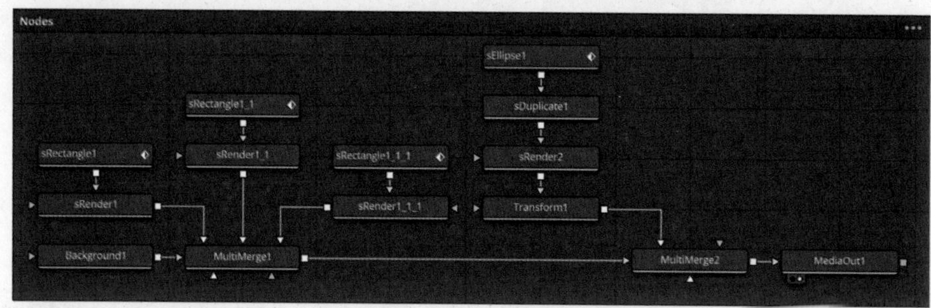

图4-61

13 复制sEllipse1、sDuplicate1、sRender2和Transform1节点，把Transform1_1节点连接到MultiMerge2节点上，如图4-62所示。

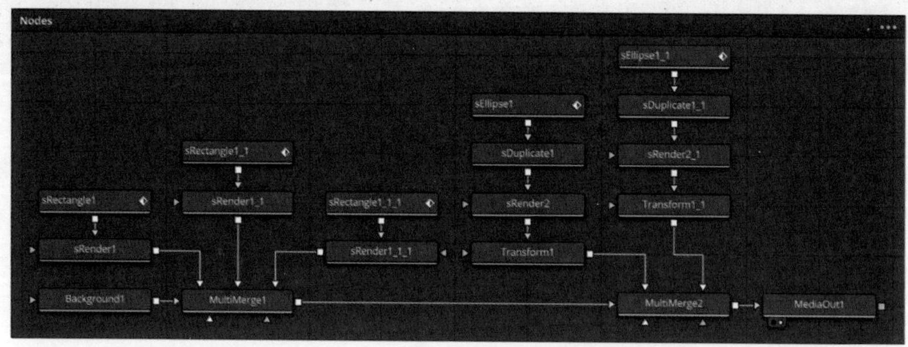

图4-62

14 选中sEllipse1_1节点，在20帧处为“位置”参数创建关键帧，将“边框宽度”参数设置为0.04。双击“长度”和“角度”参数的名称，将其恢复成默认值，然后依次将“长度”参数设置为0，“角度”参数设置为90。在40帧处把“位置”参数设置为0.5，为“Y轴偏移”参数创建关键帧。在50帧处将“Y轴偏移”参数设置为0.175。

15 把播放头拖到41帧处，切换到“样式”选项卡，删除Opacity参数的关键帧。选中sDuplicate1_1节点，在40帧处为Y Offset参数创建关键帧，在50帧处将Y Offset参数设置为-0.35。当前的图形效果如图4-63所示。

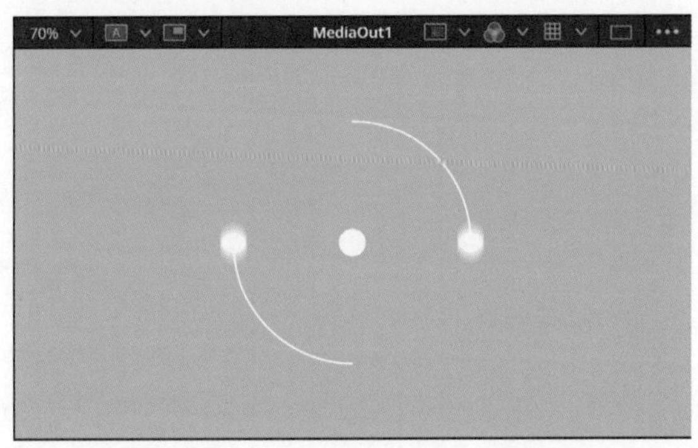

图4-63

16 取消所有节点的选择，搜索并添加sEllipse2和sRender3节点，然后把sRender3节点连接到MultiMerge2节点上，如图4-64所示。

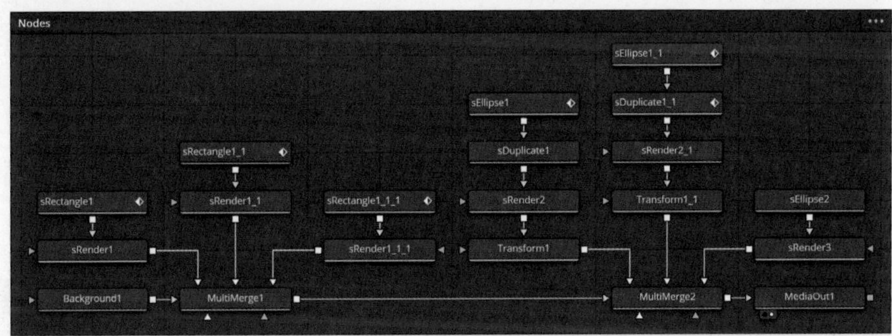

图4-64

17 选中sEllipse2节点，在“高度”参数的名称上右击，选择“表达式”命令，然后把加号按钮拖到“宽度”参数的名称上，将两个参数关联起来。在50帧处，将“宽度”参数设置为0并创建关键帧；在70帧处将“宽度”参数设置为1.2。

18 选中sRender3节点，在“设置”选项卡中勾选“运动模糊”复选框。最后，展开样条线面板，勾选sEllipse2复选框。选中两个关键帧后单击按钮，如图4-65所示。

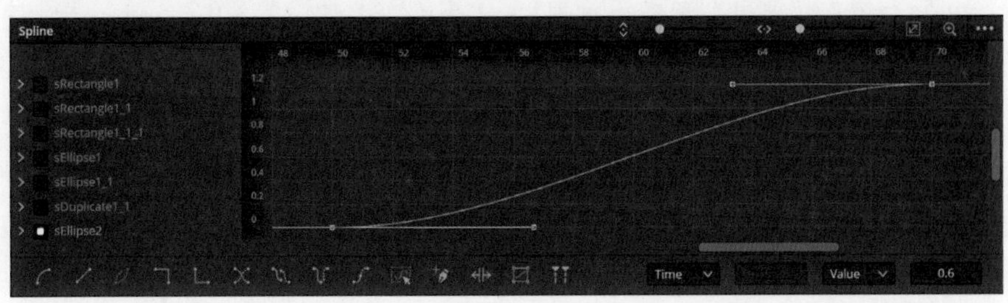

图4-65

19 至此，图形动画制作完成，最终效果如图4-66所示。

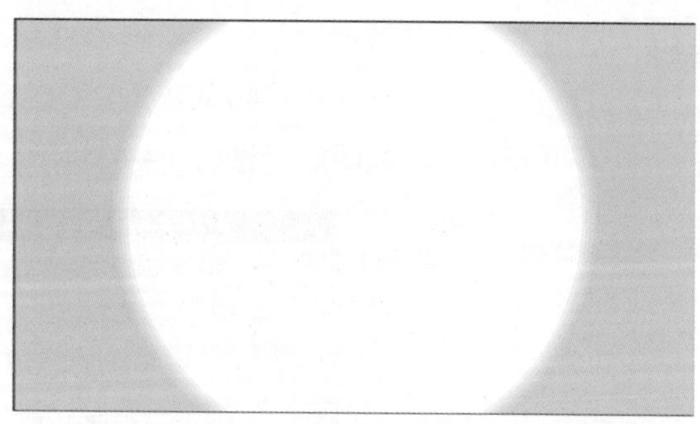

图4-66

4.6 制作火花和烟雾特效

粒子特效在各种视频作品中的运用非常广泛，本节将利用Fusion的粒子系统制作火花和烟雾效果，通过实例学习粒子系统的基本运动。

01 在剪辑页面的媒体池里右击，在弹出的快捷菜单中选择“新建Fusion合成”命令，把“时长”设置为10秒，然后单击“创建”按钮。将新建的合成片段插入时间线，并切换到Fusion页面。单击工具条上的和按钮，依次创建粒子发射器节点pEmitter1和粒子渲染器节点pRender1，把pRender1节点连接到MediaOut1节点上，如图4-67所示。

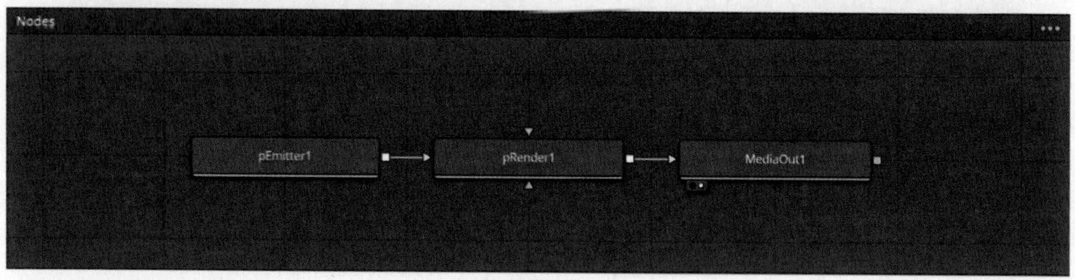

图4-67

02 选中pEmitter1节点，在“检查器”面板中单击“区域”选项卡，在“区域”下拉菜单中选择Rectangle，依次“宽度”参数设置为1，“高度”参数设置为0.2，并在“旋转”卷展栏中把“X轴旋转”参数设置为90。切换到“控制”选项卡，依次将“数量”参数设置为4，“寿命”参数设置为50，如图4-68所示。

03 展开“速度”卷展栏，依次将“速度变化”参数设置为0.1，“角度”参数设置为90。展开“旋转”卷展栏，在“旋转模式”下拉菜单中选择“相对于运动的旋转”，取消勾选“始终面向摄像机”复选框。

04 切换到“样式”选项卡，在“样式”下拉菜单中选择Bitmap。展开Color Controls卷展栏后，继续展开Color Over Life Controls卷展栏，在Color Over Life色盘的末端单击以创建色标，把第一个色标设置为红色，把第二个色标设置为橘黄色，如图4-69所示。

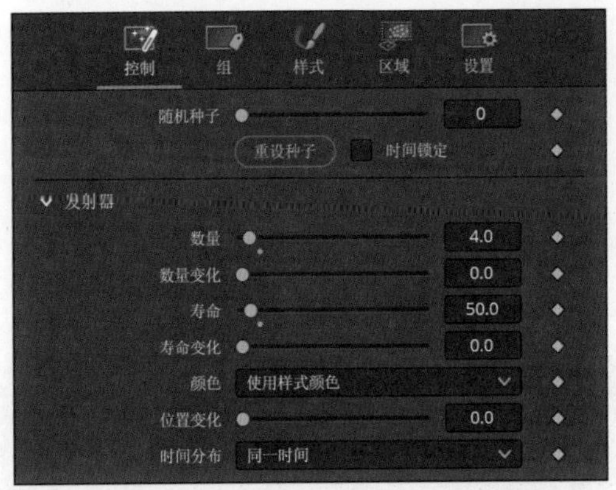

图4-68

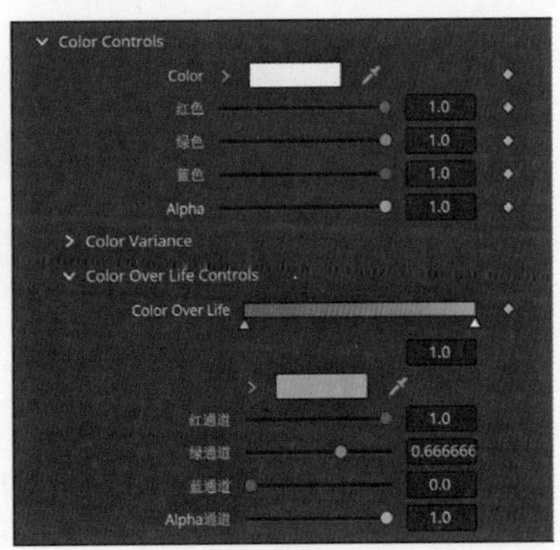

图4-69

05 展开Size Controls卷展栏，依次将Size参数设置为0.015，Size Variance参数设置为0.03。取消所有节点的选择后，单击工具条上的按钮创建背景节点Background1，继续单击工具条上的按钮创建矩形蒙版节点Rectangle1，然后把Background1节点连接到pEmitter1节点上，如图4-70所示。

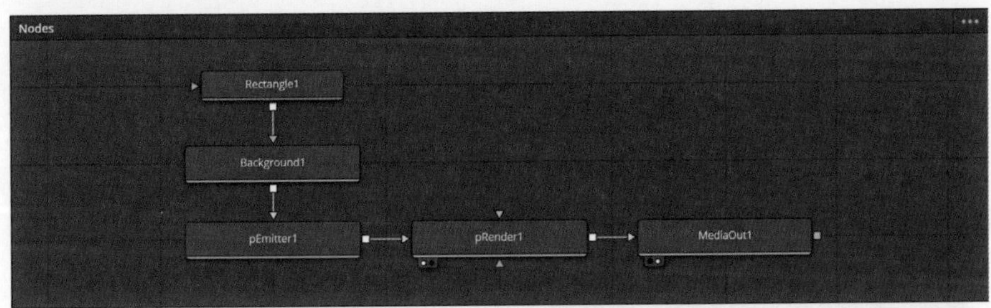

图4-70

06 选中Background1节点，设置背景颜色为白色。选中Rectangle1节点，依次将“宽度”参数设置为0.7，“高度”参数设置为 0.03。现在按空格键播放项目，即可看到粒子发射的效果，如图4-71所示。

07 为了让粒子的运动方向更具随机性，选中pEmitter1节点后按【Shift+空格】快捷键，搜索并添加pTurbulence1节点，将“X轴强度”和“Y轴强度”参数均设置为0.2。

图4-71

08 选中pRender1节点，将“预生成的帧数”参数设置为100，让粒子提前100帧生成。单击工具条上的按钮创建3D合并节点Merge3D1，继续单击按钮创建3D渲染器节点Render3D1。取消所有节点的选择后，单击工具条上的按钮创建3D摄影机节点Camera3D1，把新建的节点连接到Merge3D1节点上，如图4-72所示。

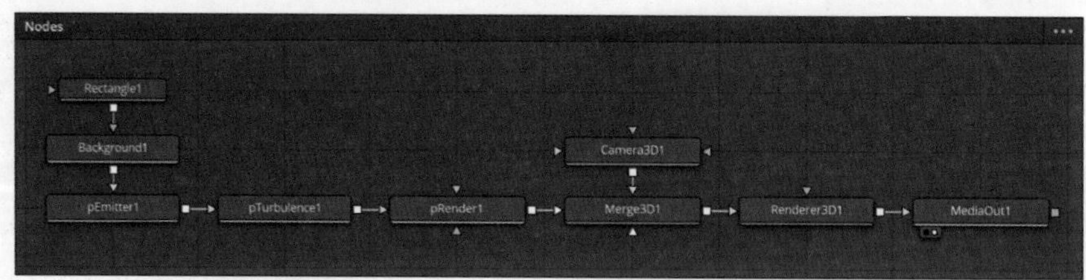

图4-72

09 选中Camera3D1节点，将“焦点平面”参数设置为1.3。切换到“变换”选项卡，依次将“Y轴”参数设置为0.25，“Z轴”参数设置为1.3。选中Renderer3D1节点，在“渲染器类型”下拉菜单中选择Hardware Renderer。展开“积累效果”卷展栏，勾选“启用积累效果”复选框后把“景深模糊数量”参数设置为0.1。当前的粒子效果如图4-73所示。

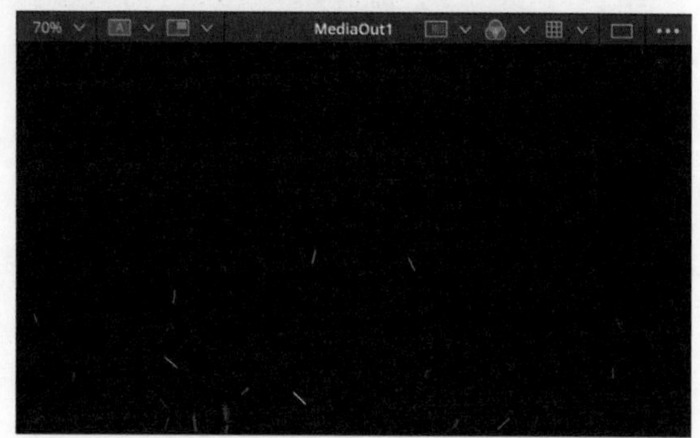

图4-73

10 取消所有节点的选择后，单击工具条上的按钮创建背景节点Background2，把新建的背景节点的方块端口拖到Renderer3D1节点的方块端口上，创建Merge1节点。选中Merge1节点后，按【Ctrl+T】快捷键交换输入端口。继续按【Shift+空格】快捷键，搜索并添加Glow1节点，如图4-74所示。

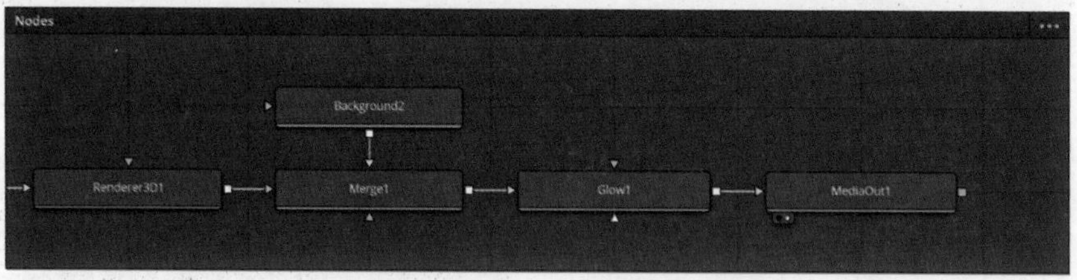

图4-74

11 在“检查器”面板中，依次将“辉光大小”参数设置为0，“Glow辉光”参数设置为0.98。至此，火花效果制作完成，效果如图4-75所示。

图4-75

12 接下来制作烟雾效果。取消所有节点的选择后，按【Shift+空格】快捷键，搜索并添加FastNoise1节点，把FastNoise1节点的方块端口拖到Glow1节点的方块端口上，创建Merge2节点，如图4-76所示。选中FastNoise1节点，将“细节”参数设置为10，在0帧处为“中心”和“沸腾”参数创建关键帧。在最后一帧处依次将“中心Y”参数设置为0.7，“沸腾”参数设置为0.75。选中Merge2节点，设置“混合”参数为0.15。

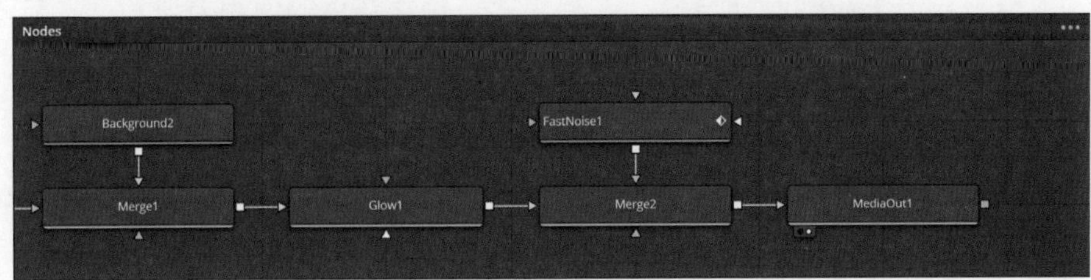

图4-76

提示 Point out

要想让节点排列整齐，可以在节点面板的空白处右击，在弹出的快捷菜单中选择“所有工具对齐到网格”命令。

13 选中Merge2节点后，按【Shift+空格】快捷键，搜索并添加“移轴模糊1”节点，依次将“高光”参数设置为0.6，“对焦变换”参数设置为-0.2。继续按【Shift+空格】快捷键，搜索并添加“暗角1”节点，把“大小”参数设置为0.6，如图4-77所示。至此，烟雾效果制作完成，效果如图4-78所示。

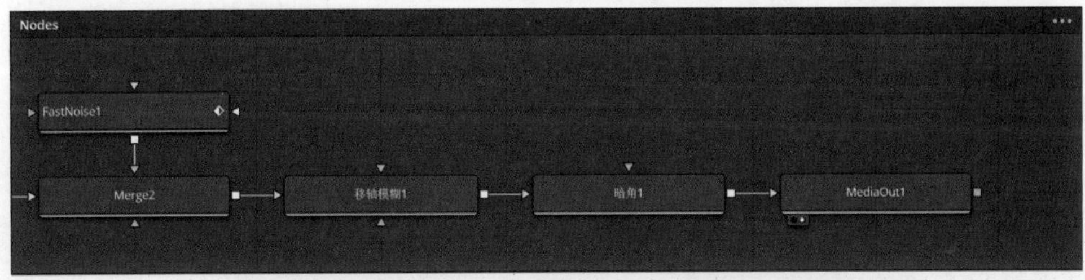

图4-77

图4-78

4.7 粒子系统的进阶用法

本节将继续使用粒子系统制作片头和栏目包装中常见的拖尾效果，以帮助读者更深入地理解粒子系统的制作思路，并掌握更多相关节点的使用方法。

01 在剪辑页面的媒体池中右击，在弹出的快捷菜单中选择“新建Fusion合成”命令，将“时长”设置为7秒。把新建的片段插入时间线，然后切换到Fusion页面。单击工具条上的按钮，创建粒子发射器节点pEmitter1，继续单击按钮创建粒子渲染器节点 pRender1，使粒子能够显示出来，如图4-79所示。

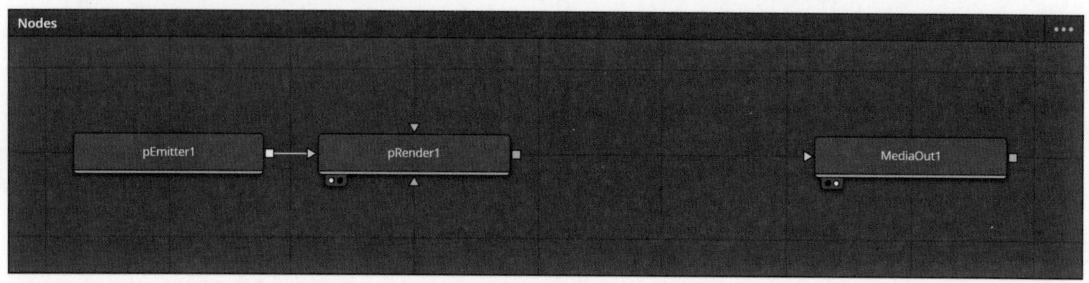

图4-79

02 在“检查器”面板的“输出模式”中，单击“三维”按钮，然后按1键将其显示到左侧的检视器中。继续单击工具条上的按钮创建3D渲染器节点Render3D1。该节点用于将三维粒子系统连接到MediaOut1节点上，如图4-80所示。

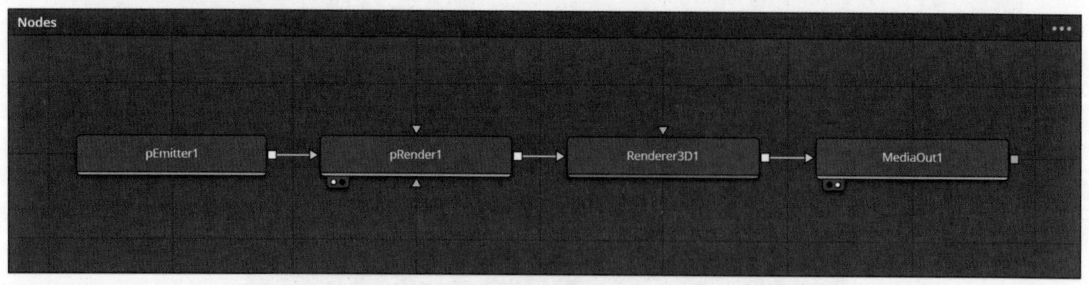

图4-80

03 选中pEmitter1节点，在“检查器”面板中依次将“寿命”参数设置为150，“数量”参数设置为8，然后创建关键帧，在10帧处将“数量”参数设置为0。这样可以让片段开始10帧后停止生成新粒子，同时让已经生成的粒子持续150帧后消失。

04 切换到“样式”选项卡，在“样式”下拉菜单中选择NGon，然后在下方的Ngon Type中单击第一个图标。展开Color Controls卷展栏，将颜色设置为浅蓝色。展开Size Controls卷展栏，把“Size”参数设置为0.004。此时，透视图中的粒子效果如图4-81所示。

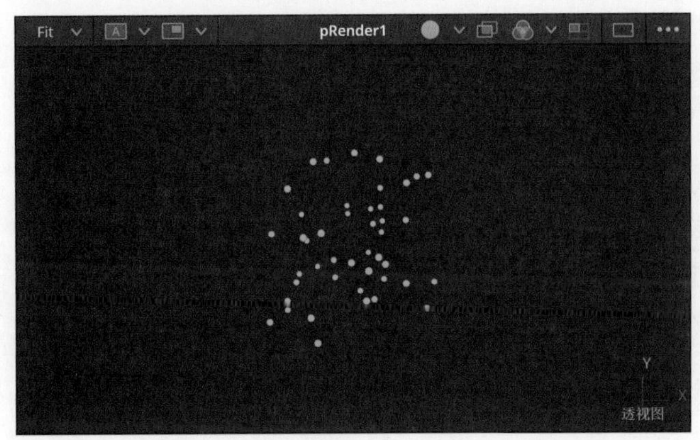

图4-81

05 选中pEmitter1节点后，按【Shift+空格】快捷键，搜索并添加pTurbulence1节点，如图4-82所示。将“X轴强度”“Y轴强度”和“Z轴强度”参数均设置为1，将“密度”参数设置为50。拖曳播放头查看效果，此时静止的粒子会在扰乱力场的作用下向四面八方运动。

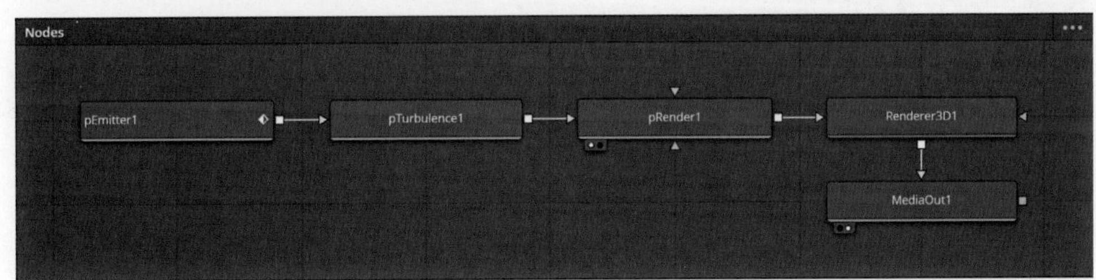

图4-82

06 接下来制作拖尾效果。选中pTurbulence1节点，按【Shift+空格】快捷键，搜索并添加pSpawn1节点，如图4-83所示。在“检查器”面板中，依次把“寿命”参数设置为50，“寿命变化”参数设置为10。展开“速度”卷展栏，将“速度转移”参数设置为0。此时，拖尾粒子也会受到扰乱力场的控制。

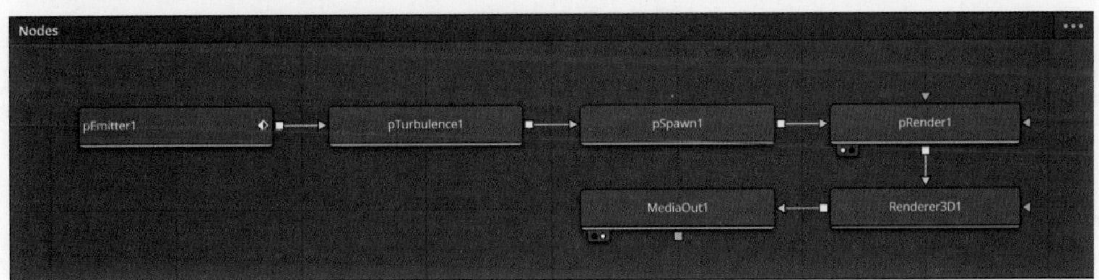

图4-83

07 选中pEmitter1节点，在“组”选项卡中勾选Set1复选框。接着，选中pTurbulence1节点，切换到“条件”选项卡，在“组模式”下拉菜单中选择“不影响指定的组”，然后取消Set1复选框的勾选。选中pSpawn1节点，在“组”选项卡中勾选Set2复选框。当前的拖尾效果如图4-84所示。

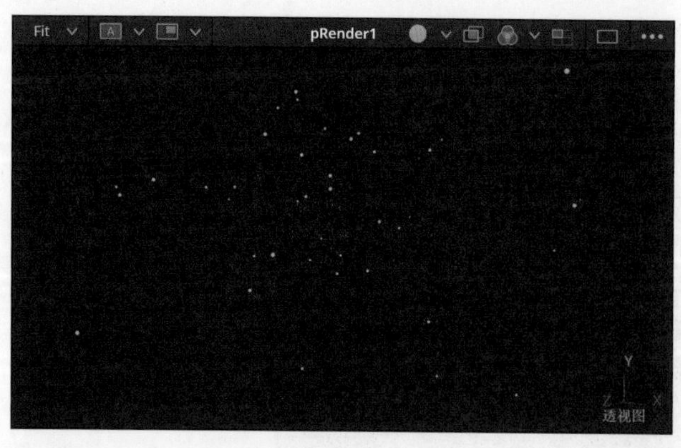

图4-84

提示 Point out

按住Ctrl键后在透视图中滚动鼠标中键可以缩放视图，按住Alt键后按住鼠标中键拖曳，可以旋转透视图。

08 切换到“样式”选项卡，在“样式”下拉菜单中选择NGon，并在下方的Ngon Type中单击第一个图标。展开Color Controls卷展栏后展开Color Over Life Controls卷展栏，在Color Over Life色盘上添加两个色标，把第一个色标设置为蓝色，把第二个色标设置为绿色，把第三个色标设置为黄色。

09 展开Size Controls卷展栏，把Size参数设置为0.001。在Size Over Life曲线上添加一个节点，然后调整曲线的形状，让拖尾粒子的尺寸越来越小，如图4-85所示。

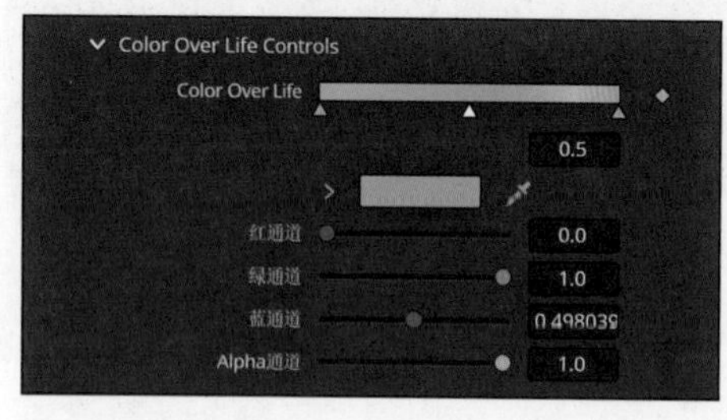

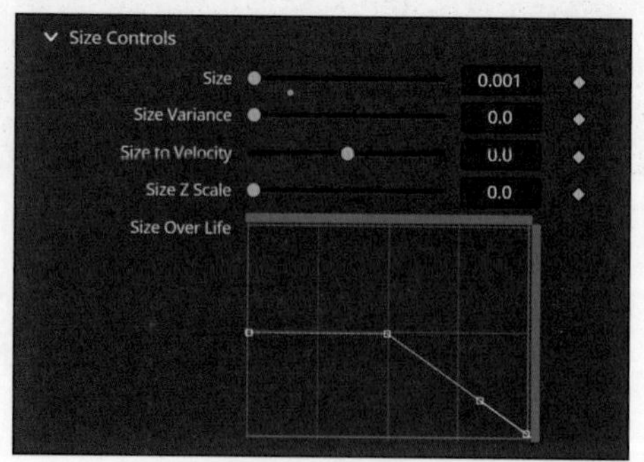

图4-85

10 选中pSpawn1节点，按【Shift+空格】快捷键，搜索并添加pVortex1节点，利用该节点让粒子旋转运动，如图4-86所示。在0帧处设将“强度”参数设置为3并创建关键帧，在90帧处将“强度”参数设置为0。切换到“条件”选项卡，在“组模式”下拉菜单中选择“影响指定的组”，然后取消“组1”复选框的勾选，使旋涡只影响拖尾粒子。

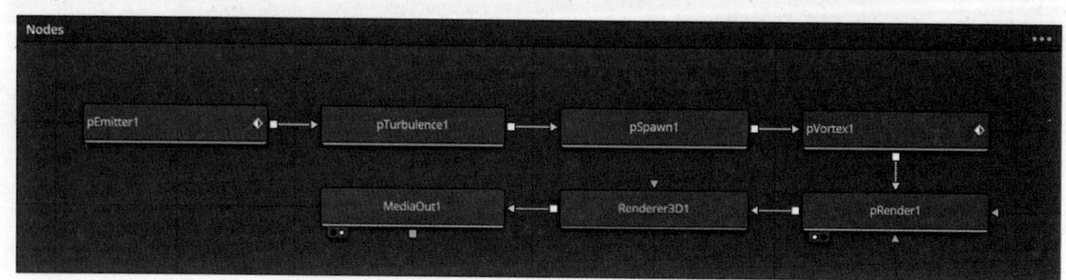

图4-86

11 选中pRender1节点，将“子帧精度”参数设置为3，以增加拖尾粒子的密度。至此，粒子的基本设置已完成，当前的效果如图4-87所示。

图4-87

12 取消所有节点的选择，单击工具 条上的按钮，创建 3D 摄像机节点Camera3D1。把新建节点的方块端口拖到pRender1节点的方块端口上，创建Merge3D1节点，如图4-88所示。选中Camera3D1节点，将“焦距”参数设置为15。切换到“变换”选项卡，在0帧处把 “Z轴”参数设置为0.6并创建关键帧，在最后一帧处将“Z轴”参数设置为0.3。切换回“控制”选项卡，展开“控制可见性”卷展栏，勾选“焦点平面”复选框。在0帧处把“焦点平面”参数设置为0.7并创建关键帧，在最后一帧处将“焦点平面”参数设置为0.3。

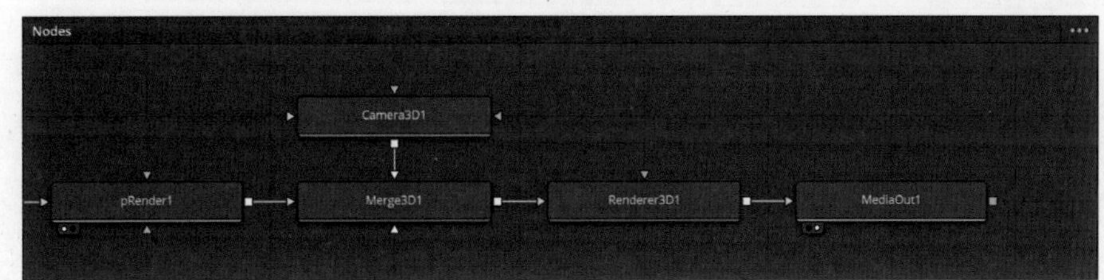

图4-88

13 取消所有节点的选择，单击工具条上的按钮，创建背景节点Background1。把Background1节点的方块端口拖到Renderer3D1节点的方块端口上，创建Merge1节点。选中Merge1节点，按【Ctrl+T】快捷键交换输入端口，如图4-89所示。

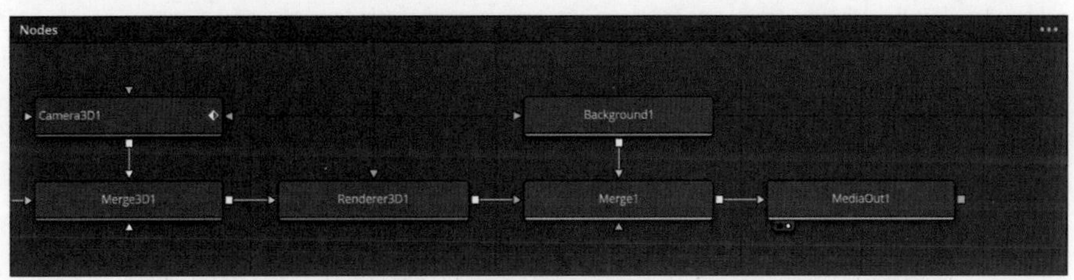

图4-89

14 选中Background1节点，在“类型”下拉菜单中选择“渐变”，在“渐变类型”下拉菜单中选择Radial。依次将“起始X”参数设置为0.5，“结束X”参数设置为1.2。把“渐变”色盘左侧的色标设置为红绿蓝=0、30、40，把右侧的色标设置为红绿蓝=0、3、5。

15 选中Renderer3D1节点，在“渲染器类型”下拉菜单中选择Hardware Renderer。展开“积累效果”卷展栏，勾选“启用积累效果”复选框，并将“景深模糊数量”参数设置为0.01。当前的效果如图4-90所示。

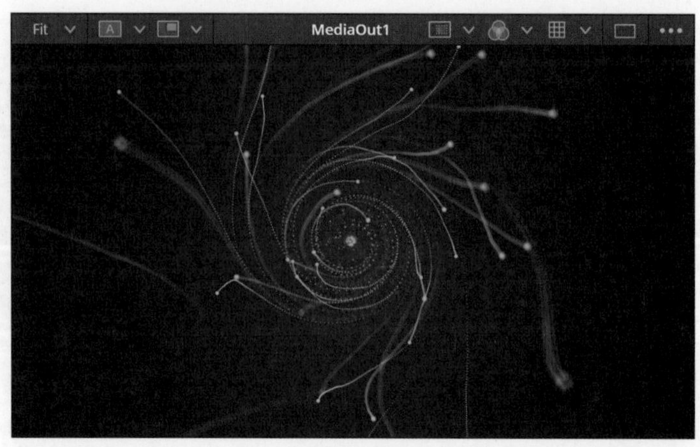

图4-90

16 选中Merge1节点，搜索并添加Glow1节点，设置“辉光大小”参数为0。继续搜索并添加“移轴模糊”节点，如图4-91所示。将“焦点范围”参数设置为0.45，展开“镜头光圈”卷展栏，将“高光”参数设置为1。

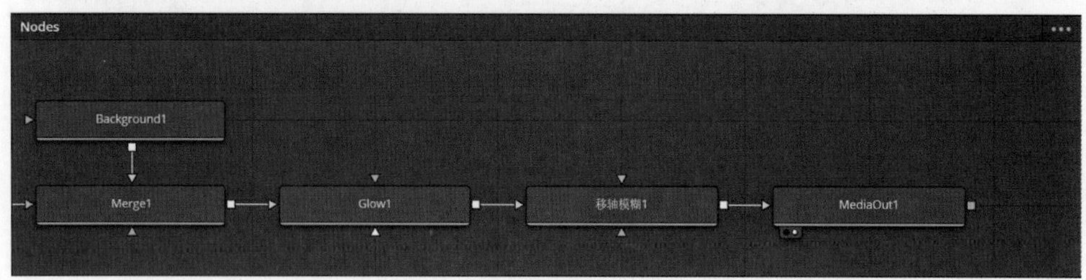

图4-91

17 最后，搜索并添加“暗角”节点，将“柔化”参数设置为0.75。最终的粒子效果如图4-92所示。

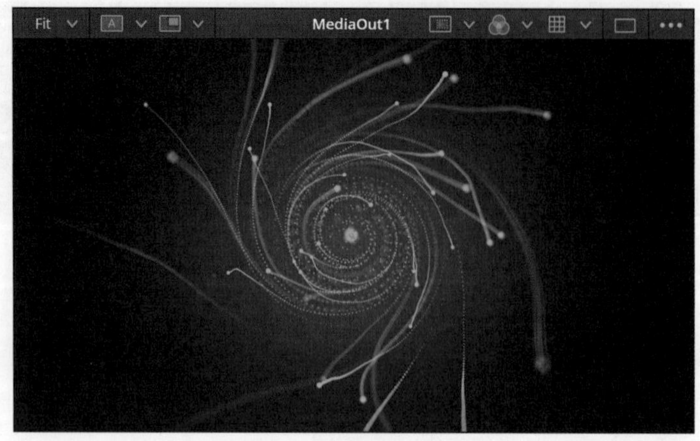

图4-92

DAVINCI RESOLVE 19

达芬奇

视频剪辑与调色

第 5 章

一级调色：统一影片的整体色调

调色过程通常分为一级调色和二级调色两个阶段。关于两者的区分，存在多种不同的观点。目前主流的观点是：一级调色是指通过调整曝光度、对比度、白平衡、色彩饱和度等属性，恢复素材的真实色彩，同时消除不同镜头间的曝光和色彩偏差，使视频作品中的所有画面具有一致的影调和色调；二级调色则是在一级调色的基础上，对视频素材进行更加精细的调整和优化，以达到更好的视觉效果。

5.1 调色页面的工作流程

DaVinci Resolve 19的调色页面乍看之下有些混乱，但仔细观察会发现其中包含我们已经熟悉的检视器和工具条。页面中占据一半区域的调色工具面板是固定不动的，其余面板可以根据需要随时关闭或展开，如图5-1所示。

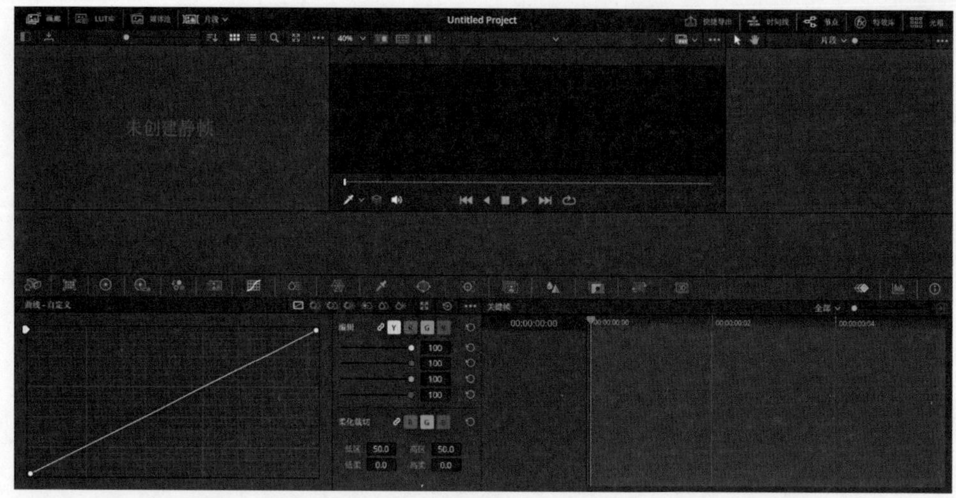

图5-1

下面通过动手实践的方式来熟悉调色页面的工作流程和各面板的功能。

01 在剪辑页面中按【Ctrl+I】快捷键导入素材，按【Shift+9】快捷键打开“项目设置”窗口，在“时间线分辨率”下拉菜单中选择3840×2160UltraHD。把所有素材插入时间线，然后分别选中前两个片段，在“检查器”面板中将“缩放”参数设置为1.08。

02 切换到调色页面，在片段面板中选中第一个片段，单击检视器右上角的按钮切换到增强模式。第一个片段是RAW格式，可以单击工具条上的第一个按钮，展开Camera Raw面板，如图5-2所示。

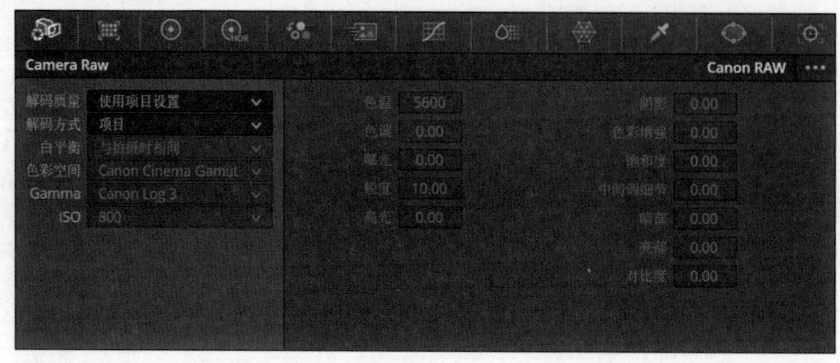

图5-2

提示 Point out

RAW是一种数码摄影设备的文件存储格式，用来保存图像传感器记录的原始数据，所以也被称为数码底片。RAW格式的优点是保留了更多的亮度和色彩信息，后期处理时可以更精细地控制曝光、白平衡等属性；缺点是文件的体积很大，调色和剪辑时对计算机的配置要求也很高。

03 从面板的右上方可以看到，DaVinci Resolve 19已识别出这是佳能相机拍摄的RAW素材。在“解码质量”下拉菜单中选择“全分辨率-Canon”，在“解码方式”下拉菜单中选择“片段”，以激活所有可以调整的参数选项。接着，在“色彩空间”和Gamma下拉菜单中都选择Rec.709，如图5-3所示。

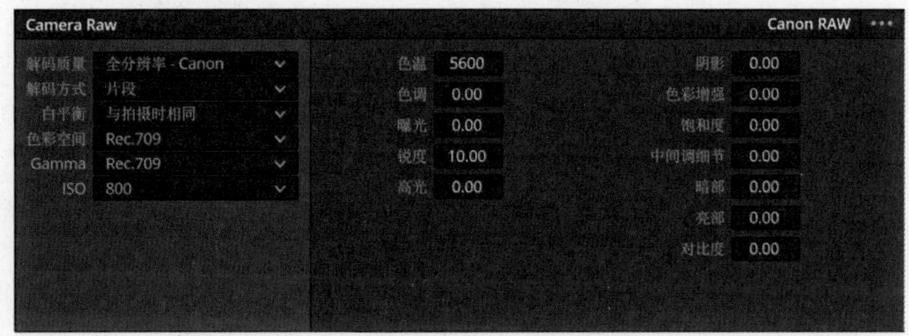

图5-3

提示 Point out

Rec709是高清电视的色彩标准，这个标准可以保证我们在不同品牌和型号的手机、电视、显示器上播放视频时，都能看到一致的色彩。除了Rec709以外，在影视领域还有Rec2020、DCI-P3等色彩标准。目前来说，互联网上90%左右的视频内容是以Rec709作为播放标准。

04 一个片段包含多帧画面，调色时需要拖曳播放头预览片段，找到曝光度最高或最有代表性的一帧画面作为基准。把播放头拖到22秒处，在ISO下拉菜单中选择160；接下来，依次将“暗部”参数设置为-12，“亮部”参数设置为12，让画面该亮的地方变亮，该暗的地方变暗，如图5-4所示。

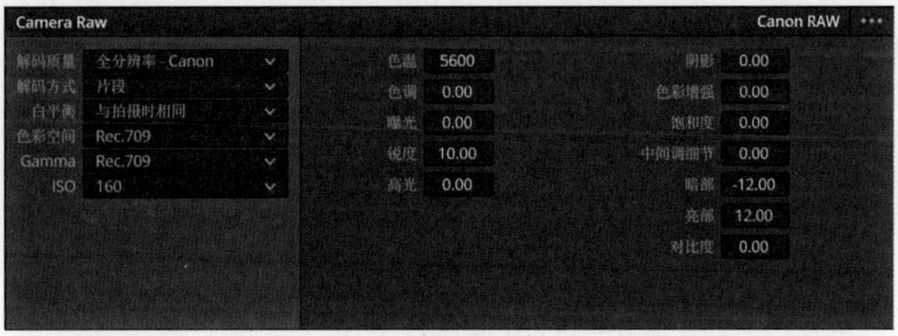

图5-4

05 继续把“阴影”参数设置为40，提升中灰区域的亮度。将“高光”参数设置为-100，压低高光区域的亮度。把“中间调细节”参数设置为40，增强纹理和细节的表现，以使画面恢复到正常范围内。原素材和调整后的对比效果如图5-5所示。

图5-5

06 按【Alt+F】快捷键把检视器恢复到正常模式，在片段面板中按住Ctrl键选中第二个片段（该片段由同型号相机拍摄）。单击Camera Raw面板右下方的“使用设置”按钮，将第一个片段的调色设置应用到第二个片段上，如图5-6所示。

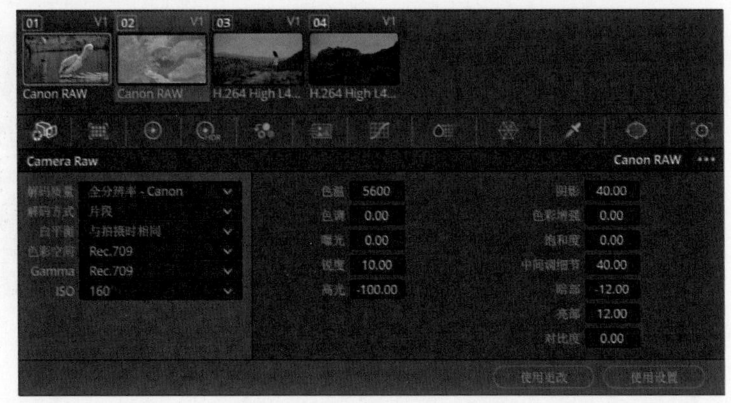

图5-6

07 因为拍摄环境、拍摄时间等因素的不同，同一设备拍摄的画面在曝光度、色彩等方面也会有一定的差异。按键盘上的向下方向键切换到第二个片段，把播放头拖到34秒处，依次将“暗部”参数设置为-9，“亮部”参数设置为10，快速完成第二个片段的校正。处理前后的对比效果如图5-7所示。

图5-7

08 按向上方向键切换回第一个片段，回放时会发现片段的曝光会经历一个突然提升的过程。在关键帧面板中把播放头拖到33秒处（此时是正常的曝光值），单击面板左侧的◆按钮开启自动关键帧。在“校正器1”栏上右击，在弹出的快捷菜单中选择“添加动态关键帧”命令，添加一个动态关键帧，如图5-8所示。

图5-8

09 在检视器上右击，在弹出的快捷菜单中选择“抓取静帧”命令。在关键帧面板中把播放头拖到28秒10帧处（此处画面曝光度最低）。单击检视器左上角的按钮开启划像模式，此时检视器左侧显示当前帧画面，右侧显示抓取的静帧画面，如图5-9所示。

图5-9

10 单击工具条上的按钮切换到色轮面板。拖曳“亮部”色轮下方的旋钮，把所有参数都设置为1.25。拖曳“偏移”色轮下方的旋钮，将所有参数设置为45，让两个画面的亮度和对比度尽可能一致，如图5-10所示。继续把播放头拖到30秒20帧处，将“偏移”色轮的所有参数设置为25。

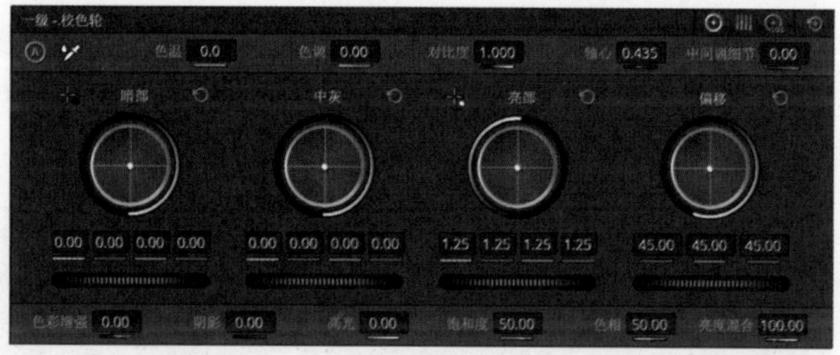

图5-10

11 在片段面板中切换到第三个片段（该片段为压缩转码格式，原始数据已丢失）。由于无法使用RAW调整工具，只能通过调色工具进行处理。在调色前，先在节点面板的缩略图上右击，在弹出的快捷菜单中选择“添加节点/添加串行节点”命令，添加一个串行节点，如图5-11所示。

提示 Point out

串行节点的作用相当于保存历史记录。我们可以用串行节点记录某个调色工具的参数调整，也可以按照步骤把调色操作记录到不同的节点中。一旦调色过程中出现问题，就可以随时通过节点查找问题出在哪些参数或者哪个步骤上。

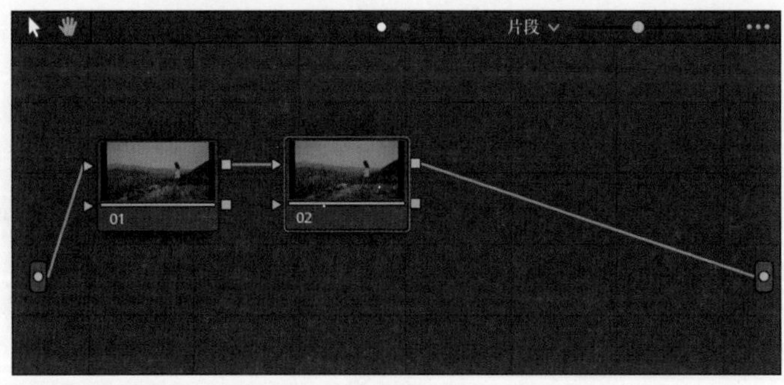

图5-11

12 在色轮面板中，拖曳“暗部”色轮下方的旋钮，把所有参数都设置为-0.02。接着，拖曳“亮度”色轮下方的旋钮，把所有参数都设置为1.5；单独拖曳“亮度”色轮下方的绿色数值框，把绿色通道的参数设置为1.55，如图5-12所示。

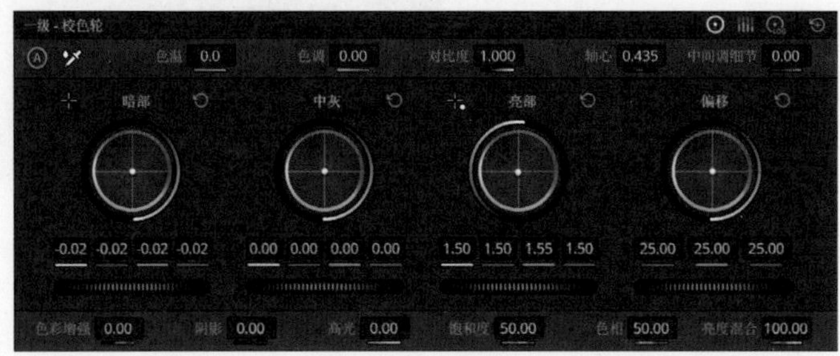

图5-12

13 按【Alt+S】快捷键，再次创建一个串行节点，如图5-13所示。在色轮面板中，依次将“中间调细节”参数设置为40，“色彩增强”参数设置为25。继续依次把“色温”参数设置为-220，“色调”参数设置为-30。在节点面板中，单击节点缩略图左下角的序号，可以暂时禁用或者启用这个节点。

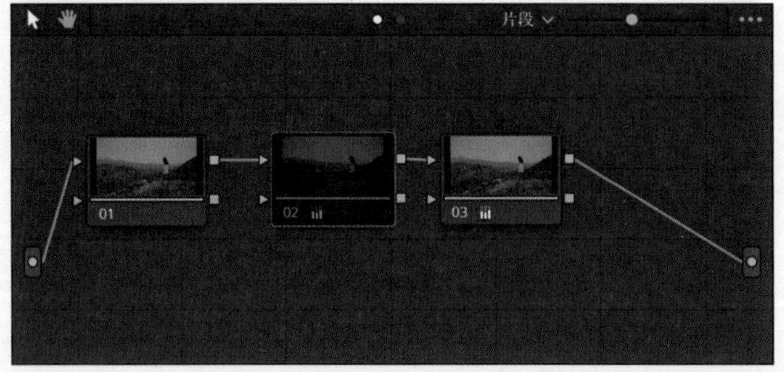

图5-13

提示 Point out

在节点缩略图上右击，在弹出的快捷菜单中选择“重置节点调色”命令，可以把这个节点上记录的参数全部恢复成默认值。

14 在片段面板中，按住Ctrl键选中第四个片段，然后用鼠标中键单击第三个片段，即可将第三个片段的所有调色设置复制到第四个片段上，如图5-14所示。

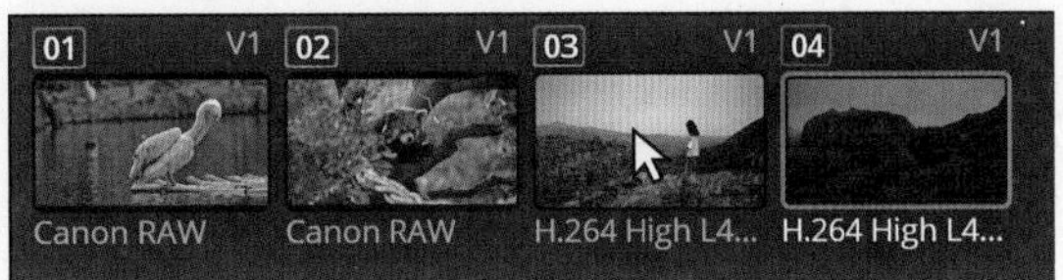

图5-14

15 切换回第三个片段，在检视器的画面上右击，在弹出的快捷菜单中选择“抓取静帧”命令。接着，切换到第四个片段，删除两个串行节点后展开画廊面板，把面板中的静帧图片拖到检视器窗口中。这样，第三个片段的所有设置即可复制到第四个片段上，如图5-15所示。

图5-15

提示 Point out

静帧图像不仅仅是一幅截图，还包括对这个片段进行的所有调色设置。我们可以在静帧图像上右击，在弹出的快捷菜单中选择“导出”命令。打开另一个项目后，把静帧图像导入画廊面板中，就能跨项目调取调色设置。

5.2 使用颜色查找表调色

LUT是Lookup Table的简称，即颜色查找表。LUT文件的作用是把输入颜色值映射到输出颜色值上，既可以用来恢复视频画面的正常色彩和曝光，也可以让画面呈现出特定的氛围或风格。

01 在剪辑页面按【Ctrl+I】快捷键，先导入“附赠素材/5.1”文件夹中的V01视频，然后导入5.2文件夹中的视频文件。在“项目设置”窗口的“时间线分辨率”下拉菜单中选择3840×2160UltraHD，然后把所有素材插入时间线。选中第一个片段后，在“检查器”面板中将“缩放”参数设置为1.08。

02 切换到调色页面，按【Alt+S】快捷键创建串行节点。在页面左上角展开LUT库面板，寻找与拍摄设备匹配的LUT文件，如图5-16所示。把光标移到缩略图上就能预览套用LUT文件后的效果，找到适合的文件后，把缩略图拖到检视器的画面上。

提示 Point out

在Camera Raw面板中调色时，我们只能凭印象和感觉来调整各项参数。相较来说，使用厂商提供的LUT文件校色，不但操作更便捷，校正的结果也更准确。

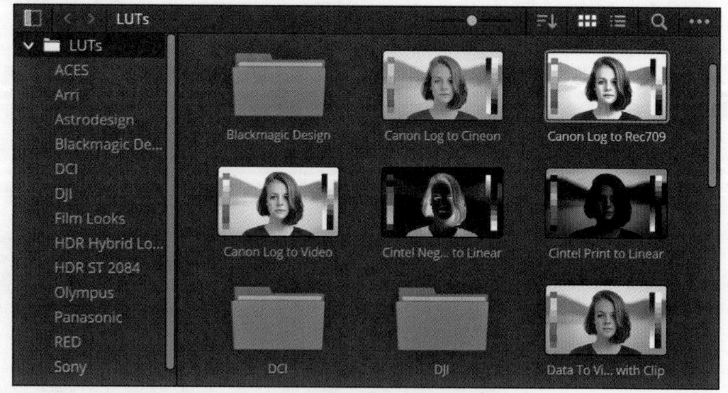

图5-16

03 如果列表中没有匹配的LUT文件，可以到设备厂商的官网下载对应的LUT文件。下载完成后，在LUT库面板的任意缩略图上右击，在弹出的快捷菜单中选择“打开文件位置”命令，如图5-17所示。然后把下载的LUT文件复制到打开的文件夹中。

图5-17

04 按【Shift+9】快捷键打开“项目设置”窗口，在左侧选择“色彩管理”选项，然后在“查找表（LUT）”选项组中单击“更新列表”按钮，如图5-18所示。

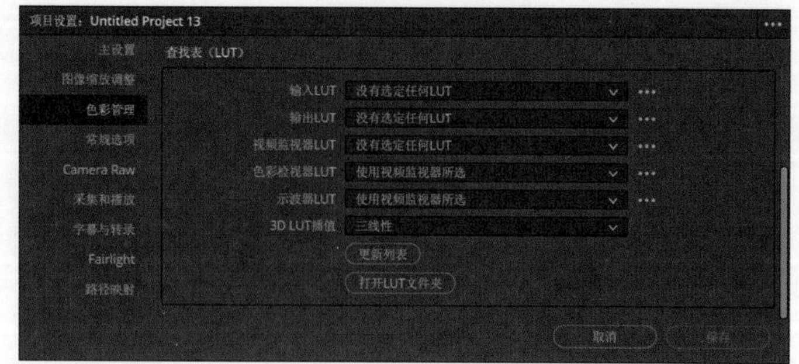

图5-18

05 除了LUT库面板外，还可以在节点面板的串行节点缩略图上右击，在“LUT”菜单中选择刚导入的文件即可实现一键调色。应用LUT文件前后的对比效果如图5-19所示。

图5-19

06 找不到适合的LUT文件时，也可以使用色彩空间转换校正曝光和颜色。再次创建一个串行节点后禁用02节点，在页面右上方展开特效库面板，把“Resolve FX色彩”中的“色彩空间转换”效果器拖到03节点上。接下来在“输入色彩空间”和“输入Gamma”下拉菜单中选择和拍摄设备匹配的选项，在“输出色彩空间”和“输出Gamma”下拉菜单中都选择Rec.709，如图5-20所示。

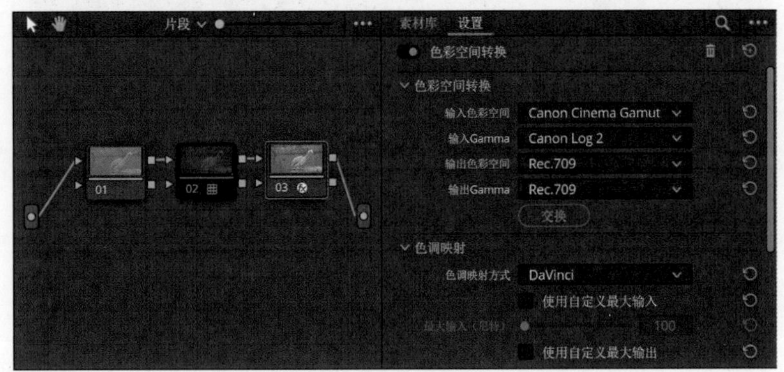

图5-20

07 在LUT库面板的LUTs文件夹上右击，在弹出的快捷菜单中选择“打开文件位置”命令，然后把附赠素材中的“蓝橙预设”文件夹复制到打开的文件夹中。打开“项目设置”窗口，单击“查找表（LUT）”选项组中的“更新列表”按钮。

08 切换到第二个片段，这是一个经过转码的Log灰片素材，这种素材的常规校色套路是在节点面板中创建三个串行节点，如图5-21所示，第三个节点用来套用校正LUT或者进行色彩空间转换，第四个节点用来套用调色LUT，第二个节点用来微调曝光和色彩。

提示 Point out

LUT文件分为校正LUT和调色LUT两种，校正LUT一般由摄影设备的生产厂商提供，而调色LUT大多是用户自己保存的调色设置，相当于自定义的调色模板。

09 展开特效库面板，把“色彩空间转换”效果器拖到03节点上。因为这是大疆无人机拍摄的素材，所以在“输入色彩空间”下拉菜单中选择DJID-Gamut，在“输入Gamma”下拉菜单中选择DJID-Log，在“输出色彩空间”和“输出Gamma”下拉菜单中都选择Rec.709，如图5-22所示。

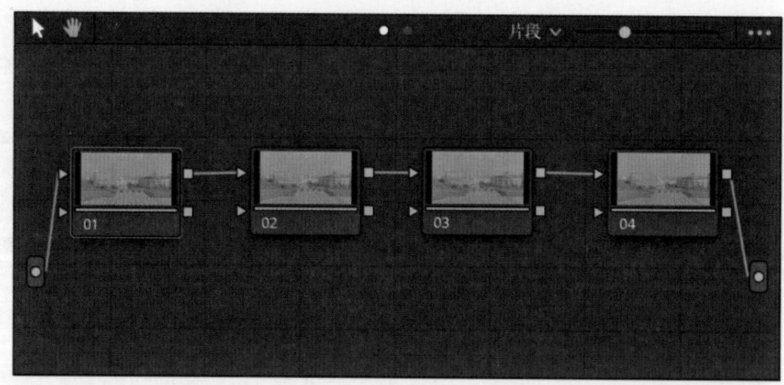

图5-21

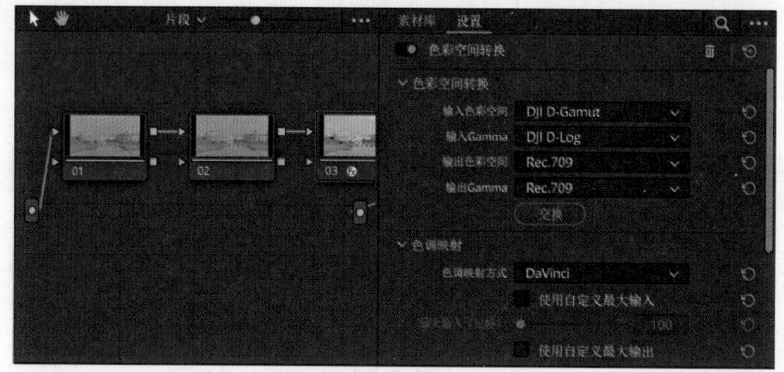

图5-22

10 选中04节点，在LUT库面板中选择“蓝橙预设”，然后把第二个缩略图拖到检视器上套用文件。如果添加调色LUT后画面的颜色过于鲜艳，可以单击曲线面板上方的按钮展开键面板，利用“键输出”参数控制LUT文件的作用程度，如图5-23所示。

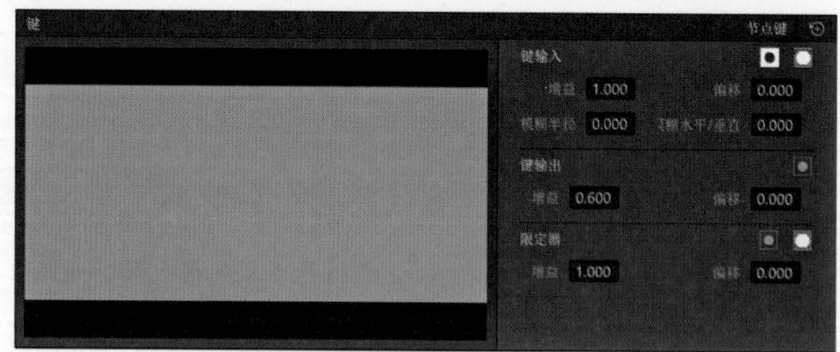

图5-23

11 选中02节点，在色轮面板中拖曳“暗部”色轮下方的旋钮，把所有参数都设置为-0.05，并把“中间调细节”参数设置为30，如图5-24所示。

12 展开片段面板，在调色完成的片段缩略图上右击，在弹出的快捷菜单中选择“生成LUT/65点Cube”命令。在打开的窗口中输入文件名后单击“保存”按钮，就能把当前的调色设置保存为LUT文件，如图5-25所示。

图5-24

图5-25

13 切换到最后一个片段，在“项目设置”窗口中单击“更新列表”按钮。在LTU库面板中，把刚刚保存的LUT文件拖到检视器中，即可一键套用调色设置，对比效果如图5-26所示。

图5-26

提示 Point out

和在片段面板中按鼠标中键复制调色参数相比，保存LUT文件的好处是不但可以跨项目使用，还能与别的用户分享。

5.3 参考示波器调整色彩

示波器的作用是把画面中的颜色转换成可视的数据化信息。只有理解示波器的数据，才能科学地还原画面的真实颜色，而不是仅凭个人的感受和偏好。本节将介绍示波器中包含的信息，以及如何根据示波器中的数据给画面调色。

01 在剪辑页面按【Ctrl+I】快捷键导入素材，把所有素材插入时间线后切换到调色页面。切换到第一个片段，按【Alt+S】快捷键创建一个串行节点。单击工具条右侧的按钮切换到示波器面板，在面板右上方的下拉菜单中把示波器切换为“波形图”，如图5-27所示。

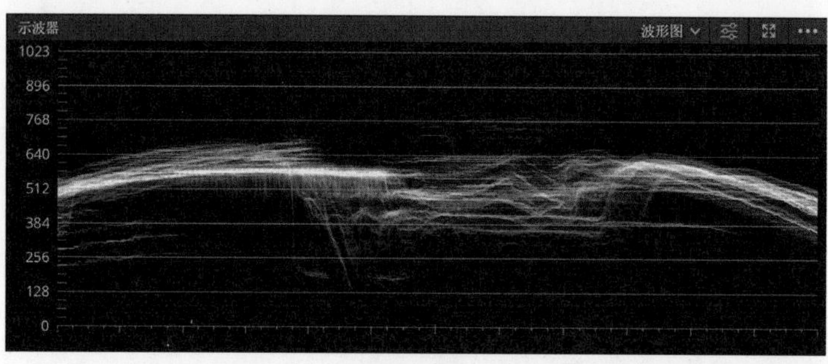

图5-27

02 波形图主要用来分析画面的曝光和反差，其纵坐标表示亮度，底部的0代表纯黑，顶部的1023代表纯白。波形图的横坐标代表画面每一列像素的亮度。将波形图与画面叠加，可以更直观地理解波形图表达的信息，如图5-28所示。

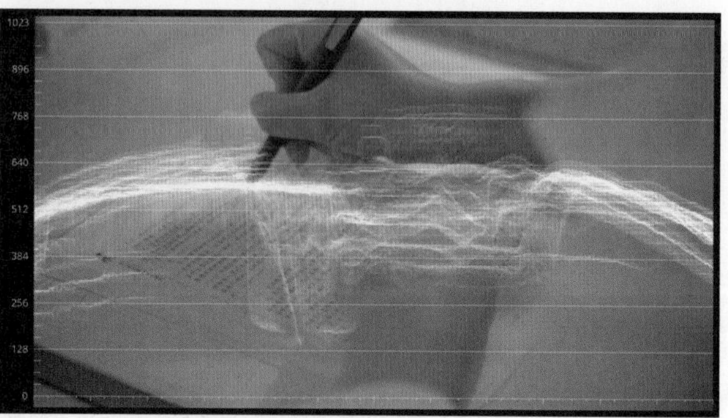

图5-28

提示 Point out

单击示波器面板右上方的按钮，可以把示波器面板分离出来，用四视图的方式同时显示多种图形。

03 从当前的波形图上看，色彩信息主要集中在纵坐标384~640的中灰区域，由于暗部和亮部缺乏色彩，导致画面因缺乏对比而显得灰暗。在色轮面板中将“对比度”参数设置为1.5，波形的分布范围扩大，增加亮度的层次感。拖曳“暗部”色轮下方的旋钮，把所有参数设置为-0.02，让波形的底部越过纵坐标128并接近0，从而还原画面中原本应为黑色的区域，如图5-29所示。

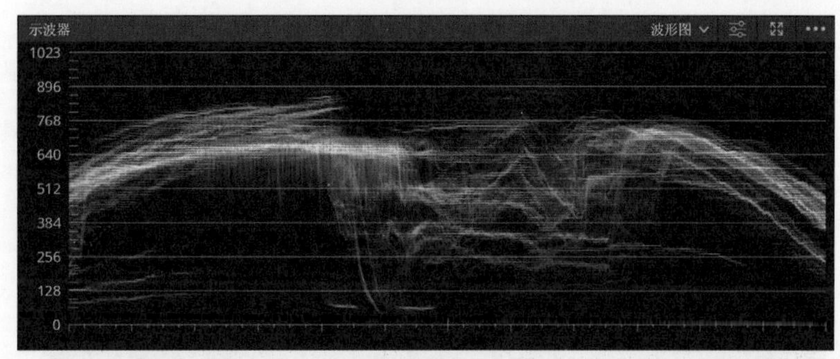

图5-29

04 波形的底部通常被称作黑电平，顶部被称作白电平。拖曳“亮部”色轮下方的旋钮，把所有参数设置为0.9，让波形顶部的主体区域位于纵坐标768（白电平的安全区）。继续拉高会导致曝光过度，损失画面细节。

05 将“高光”参数设置为-50，降低高光区域的亮度以避免曝光过度。继续把“阴影”和“中间调细节”参数设置为50，增强中灰区域的层次和细节清晰度，如图5-30所示。此时，拖曳播放头回放片段，波形始终在纵坐标128和768之间波动，表明亮度处于正常范围。

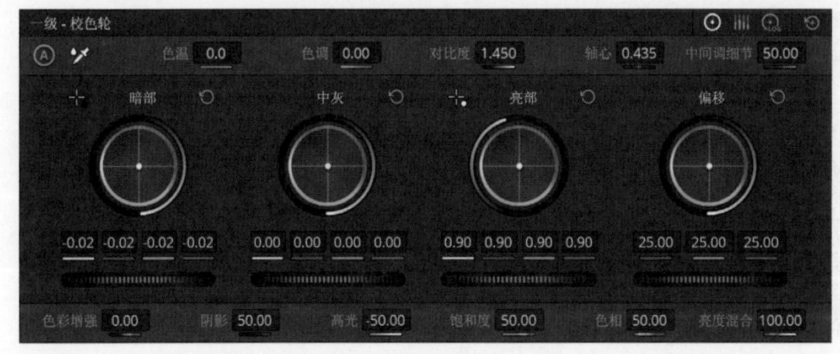

图5-30

单击检视器右上角的按钮，可以查看调色前后的对比效果。

06 在示波器面板中切换到矢量图。矢量图主要用来分析画面的色彩倾向和饱和度。矢量图中用红、绿、蓝、黄、品、青的英文单词首字母标注颜色方向。波形靠近哪种颜色，画面就倾向于哪种颜色；波形距离中心的坐标圆点越远，饱和度就越高，反之饱和度越低，如图5-31所示。

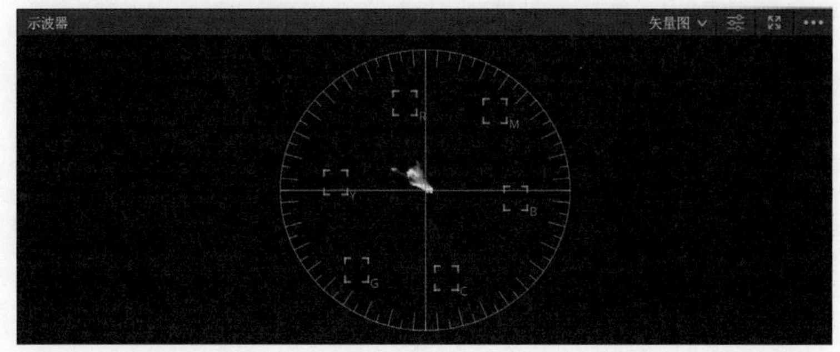

图5-31

07 单击示波器右上角的按钮打开设置窗口，勾选“显示2倍缩放”和“显示肤色指示器”复选框。此时，矢量图中会出现一条线段。如果矢量图中的橙色偏离这条线段，说明画面中的皮肤颜色不自然或整体偏色，如图5-32所示。

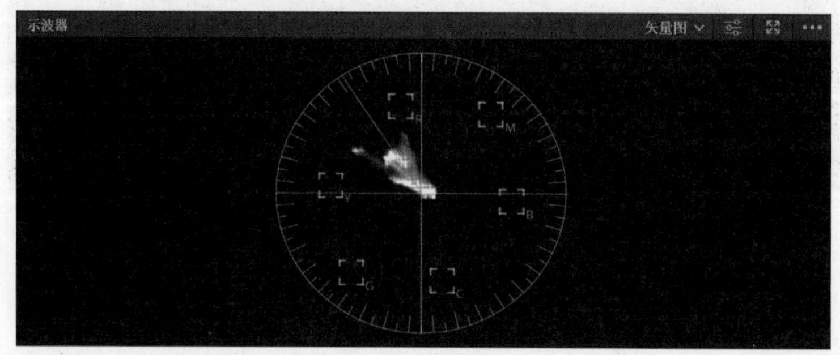

图5-32

08 切换到第二个片段并创建串行节点，在示波器面板中切换到“分量图”。分量图是调色中最常用的示波器，和波形图一样，纵坐标表示亮度，横坐标显示红、绿、蓝三个颜色通道，可同时分析画面的亮度和色彩平衡。从当前的分量图上看，蓝色通道的波形最窄且集中在暗部区域，导致由红色和绿色混合而成的黄色成为画面的主导色，如图5-33所示。

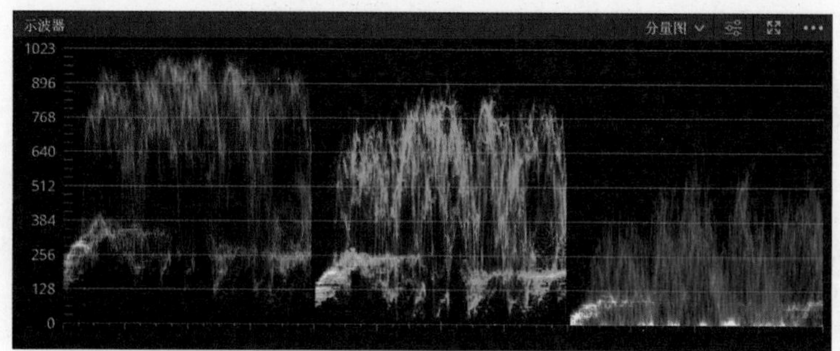

图5-33

09 在色轮面板中将“色温”参数设置为-2000，在“暗部”色轮上依次将蓝色通道的数值设置为0.03，红色通道的数值设置为-0.03，在分量图上让三个通道的黑电平对齐，如图5-34所示。

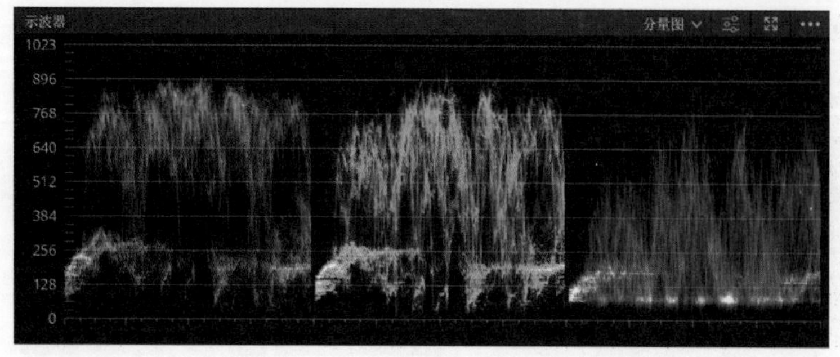

图5-34

10 在“中灰”色轮上将蓝色通道的数值设置为0.05，在“亮度”色轮上将蓝色通道的数值设置为1.05，让三个颜色通道的中灰区域和白电平对齐。继续拖曳“暗部”色轮下方的旋钮，让黑电平触底，拖曳“两部”色轮下方的旋钮，把白电平调整到纵坐标768处，这样画面的曝光和颜色就能恢复到正常范围，如图5-35所示。

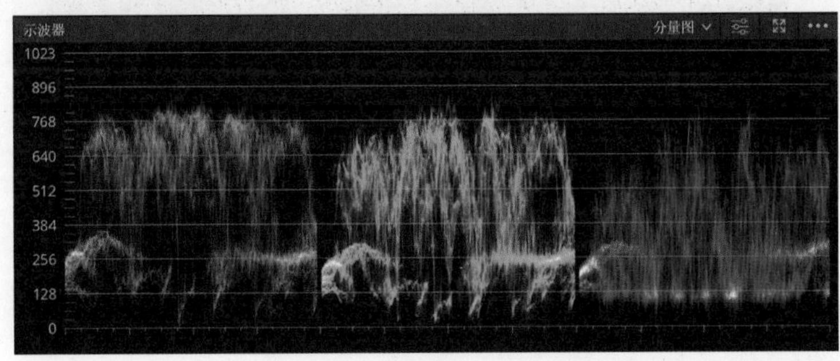

图5-35

11 切换到第三个片段并创建串行节点，在示波器面板中切换到“直方图”。直方图的作用和分量图类似，区别是直方图把坐标翻转过来，横坐标0代表纯黑，1023代表纯白，纵坐标表示对应亮度的像素数量。从当前的直方图上看，曲线集中在比较窄的灰度区域中，表明画面反差太小，如图5-36所示。

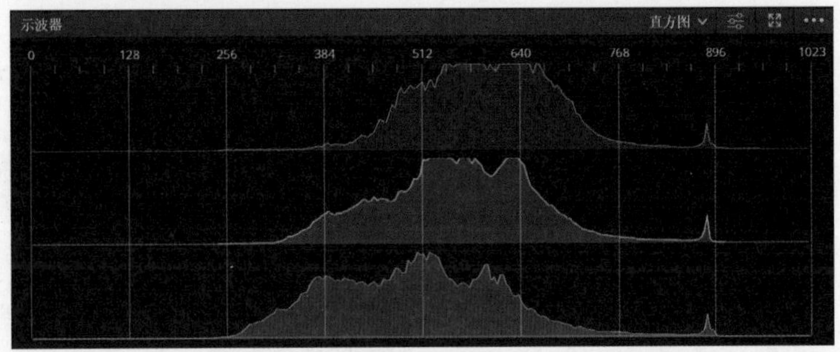

图5-36

12 将“对比度”参数设置为1.4，增加色阶的范围，然后拖曳“偏移”色轮下方的旋钮，把所有参数设置为16，让曲线在色阶范围内均匀分布，如图5-37所示。

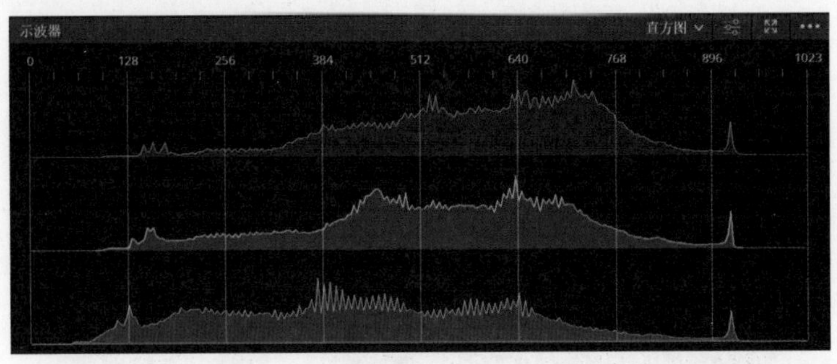

图5-37

13 继续拖曳“暗部”色轮下方的旋钮，把所有参数都设置为-0.05。把红色通道的数值设置为-0.09，把绿色通道的数值设置为-0.08。这样就能得到从暗到亮过渡自然、灰度细节丰富的画面，如图5-38所示。

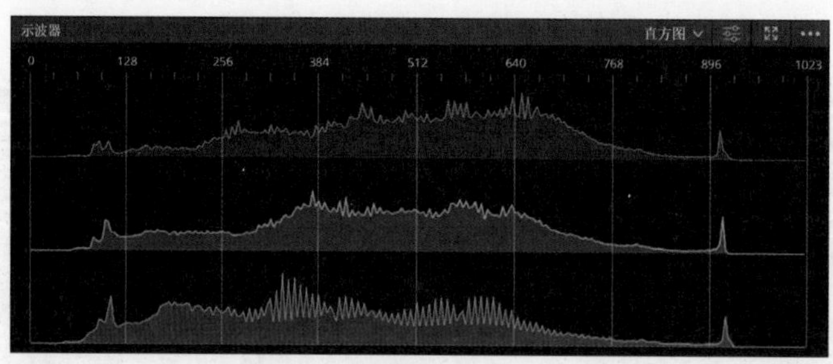

图5-38

5.4 理解色轮的调色原理

一级校色轮是DaVinci Resolve 19中使用频率最高的调色工具。虽然前面的内容中已多次使用过该工具，但校色轮中仍有许多功能等待我们进一步发掘。在学习校色轮功能用法的同时，我们还需要深入理解其工作原理，以便更高效地运用校色轮工具进行调色。

01 在剪辑页面中展开特效库面板，在左侧的效果器列表中单击“生成器”，把“灰渐变”生成器拖到时间线上，如图5-39所示。在时间线的生成器片段上右击，在弹出的快捷菜单中选择“新建复合片段”命令。

02 切换到调色页面，在示波器面板的下拉菜单中选择“波形图”。此时，波形图显示为一条上升的斜线，表示画面亮度从左至右线性提高，如图5-40所示。

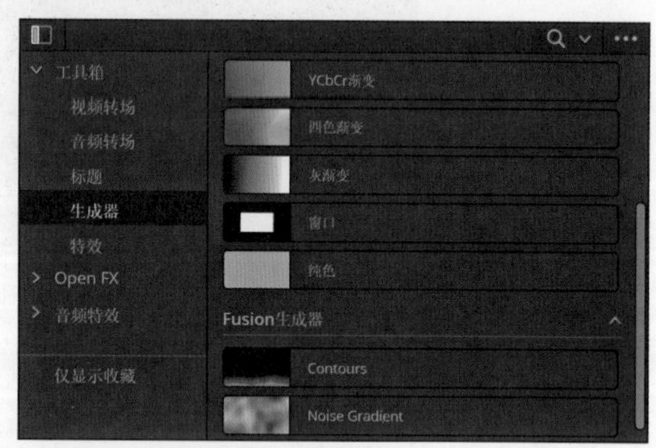

图5-39

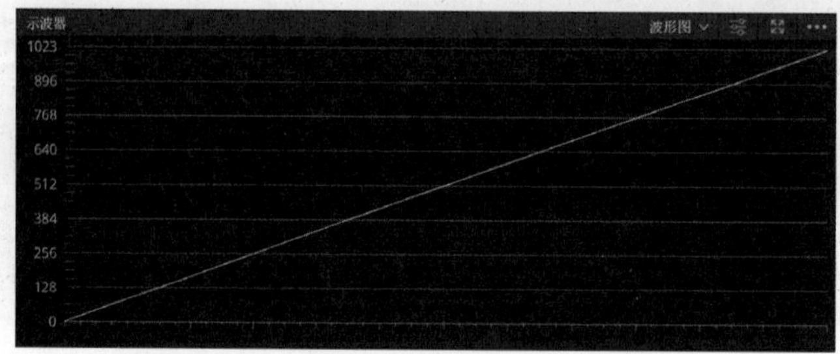

图5-40

03 拖曳“暗部”色轮下方的旋钮，把所有参数设置为0.25。此时，画面中的黑色区域会变成中灰色，原本的灰色区域以线性的方式依次提升亮度，而白色区域不受影响。把参数设置为负值时，值越小，画面中的纯黑区域就越大。

04 单击色轮名称右侧的⟲按钮恢复默认值，然后拖曳“亮部”色轮下方的旋钮，把所有参数设置为0.5。可以看到，亮部色轮的作用和暗部色轮相反，越接近白色的区域受影响越大，越接近黑色的区域受影响越小，如图5-41所示。

图5-41

05 重置参数后，拖曳“中灰”色轮下方的旋钮，把所有参数都设置为0.25。此时，画面中除纯黑和纯白以外的区域都会受到参数变化的影响，且对暗部区域的影响远大于对亮部的影响，如图5-42所示。

图5-42

06 重置参数后，拖曳“偏移”色轮下方的旋钮，把所有参数设置为50。此时，画面中的黑色和灰色区域会被提高同样的亮度值，导致线段整体向白色方向移动，如图5-43所示。

图5-43

07 到这里，读者应该已经明白，控制亮度时，四个色轮工具的主要区别在于它们所影响的区域不同。接下来，我们再看看色轮工具对色彩的影响方式。重置参数后，把“亮度”色轮上的红色通道数值设置为2。此时，色轮影响范围内的区域会添加红色。数值越高，红色的饱和度也越高，如图5-44所示。

图5-44

08 把“亮度”色轮上的绿色通道数值也设置为2。此时，色轮影响范围内新增的绿色与原本的红色叠加到一起，按照RGB混合原理变为黄色。每个色轮的中心都有一个圆点，把这个圆点拖到某个颜色的方向，色轮影响范围内就会增加该颜色，并与画面中原有的颜色混合。圆点与色盘中心的距离越远，添加的颜色饱和度也越高，如图5-45所示。

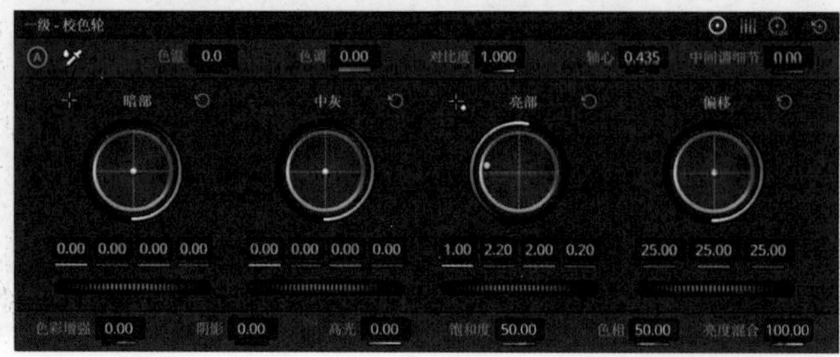

图5-45

09 单击色轮面板右上方的按钮，切换到校色条面板。校色条面板使用柱状体替换了色盘，四个校色条的作用和控制范围与校色轮完全相同。相比之下，在需要微调色彩时，使用校色条会更加直观，如图5-46所示。

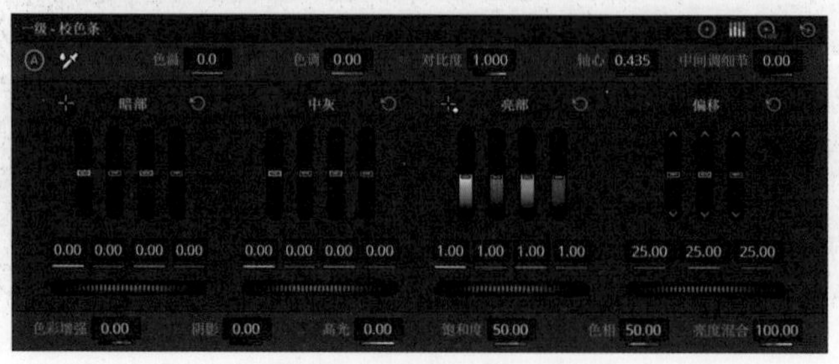

图5-46

10 单击色轮面板右上方的按钮，切换到Log色轮面板。拖曳“阴影”色轮下方的旋钮，把所有参数设置为0.8。此时可以发现，Log色轮影响的也是暗部区域，但其影响范围从线性直线变成了对数曲线，如图5-47所示。

图5-47

11 与校色轮类似，“高光”色轮的作用范围与“阴影”色轮相反，而“偏移”色轮的作用和校色轮完全相同。拖曳“中间调”色轮下方的旋钮，色轮仅影响一部分中灰区域，如图5-48所示。Log色轮面板上方有两个“范围”参数：降低第一个范围参数，色轮的影响会向暗部区域扩大；增加第二个范围参数，色轮的影响会向亮部区域扩大。

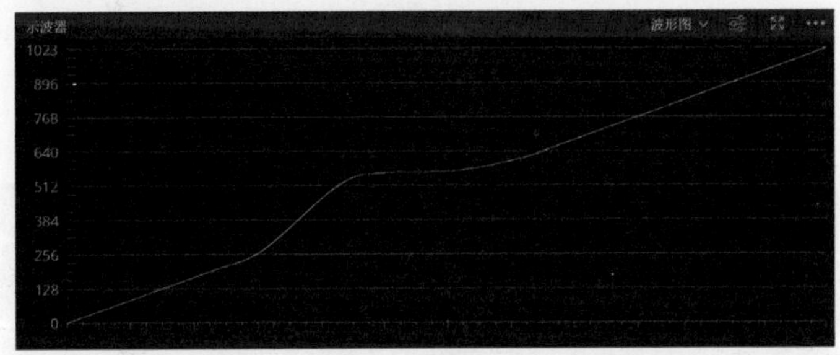

图5-48

12 切换到剪辑页面，删除时间线上的复合片段。在媒体池里导入素材，然后把所有素材插入时间线上。切换到调色页面后选择第一个片段，按【Alt+S】快捷键创建串行节点，在校色轮面板中单击Ⓐ按钮，DaVinci Resolve 19就会自动调整画面的曝光和颜色，如图5-49所示。

图5-49

13 自动平衡后，画面的偏色问题虽然有所改善，但并未彻底解决。再次创建一个串行节点，单击校色轮面板上的按钮，在画面中原本应为白色的位置单击，即可恢复画面的白平衡，如图5-50所示。

14 在校色轮面板中拖曳“暗部”和“亮部”色轮下方的旋钮，调整画面的黑白场，即可快速完成片段的校色。校色前后的对比效果如图5-51所示。

图5-50

图5-51

15 切换到第二个片段。若只需调整画面的色调，可以切换到校色条面板。拖曳“亮部”中的红色色条，把参数设置为0.92；然后拖曳蓝色色条，把参数设置为1.15，如图5-52所示。

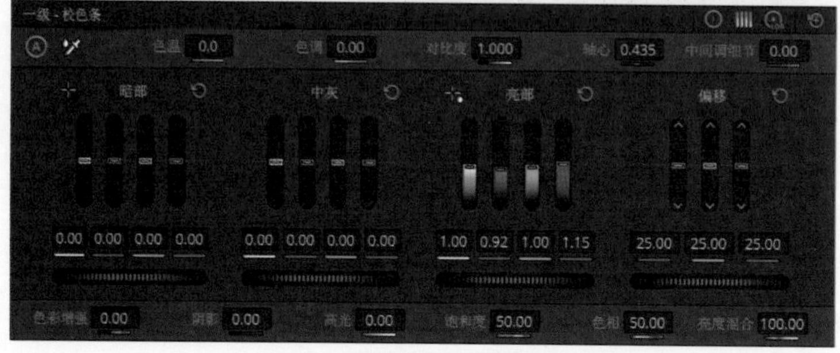

图5-52

16 继续拖曳“中灰”中的红色色条，把参数设置为-0.05，画面会从偏黄的暖色调变为偏蓝的冷色调。调色前后的对比效果如图5-53所示。

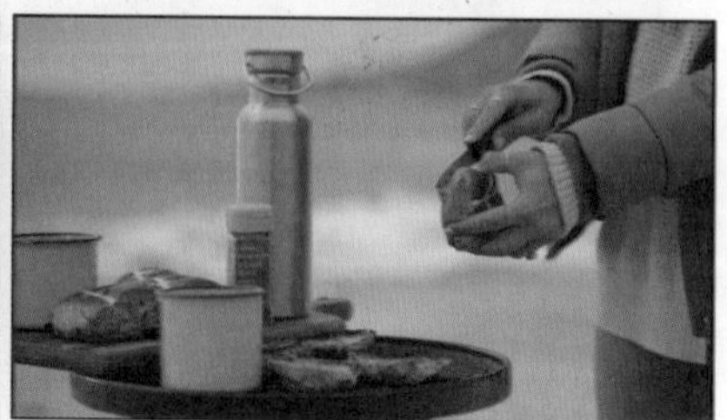

图5-53

17 切换到第三个片段，创建一个串行节点，然后单击校色轮面板中的Ⓐ按钮进行自动平衡。再次创建一个串行节点，切换到Log色轮面板，把“高光”色轮中心的圆点向蓝绿方向拖曳，只让天空区域变蓝，如图5-54所示。

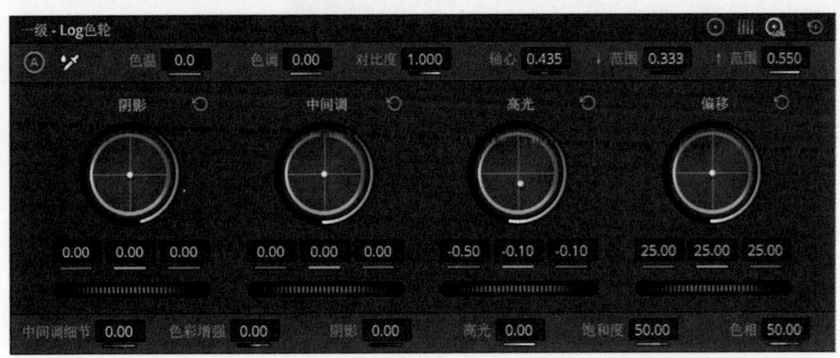

图5-54

18 拖曳“中间调”色轮下方的旋钮，把所有参数设置为0.5，以加亮画面的中心区域。拖曳“阴影”色轮下方的旋钮，把所有参数设置为0.15，避免画面出现死黑区域。调色前后的对比效果如图5-55所示。

图5-55

5.5 曲线工具的运用方法

在很多软件中都能看到曲线调色工具，其作用和校色轮基本重合，但曲线工具的调整更加精细。

01 在剪辑页面按【Ctrl+I】快捷键导入素材，把所有素材插入时间线。切换到调色页面，切换到第一个片段并创建一个串行节点，单击工具条上的按钮切换到曲线面板。曲线调色工具左下角的圆点代表纯黑，右上角的圆点代表纯白，两个圆点之间的连线记录了画面从黑到白的所有亮度信息。调色工具的背景上显示了三个颜色通道叠加在一起的直方图，作为调色时的参考，如图5-56所示。

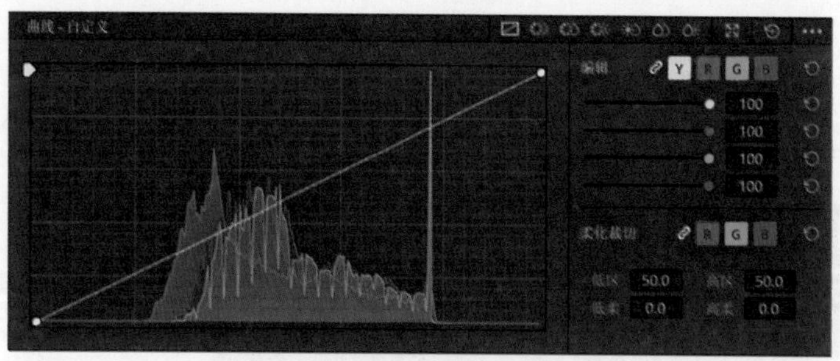

图5-56

> **提示** Point out
> 默认的背景直方图始终显示未经过调色时的亮度和色彩信息，无论我们如何调整曲线，直方图都不会改变。单击面板右上角的•••按钮，执行“直方图/输出”命令，直方图就会显示曲线调整后的信息。

02 在检视器的画面上单击，单击位置的亮度会投射到曲线上，生成一个锚点。也可以在曲线的任意位置单击创建锚点。曲线的X轴代表输入值（即画面调整前的亮度）；Y轴代表输出值（即画面调整后的亮度）。向上拖动新建的锚点，除了纯黑和纯白两个锚点的位置保持不变外，其余区域的输出值会大于输入值，画面因此变亮；向下拖动曲线中间的锚点，输出值小于输入值，画面则会变暗，如图5-57所示。

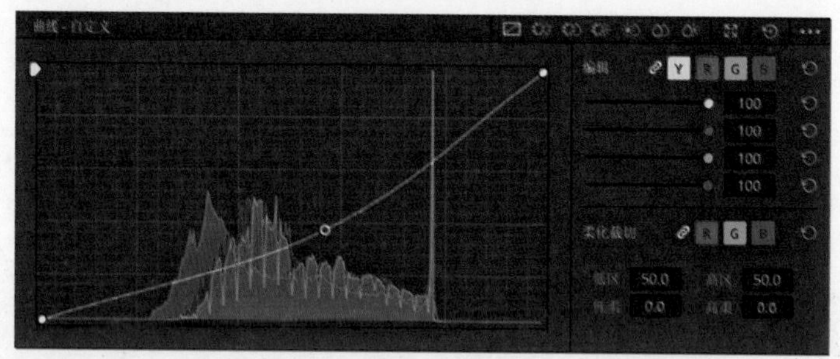

图5-57

03 把纯黑锚点沿X轴方向向右拖曳，把纯白锚点向左侧拖曳，通过降低黑场和拉高白场即可增加图像的对比度。继续调整灰场锚点的位置，参考分量图或输出直方图，把画面恢复到正常的亮度范围内，如图5-58所示。

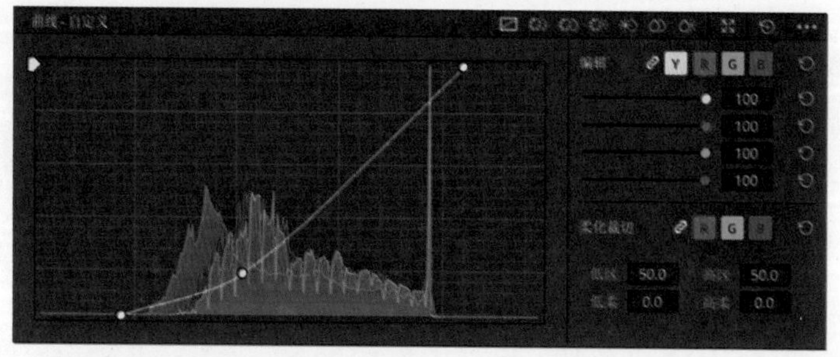

图5-58

04 单击面板右上角的•••按钮，执行“可编辑样条线”命令，选中的锚点上方会出现控制柄，拖曳控制柄可以更精细地控制曲线的形状。在面板右侧的“柔化裁切”选项组中，利用“低柔”和“高柔”参数可以微调阴影和高光区域，避免曝光不足或曝光过度造成的细节丢失，如图5-59所示。

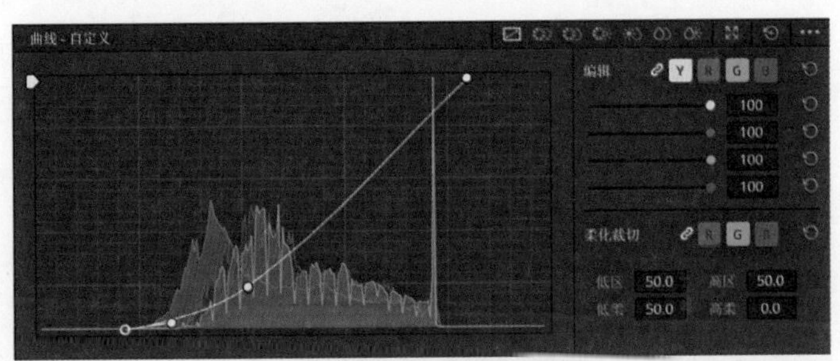

图5-59

05 在曲线工具左上方向下拖曳按钮，可以把黑场和白场裁剪成灰色。把按钮拖曳到最下方可以让画面反相，如图5-60所示。

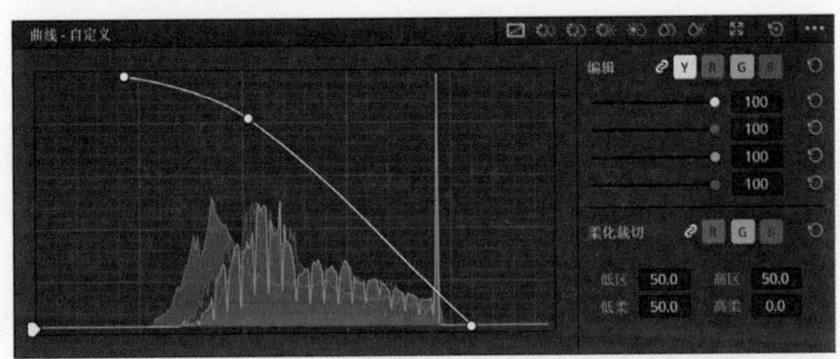

图5-60

06 在“编辑”选项组中，拖曳白色滑块把参数设置为50，画面会恢复到未调整前的状态。如果调整后的色彩或曝光过度，可以利用此参数将调整前后的画面进行一定程度的混合。单击按钮取消亮度和色彩的锁定，把绿色通道的参数设置为95，可以在画面中混合更多的绿色，如图5-61所示。

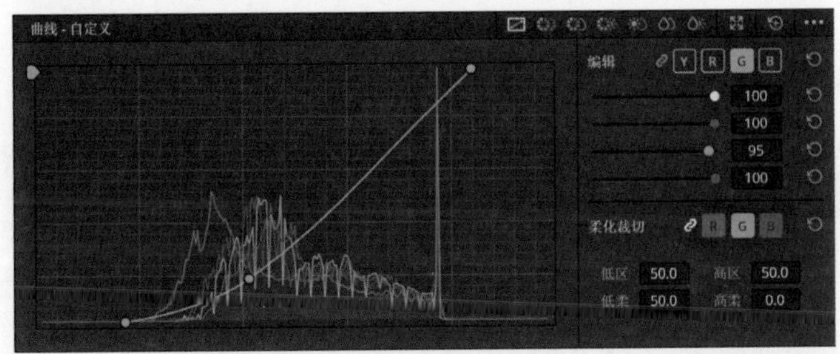

图5-61

07 接下来切换到校色轮面板，将“色彩增强”和“中间调细节”参数均设置为50，调色前后的对比效果如图5-62所示。

图5-62

08 切换到第二个片段，该片段的对比过强，高光区域过曝，阴影区域欠曝。在曲线上任意位置单击，创建两个锚点。拖曳锚点把曲线调整成反S形，可以压低高光并提亮阴影，如图5-63所示。

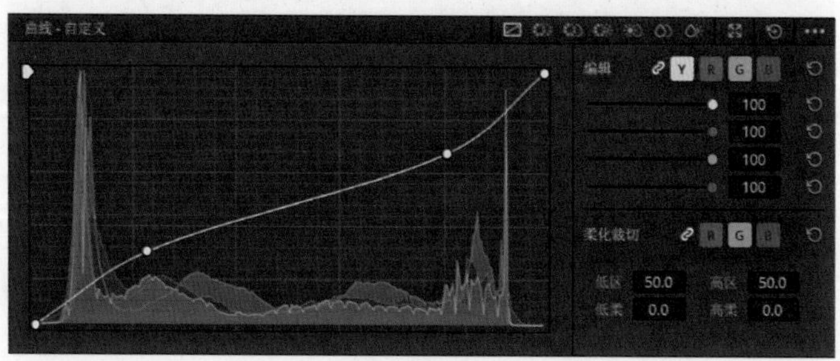

图5-63

09 在锚点上右击，删除两个锚点。单击曲线面板上的•••按钮，执行“添加默认锚点”命令，在曲线上添加四个均匀分布的锚点，如图5-64所示。通过更多的锚点可以更加精细地控制各个中灰区域的亮度。

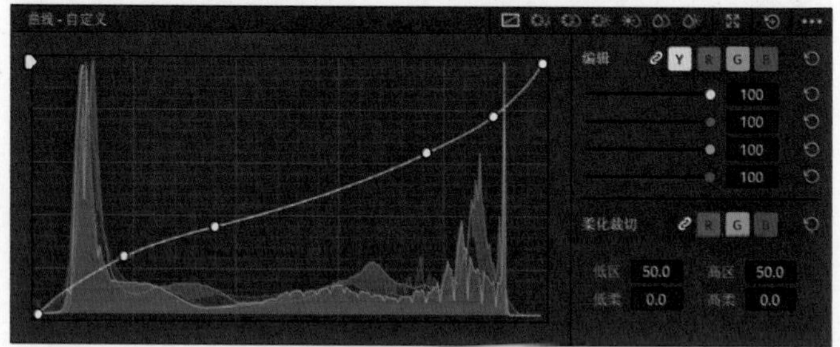

图5-64

10 在处理非RAW格式的素材时，如果原素材上已出现裁切过曝的区域，后期无论如何调整都无法找回丢失的细节。常用的弥补方法是在降低过曝区域的白场后添加一些色彩倾向。本例中，我们可以再次创建一个串行节点，在曲线面板的右侧单击🔗按钮取消亮度和色彩的锁定。单击面板右上角的•••按钮，执行“添加默认锚点”命令，然后单击“B”按钮切换到蓝色通道。接下来，把白场下方的锚点向右下方拖曳，给高光区域添加一些黄色，如图5-65所示。

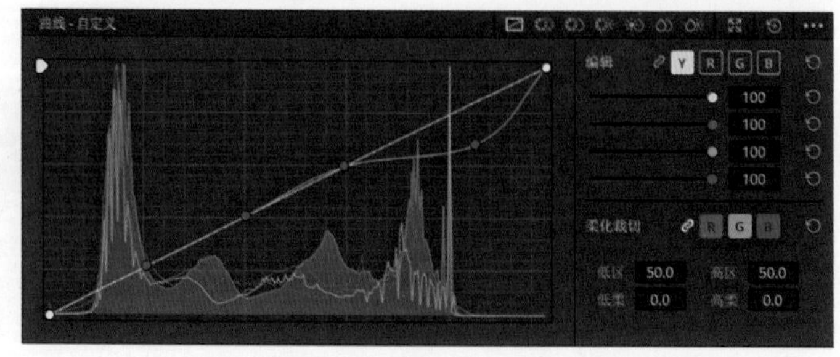

图5-65

11 最后单击“Y”按钮切换到亮度通道，添加一个锚点后向上方拖曳，略微提亮整个画面，使过曝区域看起来更柔和、自然。调色前后的对比效果如图5-66所示。

图5-66

5.6 RGB混合器和降噪模糊

DaVinci Resolve 19中的每种调色工具都有其独特的功能。根据画面特点和调色目标选择适合的工具，可以大幅提升工作效率。本节将介绍RGB混合器、运动特效和模糊工具的作用和使用方法。

01 在剪辑页面按【Ctrl+I】快捷键导入素材，把所有素材插入时间线。切换到调色页面，切换到第一个片段并创建一个串行节点。对于这种偏色特别严重的素材，无论是使用校色轮还是曲线工具都很难恢复画面的白平衡。对于这种素材，最有效的解决方法是使用RGB混合器。单击工具条上的按钮，切换到RGB混合器面板，如图5-67所示。

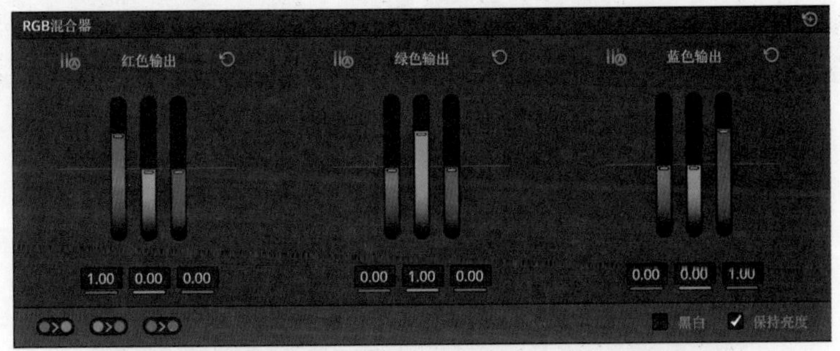

图5-67

02 在“蓝色输出”通道中，依次将绿色色条的参数设置为1，蓝色色条的参数设置为0.05。当蓝色输出的色条和绿色输出的色条一致时，画面中的黄色就被抵消掉了。把示波器切换为矢量图可以看到，当前色相已全部偏向红色，如图5-68所示。

03 在“红色输出”通道中，将红色色条的参数设置为0.7，通过降低红色通道中的红色，让色相向矢量图示波器的中心移动，如图5-69所示。

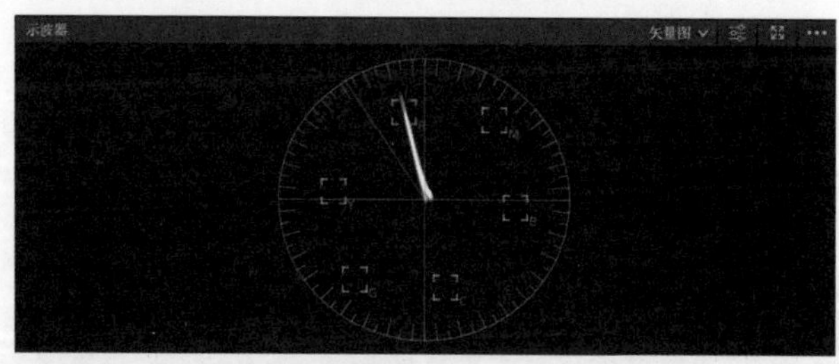

图5-68

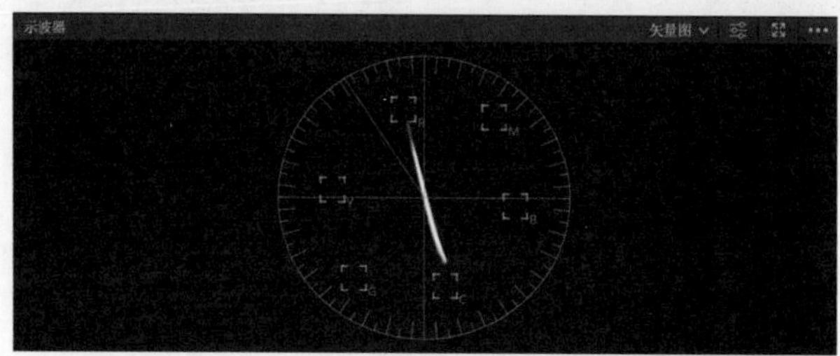

图5-69

04 接下来对画面进行一些微调。按【Alt+S】快捷键再次创建一个串行节点，在色轮面板中切换到Log色轮。在“阴影”色轮中，将红色通道的参数设置为-0.15，在“中间调”色轮中将红色通道的参数设置为-0.05，“高光”色轮的所有参数都设置为-0.05。调色前后的对比效果如图5-70所示。

图5-70

05 RGB混合器的另一个用法是快速调整画面的色调。切换到第二个片段后创建串行节点，在“红色输出”通道中把蓝色色条的参数设置为-2。在矢量图示波器中，画面中的蓝色会变成红色的补相——青色，如图5-71所示。

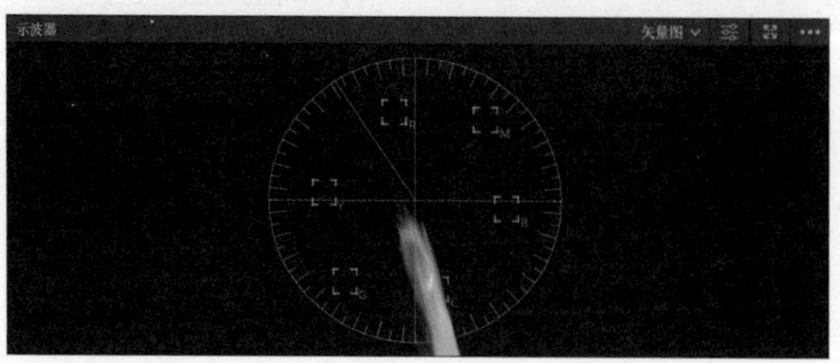

图5-71

06 把“红色输出”通道中的绿色色条参数设置为1.6。这样只需调整两个参数，就能把画面调整为青橙色调，如图5-72所示。

图5-72

07 用数码设备拍摄素材时，因为信号干扰，画面中总会出现或多或少的噪点。一般来说，调色时会保留默认创建的节点，用于去噪处理，而在新建的节点上调整曝光和色彩。切换到第三个片段，在监视器上滚动鼠标中键以放大画面，可以看到在景深和暗部区域有大量的噪点。单击工具条上的按钮，切换到运动特效面板。在“空域降噪”选项组的“模式”下拉菜单中选择“更强”，然后将“亮度”和“色度”参数设置为100，如图5-73所示，此时，画面中的噪点会明显减少。

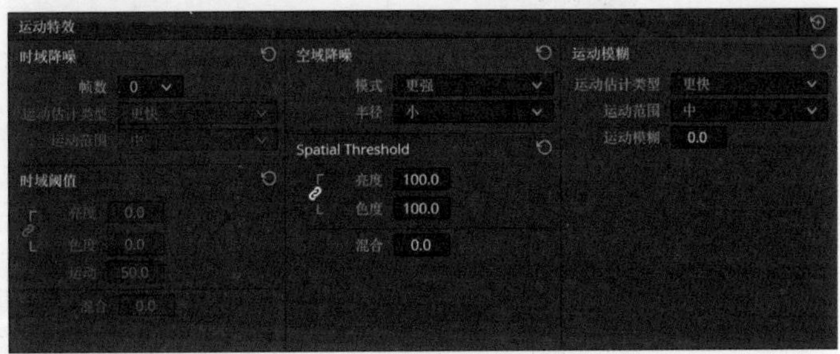

图5-73

08 在“模式”下拉菜单中选择“超级降噪”，然后单击“分析”按钮，DaVinci Resolve 19会分析画面中的噪波，并自动调整“亮度”和“色度”参数。可以把检视器画面上的分析标记拖到噪点最多的位置，拖曳标记四周的角点可以缩放采样范围。调整完成后，运动特效面板中的“亮度”和“色度”参数会自动更新，如图5-74所示。

图5-74

09 空域降噪针对的是单帧画面中的噪点。如果只进行空域降噪，连续播放画面时可能会出现噪点抖动的现象。为了解决这个问题，可以在“时域降噪”选项组的“帧数”下拉菜单中选择3，然后把“时域阈值”选项组中的“亮度”和“色度”参数都设置为50，如图5-75所示。

> **提示** Point out
>
> 时域降噪可以结合前后帧进行噪点计算，“帧数”参数就是用来控制结合多少帧的画面计算噪点，数值越高降噪效果越好，但也会增加计算时间。

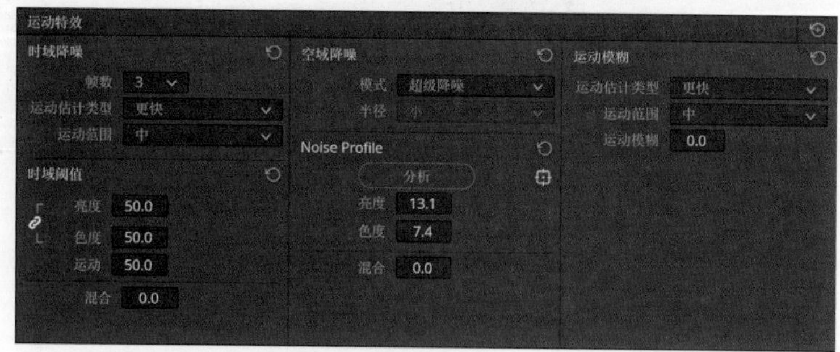

图5-75

10 单击检视器左上方的按钮，然后单击下方的A/B按钮，即可看到被去除的噪点。可以参考这些噪点来调整去噪参数，如图5-76所示。

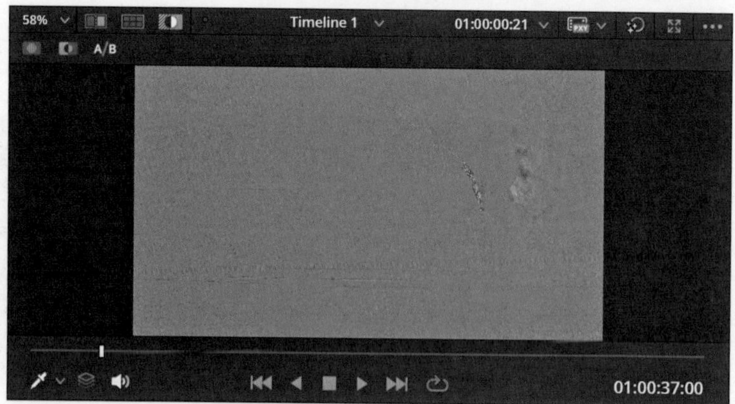

图5-76

11 去噪计算会降低片段的回放流畅度，因此建议在完成调色后再进行去噪处理，或者去噪后单击节点序号暂时关闭节点。去噪强度较高时，可能会让画面看起来比较模糊。此时，可以再创建一个串行节点，然后单击工具条上的按钮切换到模糊面板，如图5-77所示。

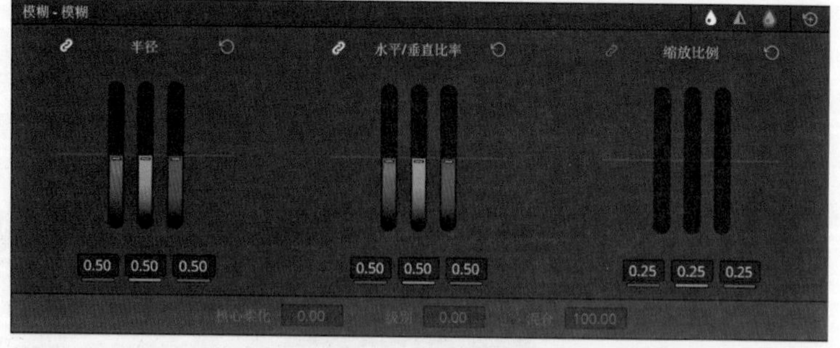

图5-77

12 把“半径”色条上的滑块向下拉，当数值低于0.5时会产生锐化效果，数值越低，锐化效果越强烈。单击面板右上方的按钮可以激活面板下方的“核心优化”和“级别”参数，利用这两个参数可以把锐化区域集中在画面中的轮廓边缘，如图5-78所示。

图5-78

5.7 利用光箱统一匹配色觉

一个完整的项目由多个片段组成，这些片段可能是在不同时间、不同环境下使用不同设备拍摄的，因此片段之间不可避免地会出现色差和明暗变化。在前面的内容中，我们已经介绍了各种一级调色工具的使用方法，相信读者已经能够为单独的片段进行调色。本节将进一步介绍如何利用光箱面板统一所有片段的影调和色调。

01 在剪辑页面按【Ctrl+I】快捷键导入素材，把所有素材插入时间线，然后切换到调色页面。匹配多个片段时，通常采用先调光后调色的顺序。在调整影调的过程中，为了避免色彩的干扰，需要先给所有片段去色。在片段面板中，先选中第一个片段，再按住Shift键单击最后一个片段，以选中项目中的所有片段，如图5-79所示。

图5-79

02 在任意一个片段缩略图上右击，在弹出的快捷菜单中选择“添加到新群组”命令，并在弹出的对话框中单击OK按钮，把选中的片段添加到群组中。在节点面板右上方的下拉菜单中选择“片段后群组”，如图5-80所示，然后在色轮面板中将“饱和度”参数设置为0。

03 接着，在节点面板右上方的下拉菜单中切换回“片段”，按【Alt+S】快捷键为每个片段创建一个串行节点。在页面的右上角切换到光箱面板，拖曳面板上方的圆形滑块调整缩略图的尺寸，然后单击面板左上角的“调色控制工具”，如图5-81所示。

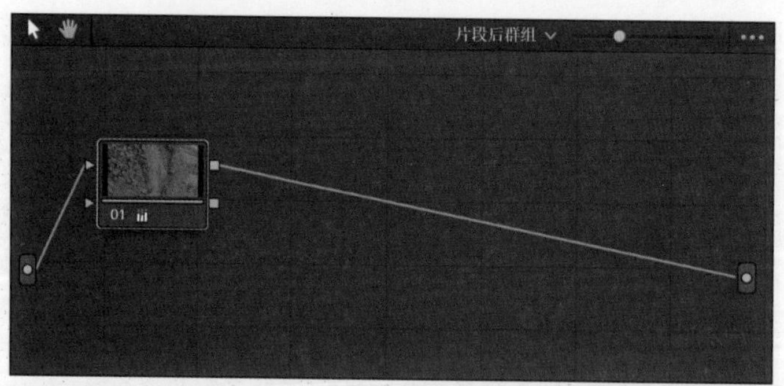

图5-80

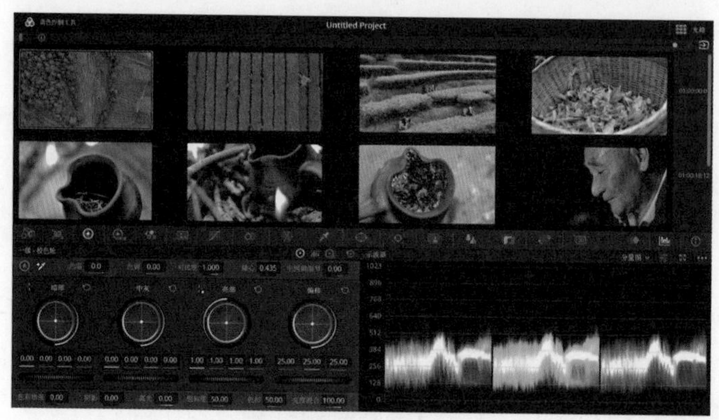

图5-81

04 选中第一个片段后，拖曳“暗部”色轮下方的旋钮，把所有参数设置为-0.03，让分量图示波器的黑电平触底。接着拖曳“亮部”色轮下方的旋钮，把所有参数设置为1.5，让白电平位于纵坐标768左右，如图5-82所示。

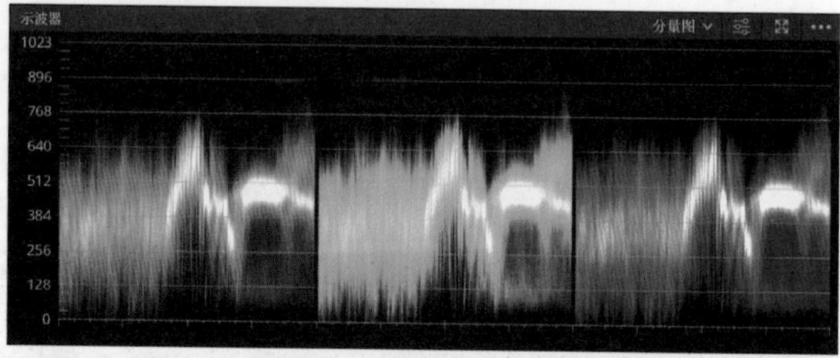

图5-82

05 依次调整每个片段的黑、白电平和中灰色调，让所有片段的曝光和明暗度基本一致，如图5-83所示。

图5-83

06 影调调整完成后，再次单击右上角的“光箱”按钮退出面板。在节点面板中切换到“片段后群组”，单击节点序号关闭节点，然后再次切换回“片段”。切换到第一个片段，在检视器上右击，在弹出的快捷菜单中选择“抓取静帧”命令。切换到第二个片段，单击检视器上的按钮切换到划像模式，比较两个片段的色调和饱和度是否存在差异，如图5-84所示。

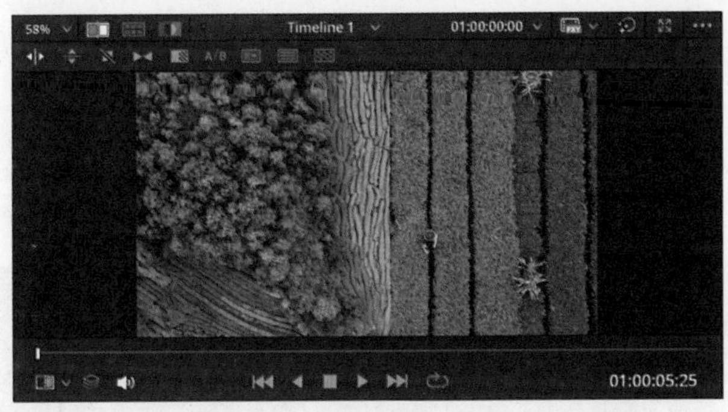

图5-84

07 还可以单击检视器左上角的按钮切换到分屏模式，参考更多片段的画面调整色彩，如图5-85所示。

图5-85

08 完成基本的调色后，再次切换到光箱面板，查看所有片段的影调和色调是否有偏差。我们发现最后一个片段中的人物肤色有些发黄。最便捷的解决方法是把示波器切换成矢量图，然后单击示波器面板上的按钮，勾选“显示2倍缩放”和“显示肤色指示线”复选框，如图5-86所示。

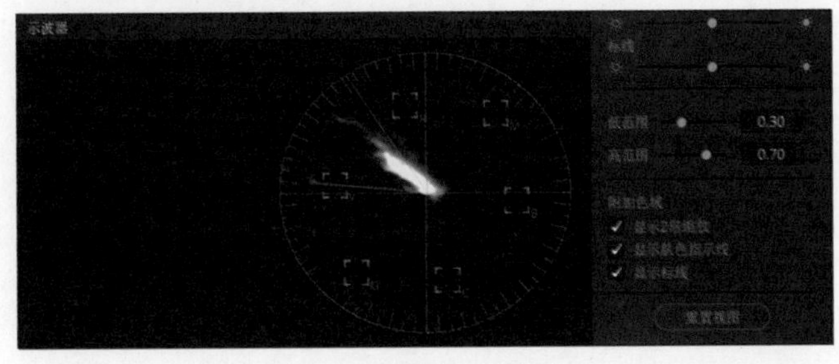

图5-86

提示 Point out

在光箱中按住鼠标左键在缩略图上左右拖曳，可以选择这个片段中更有代表性的一帧画面。

09 在色轮面板中，把“色相”参数设置为54，让肤色的波形与肤色指示线平行，将“饱和度”参数设置为55。

10 最后，可以利用群组功能增强整个项目的细节和色彩。退出光箱面板，在节点面板中切换到“片段后群组”。开启之前关闭的节点后，将“饱和度”参数设置为50。再次创建一个串行节点，在色轮面板中依次把“中间调细节”参数设置为50，“色彩增强”参数设置为5，“色相”参数设置为49，如图5-87所示。这样，整个项目的细节和色彩就得到了增加。

图5-87

DAVINCI RESOLVE 19

达芬奇

视频剪辑与调色

第 6 章

二级调色：调整画面的局部颜色

一级调色是对画面进行整体控制，确保所有画面的色彩都准确、自然。二级调色则侧重于细节处理和风格化营造，目标是消除画面中的局部偏差，同时增强影片色彩的表现力和感染力。简而言之，一级调色以外的所有调色处理都属于二级调色。

6.1 利用HDR色轮精准分区

如果不涉及协同工作和工作职能的划分，仅从调色工具的功能来看，一级调色和二级调色之间的界限是非常模糊的。例如，本例中将要介绍的HDR色轮工具，从外观上看它与一级校色轮工具没有太大区别，之所以将它划分成二级调色工具，是因为HDR色轮可以通过分区的方式更精细地控制画面中不同区域的曝光和颜色。

01 在剪辑页面中导入素材，把所有素材插入时间线，进入调色页面后切换到第一个片段。按照常规的调色流程，首先需要恢复画面的正常曝光和色彩。按【Alt+S】快捷键创建一个串行节点，展开特效库面板，把“色彩空间转换”效果器拖到新建的节点上。在“输入色彩空间”下拉菜单中选择ARRI Wide Gamut4，在“输入Gamma”下拉菜单中选择ARIB STD-B67 HLG，在“输出色彩空间”和“输出Gamma”下拉菜单中都选择 Rec.709，如图6-1所示。

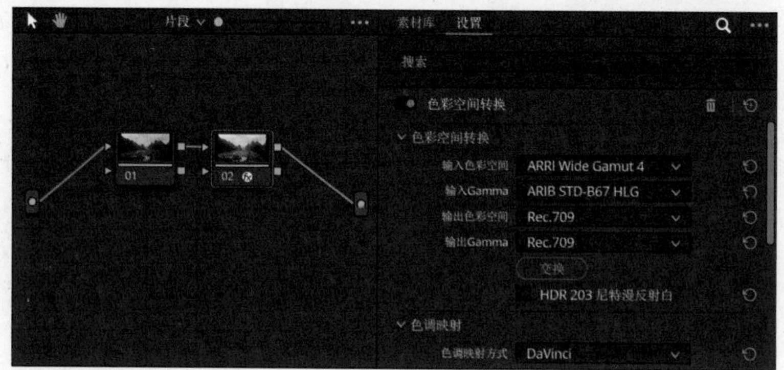

图6-1

02 再次创建一个串行节点，在色轮面板中设置“阴影”和“饱和度”参数为30，“中间调细节”参数为60，拖曳“亮部”色轮下方的旋钮，把所有参数都设置为0.92，如图6-2所示，画面的曝光和颜色就能基本恢复到正常范围。

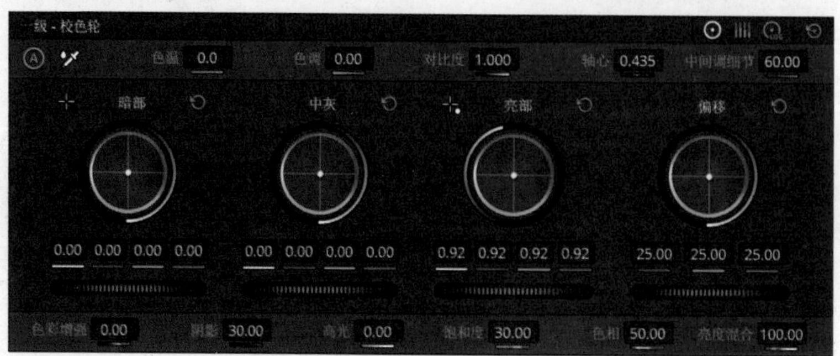

图6-2

03 再次创建一个串行节点，然后单击工具条上的 按钮切换到HDR调色面板。该面板上提供了6个用来调整不同明暗区域的色轮，以及一个可以调节全局颜色的Global色轮。单击面板上方的<和>按钮可以显示出隐藏的色轮，如图6-3所示。

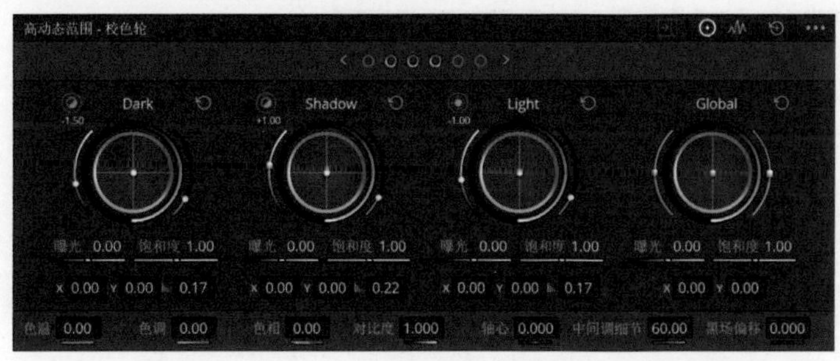

图6-3

04 每个色轮名称的左侧都有一个按钮，按住这个按钮，检视器中彩色显示的区域就是这个色轮的作用范围，如图6-4所示。

图6-4

05 把“Light”色轮中心的圆点向青色相方向拖曳，或者把色轮下方的“X”参数设置为0.02，“Y”参数设置为-0.07，就会在亮部区域添加青色，让天空变蓝。拖曳“Light”色轮左侧的滑杆，把参数设置为1.5，可以缩小色轮的影响范围。继续拖曳“Light”色轮右侧的滑杆，把色轮下方的衰减参数设置为0.05，如图6-5所示。

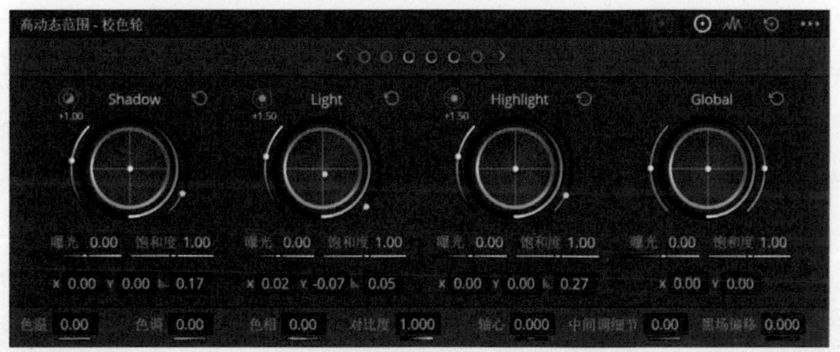

图6-5

06 设置“Highlight”色轮的“X”参数为-0.07，“Y”参数为0.05，给白云区域增加一些色彩。继续设置“曝光”参数为0.5，避免白云区域过曝。

07 单击面板右上角的 按钮展开分区面板，或者单击 按钮切换到分区面板，在这里可以更加直观地查看每个色轮的扩区范围。面板左侧的分区列表对应的就是色轮，在背景显示为直方图的曲线窗口上方可以看到带有方向标记的滑块。选中“Highlight”分区后，带有

>标记的滑块会高亮显示，表示这个分区控制的是从该滑块位置开始，一直到纯白区域的范围。左右拖曳滑块，或者利用面板下方的“Min范围”参数，都能调整分区的控制范围，如图6-6所示。

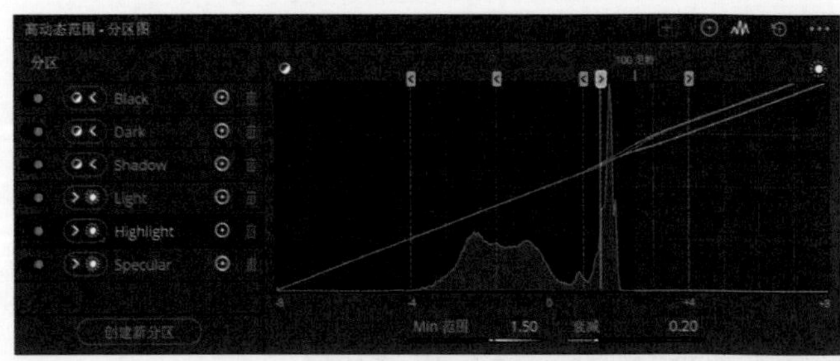

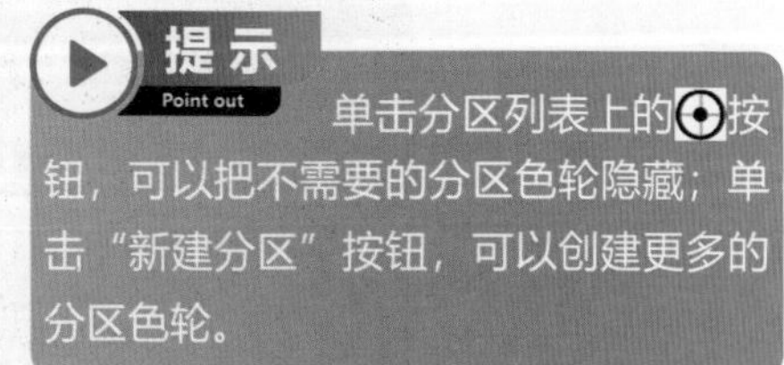

图6-6

08 在节点面板上选中节点04，然后按【Alt+P】快捷键创建一个并行节点，如图6-7所示。并行节点和串行节点最大的区别是，串行节点之间存在层级关系，调整一个节点的颜色，后面的所有节点都会受到影响；而并行节点之间不存在层级关系，多个并行节点的颜色互不影响。

图6-7

09 在“Shadow”色轮中设置“Y”参数为-0.05，“曝光”参数为0.2，提高山脉和稻田区域的绿色相和亮度。选中连接两个并行节点的并行混合器后，按【Alt+S】快捷键创建串行节点，切换到RGB混合器面板，在“红色输出”通道中设置绿色色条的参数为0.7，蓝色色条的参数为-0.7，让画面更偏向蓝橙色相。调色前后的对比效果如图6-8所示。

图6-8

10 切换到第二个片段，我们巩固一下HDR色轮的调色操作。按【Alt+S】快捷键创建一个串行节点，继续按【Alt+P】快捷键创建一个并行节点。选中节点02，设置“Shadow”色轮的“X”参数为0.03，“Y”参数为-0.08。拖曳色轮左侧的滑杆，把参数设置为1.5，设置“曝光”参数为-0.1，“中间调细节”参数为80，如图6-9所示。

图6-9

11 选中节点03，设置“Light”色轮的“曝光”参数为-0.3，“饱和度”参数为1.1，拖曳色轮左侧的滑杆，把参数设置为-1。设置“Highlight”色轮的“X”参数为0.02，“Y”参数为-0.05，“饱和度”参数为0.3，拖曳色轮左侧的滑杆，把参数设置为1.5，如图6-10所示。

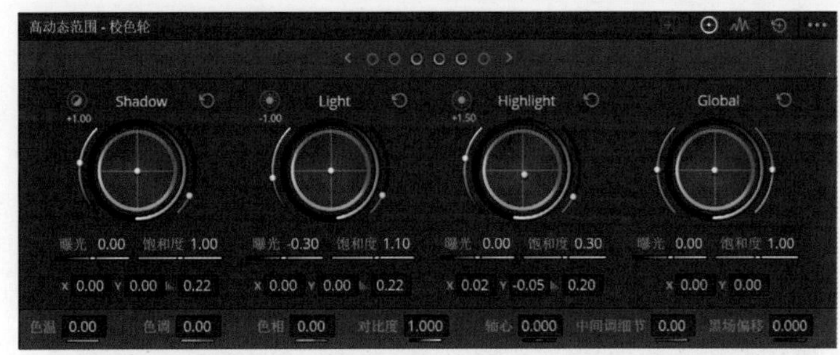

图6-10

12 选中并行混合器后创建串行节点，展开特效库面板，把“光圈衍射”效果器拖到新建的节点上。展开“全局混合”卷展栏，设置“混合”参数为0.8，如图6-11所示。

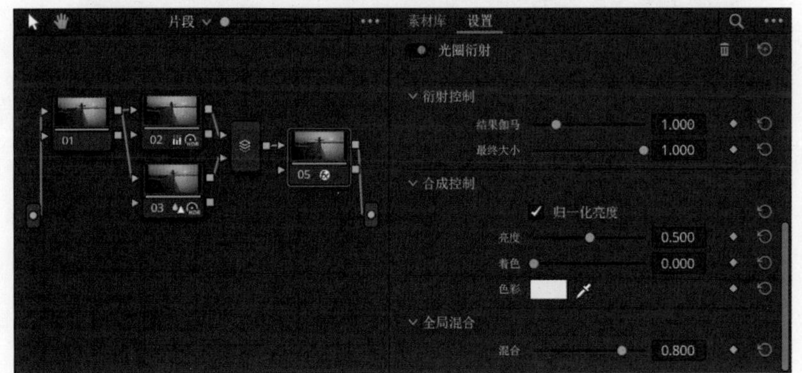

图6-11

13 再次创建串行节点，把“暗角”效果器拖到新建的节点上，设置“大小”和“柔化”参数为1。调色前后的对比效果如图6-12所示。

图6-12

6.2 曲线工具的进阶用法

就像色轮和HDR色轮的关系一样，在曲线工具的基础上，也衍生出了一系列针对局部区域进行调色的工具。这些工具能提取画面中特定颜色、饱和度或亮度的区域，并对选区范围内的亮度或色彩进行重新映射。

01 在剪辑页面中导入素材，把所有素材插入时间线上后，进入调色页面。切换到曲线面板，单击面板上方的按钮，进入“曲线－色相对色相”面板。单击面板下方的绿色圆点，曲线上会添加三个锚点，左右两个锚点限定了所选颜色的范围，如图6-13所示。

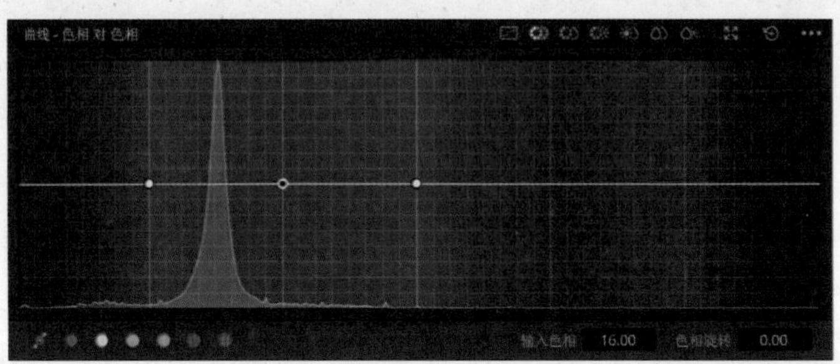

图6-13

02 向上方拖曳中间的锚点，或者把面板下方的“色相旋转”参数设置为76，画面中的绿色相会向黄色偏移，如图6-14所示。

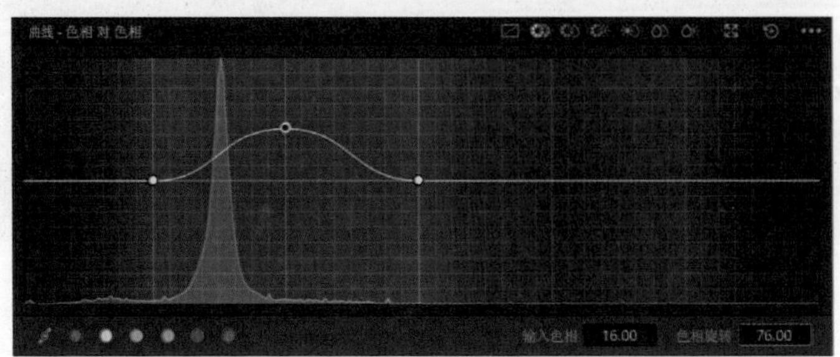

图6-14

03 此时，画面中只有纯绿色的范围会受到选区影响。通过调整“输入色相”参数，或沿水平方向拖曳左右两侧的锚点，可以扩大选区内的色相范围，让更多颜色受到影响，如图6-15所示。

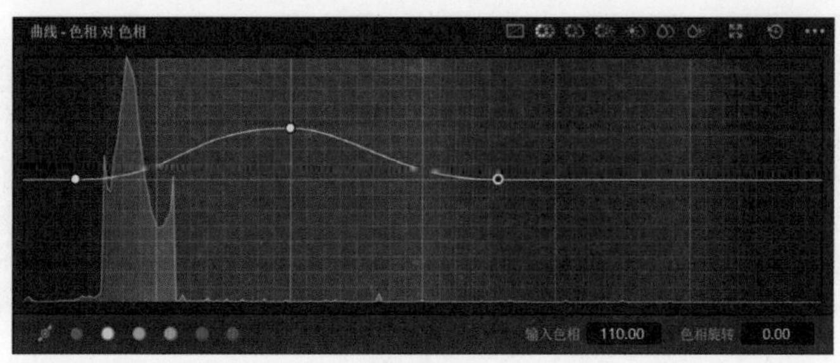

图6-15

提示 Point out

在曲线上的任意位置单击可以创建新的锚点，右击锚点就能将其删除。单击面板左下角的按钮，选中的锚点上会出现控制手柄，从而更加精细地控制曲线的形状。

04 单击面板上方的按钮，切换到“曲线－色相对饱和度”面板。把光标移到检视器上，在植物的位置单击以拾取颜色选区。先把中间的锚点向下拖曳，降低选区范围内的饱和度，然后拖曳左右两侧的锚点，调整选区的范围，如图6-16所示。

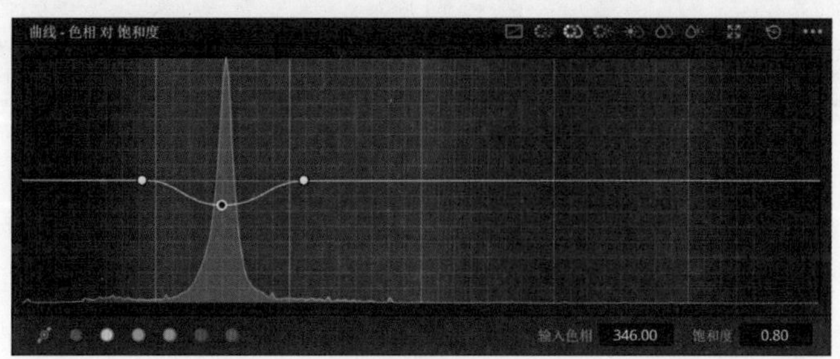

图6-16

05 再次创建一个串行节点，切换到色轮面板。拖曳“暗部”色轮下方的旋钮，把所有参数设置为-0.01；拖曳“亮部”色轮下方的旋钮，把所有参数设置为0.96；把“偏移”色轮中心的圆点略微向橙色方向拖曳，增加一些色调，如图6-17所示。

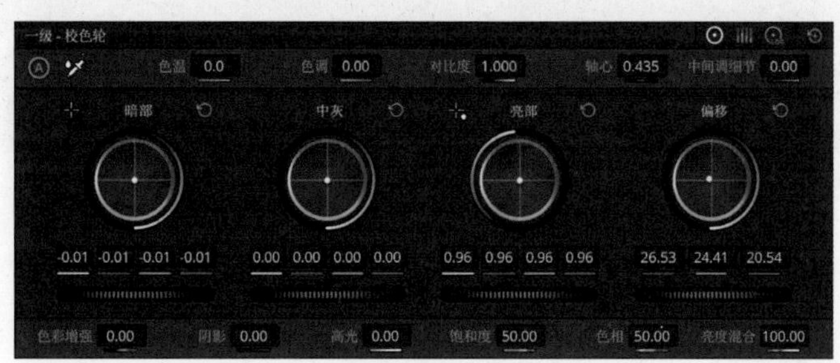

图6-17

06 将“中间调细节”参数设置为50，然后展开特效库面板，把“去除溢出色”效果器拖到最后一个串行节点上。在“键的颜色”下拉菜单中选择“绿”，并将“强度”参数设置为0.8，如图6-18所示。

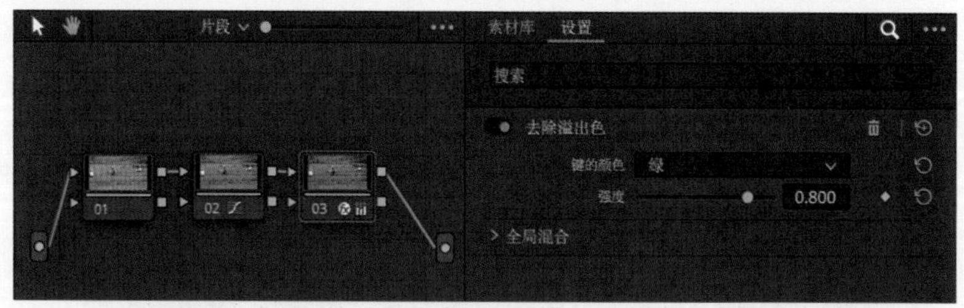

图6-18

07 再次创建一个串行节点，切换到“曲线－色相对饱和度”面板。把光标移到检视器上，吸取人物服装上的红色，再把中间的锚点向下拖曳，降低衣服的饱和度。调色前后的对比效果如图6-19所示。

图6-19

08 切换到第二个片段后，创建串行节点，利用扩展曲线配合效果器制作色相分离和渐变效果。切换到“曲线－自定义”面板，在曲线上添加两个锚点，调整画面的对比度，如图6-20所示。

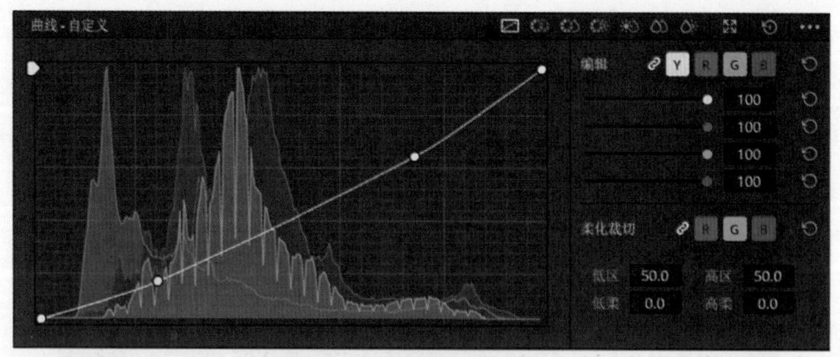

图6-20

09 再次创建一个串行节点，切换到“曲线－色相对饱和度”面板。先在曲线上创建两个限定颜色范围的锚点，把左侧锚点的“输入色相”参数设置为295，把右侧锚点的“输入色相”参数设置为200，如图6-21所示。

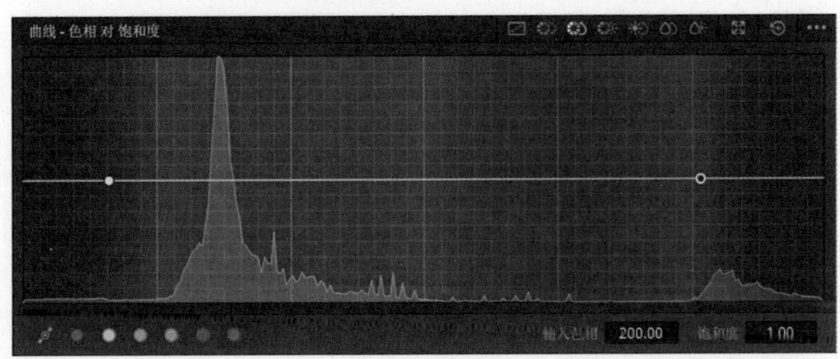

图6-21

10 在已创建的锚点之间再次创建两个新锚点。选中左侧的新建锚点，依次将“输入色相”参数设置为355，“饱和度”参数设置为0；选中右侧的新建锚点，依次将“输入色相”参数设置为168，“饱和度”参数设置为0，如图6-22所示。这样可以把粉红以外的大部分颜色设置成灰色，仅在画面中心保留一些颜色色相。

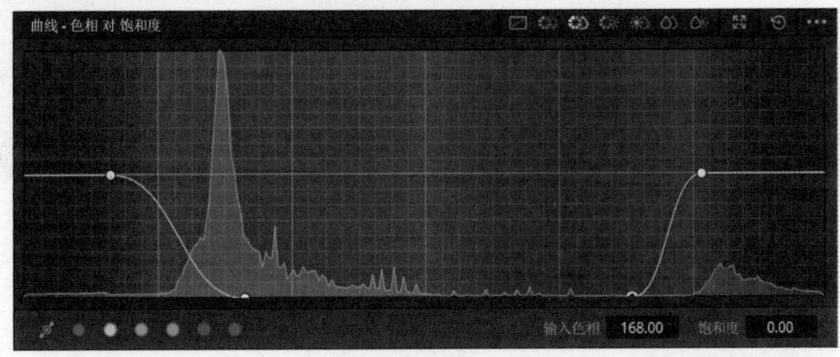

图6-22

11 再次创建一个串行节点，单击面板上方的☀按钮，切换到“曲线－亮度对饱和度”面板。在曲线上创建两个锚点，依次将左侧新建锚点的“输入亮度”参数设置为0.3，“饱和度”参数设置为1；依次将右侧新建锚点的“输入亮度”参数设置为0.7，“饱和度”参数设置为1.45，以增强彩色区域的饱和度，如图6-23所示。

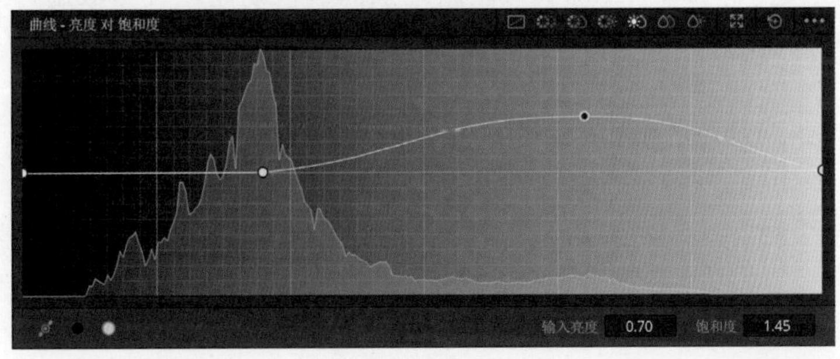

图6-23

12 单击面板上方的💧按钮，切换到“曲线－饱和度对亮度”面板。在曲线上添加一个锚点，依次将锚点的“输入饱和度”参数设置为0.35，“亮度”参数设置为0.85，以降低彩色区域的亮度，如图6-24所示。

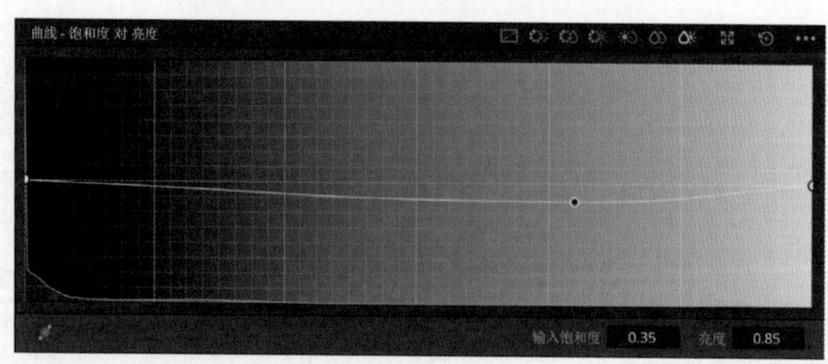

图6-24

13 再次创建一个串行节点，展开特效库面板，把“暗角”效果器拖到新建的节点上，将“大小”和“柔化”参数均设置为1。调色前后的对比效果如图6-25所示。

图6-25

6.3 色彩扭曲器和色彩切割

在DaVinci Resolve 19众多的调色工具中，色彩扭曲器的界面和操作方式显得比较独特。因为缺乏足够的了解，很多用户在调色时很少想起这个工具，而色彩切割则是DaVinci Resolve 19中新增加的调色功能，大多数用户对这一工具的认识更为有限。本节将详细介绍这两个工具的作用及使用方法。

01 在剪辑页面中导入素材，并把所有素材插入时间线后，进入调色页面。切换到第一个片段，创建一个串行节点，单击工具条上的 按钮，切换到色彩扭曲器面板。色彩扭曲器的背景是一个指示颜色的色相盘，色相盘的中央还显示了用于分析画面颜色倾向的矢量图，如图6-26所示。

02 色彩扭曲器的调整工具酷似一张蜘蛛网。选中网中心的圆点，将其向背景中的某个色相方向拖曳，画面整体会偏向该色相，同时也会增加该色相的饱和度，如图6-27所示。

提示 Point out

在面板的左下角可以增加调整点的数量，我们可以先用六边形调出大致的色调，在需要精细调整时再增加控制点的数量。

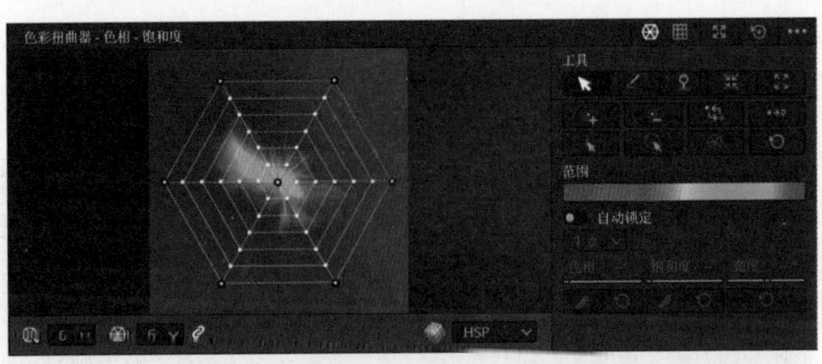

图6-26

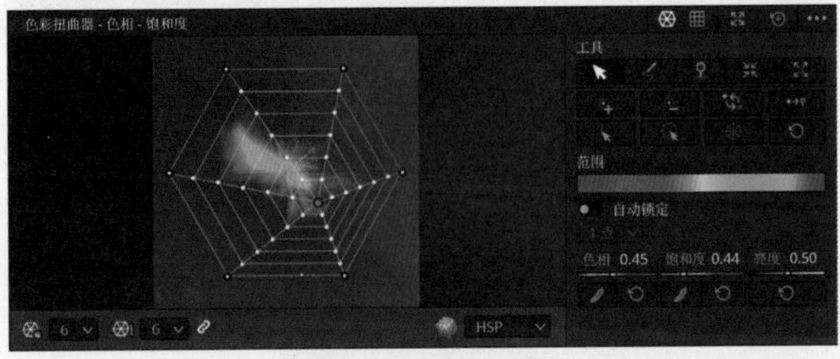

图6-27

03 拖曳最外圈的一个顶点，可以将画面中的颜色从拖曳前所处的色度盘颜色重新映射为拖曳到的色度盘颜色。顶点距离色度盘中心越远，重映射颜色的饱和度就越高。把相邻的三个外圈顶点向色度盘的橙色方向集中，可以将画面中的黄色和紫色调整为橙色调，如图6-28所示。

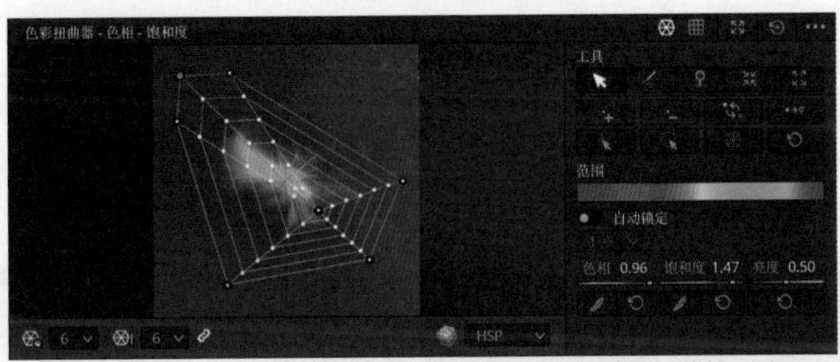

图6-28

04 继续把剩下两个未移动的外圈顶点向青色相靠拢，画面中的色彩会集中在青橙两个色相上。这样可以避免杂乱感，增强画面的表现力，如图6-29所示。

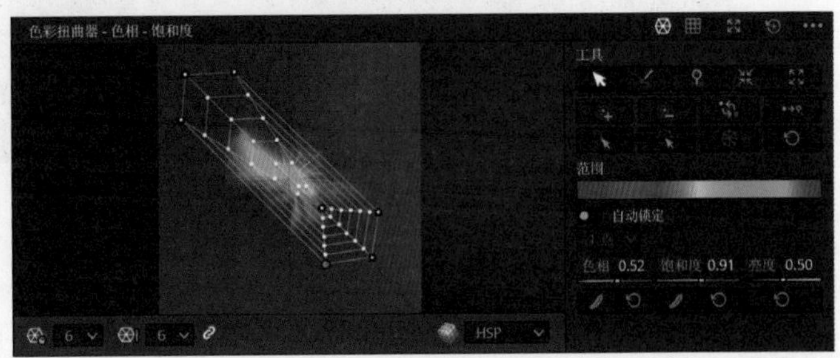

图6-29

05 在面板右侧的“范围”色盘上拖曳，选中所有暖色调的顶点，然后把“亮度”参数设置为0.6，以提高橙色区域的亮度，如图6-30所示。

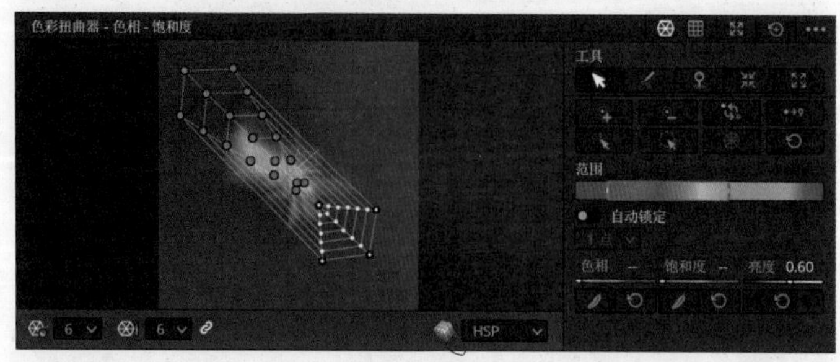

图6-30

06 再次创建一个串行节点，单击面板右上角的▦按钮，切换到色度－亮度模式。在左侧的扭曲器上，把右上角的顶点向左侧的黄色相移动，以增强黄色的亮度；在右侧的扭曲器上，把上方两侧的顶点向中心靠拢，进一步减少青橙以外的色相，如图6-31所示。

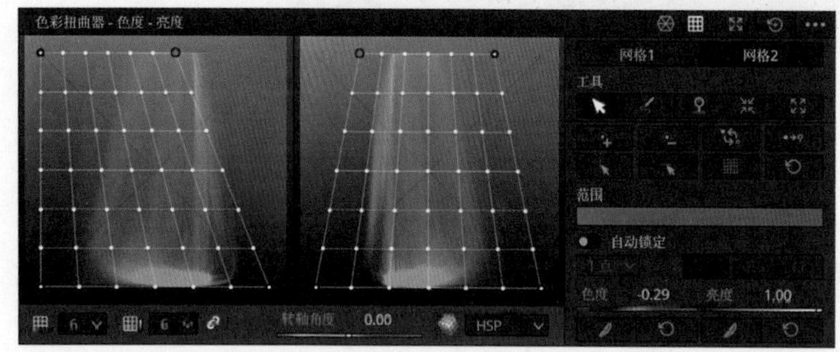

图6-31

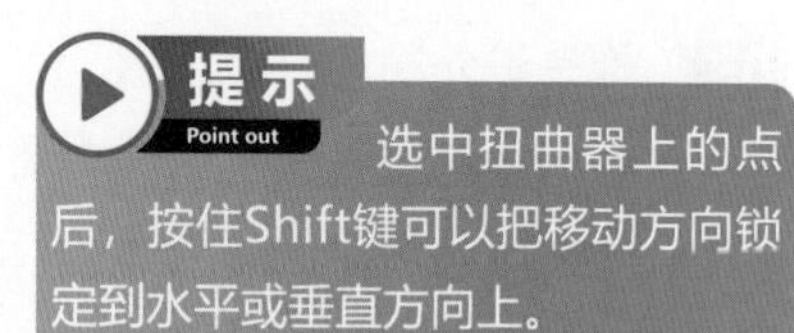

07 色彩扭曲器更擅长调整色彩倾向，但在调整亮度时效率较低。我们可以再次创建一个串行节点，在色轮面板中依次将“阴影”参数设置为40，“中间调细节”参数设置为50。调色前后的对比效果如图6-32所示。

图6-32

08 色彩扭曲器的另一个用途是去除偏色或视频的色调。切换到第二个片段，在色彩扭曲器面板的右侧激活“工具”中的⁂按钮，在网的中心点上连续单击几次。接下来用框选的方式选中集中到一起的顶点，向青色方向略微移动，如图6-33所示。

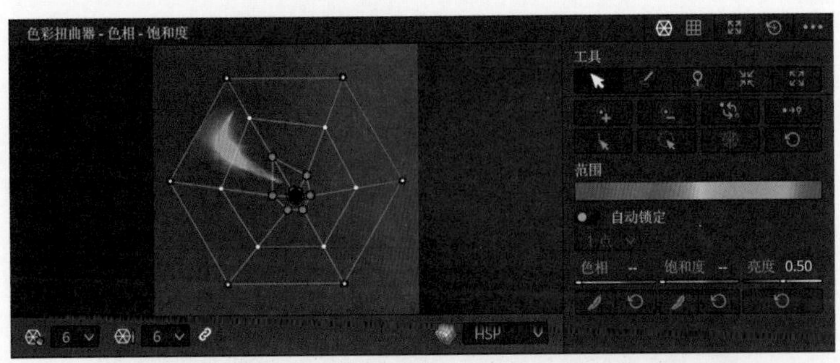

图6-33

09 单击田按钮切换到色度－亮度模式，在右侧的扭曲器上把上方两侧的顶点略微向中心靠拢，这样可以非常高效地恢复白平衡。调色前后的对比效果如图6-34所示。

图6-34

10 接下来介绍色彩切割工具的使用方法。切换到第三个片段后，创建串行节点，单击工具条上的按钮，切换到色彩切割面板。色彩切割面板的界面和色轮类似，其原理是把所有颜色切割成矢量图示波器中的六种颜色向量，再加上代表皮肤的橙色，从而可以分别调整画面中对应的颜色区域，如图6-35所示。

图6-35

11 按住“黄色”左侧的按钮，检视器中会以彩色显示该颜色影响的范围。单击检视器左上角的按钮，可以在检视器中持续显示影响范围，如图6-36所示。

12 在色彩切割面板中，将黄色的“中心”参数设置为0.5，以缩小黄色的作用范围；依次将黄色的“色相”参数设置为0.5，左侧的“密度”色条参数设置为1，右侧的“饱和度”色条参数设置为0.65，如图6-37所示。

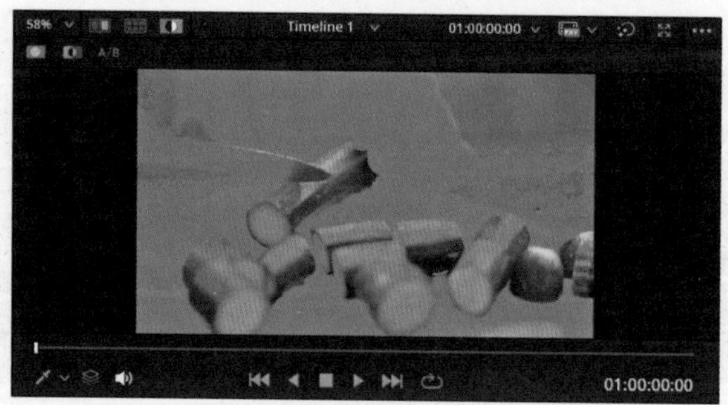

图6-36

图6-37

提示 Point out

色彩切割里的“密度”来源于胶片摄影中概念，原指胶圈上金属银的颗粒密度，这里可以简单理解成用一个参数同时控制亮度和饱和度。

13 继续在面板上方将影响全局的“密度”参数设置为0.2，“密度_深度”参数设置为-0.5。通过这一个简单操作，即可调整画面中所有黄色的饱和度和亮度。调色前后的对比效果如图6-38所示。

图6-38

14 切换到第四个片段后，创建串行节点。在色彩切割面板的“皮肤”选项中，将右侧的“饱和度”色条参数设置为1.5；在“青色”选项中，将左侧的“密度”色条参数设置为1，右侧的“饱和度”色条参数设置为1.8，如图6-39所示。

图6-39

15 再次创建一个串行节点，在色轮面板中依次将“中间调细节”参数设置为20，“阴影”参数设置为30。调色前后的对比效果如图6-40所示。色彩切割功能的特点在于能够精确控制不同颜色区域的饱和度。与直接在色轮面板中用“饱和度”参数调整相比，其效果会更自然一些。

图6-40

16 色彩切割功能的优点是调色效率高，缺点则是缺乏精确控制选区范围的参数选项。当画面中存在大量色相相近的颜色时，难以区分临近的颜色。例如，切换到最后一个片段并调整红色区域的色相时，橙色的皮肤区域也会受到影响，如图6-41所示。因此，目前的色彩切割功能仅适用于特定的画面。

图6-41

6.4 深度图技术和神奇遮罩

二级调色工具之间的主要区别在于建立选区的依据不同。前面使用过的调色工具基本上都是通过色相、亮度或饱和度信息来分割画面，而本节介绍的两个调色功能——深度图和神奇遮罩。则分别利用深度图技术和AI技术来建立选区。

01 在剪辑页面中导入素材，把所有素材插入时间线后进入调色页面。切换到第一个片段，展开特效库面板，把“深度贴图”效果器拖到节点01上。效果器会将画面处理成深度图并显示在检视器中，如图6-42所示。

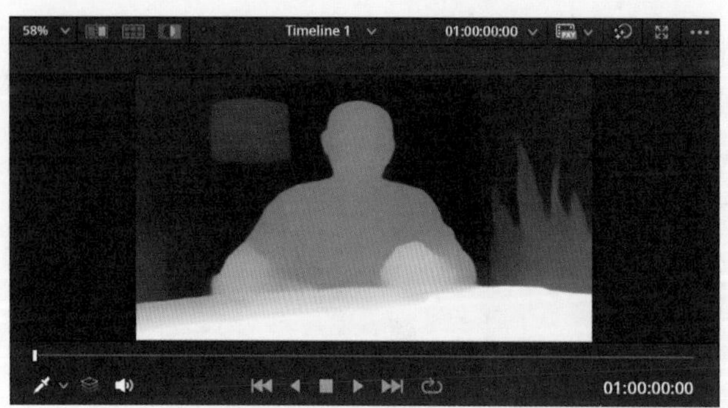

图6-42

提示 Point out

深度图是一种描述距离信息和空间结构的灰度图像。在深度图上，颜色越深表示与观察者的距离越远，颜色越浅表示与观察者的距离越近。

02 在效果器面板中取消勾选“深度贴图预览”复选框，在检视器中的画面恢复正常。接下来，单击特效库面板上方的“素材库”选项卡，把“焦散背景”效果器拖到节点面板的输出连线。然后把节点01上的蓝色方块拖到节点02的蓝色三角上进行连接，如图6-43所示。

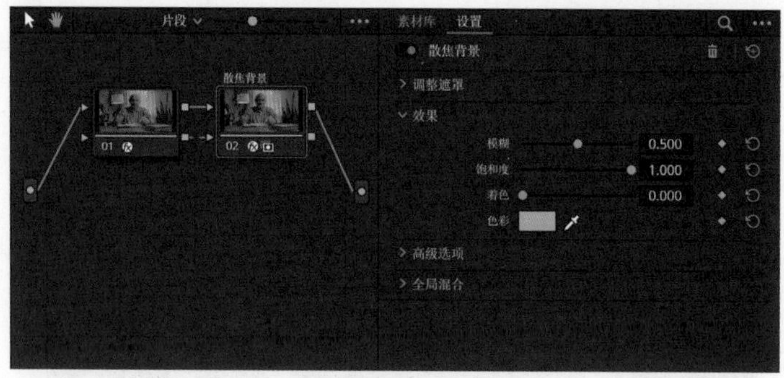

图6-43

03 在特效库面板中，依次将“模糊”参数设置为0.6，“着色”参数设置为0.2；展开“高级选项”卷展栏，依次将“变形”参数设置为1.5，“高光”参数设置为1，如图6-44所示。

04 接下来选择节点01，在特效库面板中勾选“深度贴图预览”和“调整深度贴图级别”复选框。可以把深度图想象成照相机的景深，依次将“远端极限”参数设置为0.2，“近端极限”参数设置为0.9，这样可以增加景深的范围。继续将“Gamma”参数设置为2，增加景深的模糊程度。深度图的效果如图6-45所示。

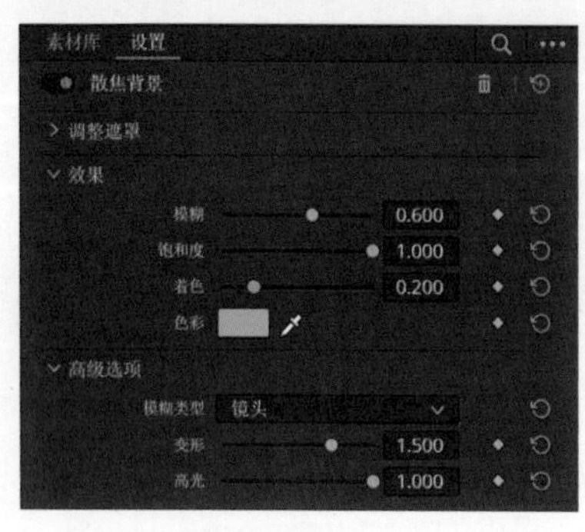

图6-44

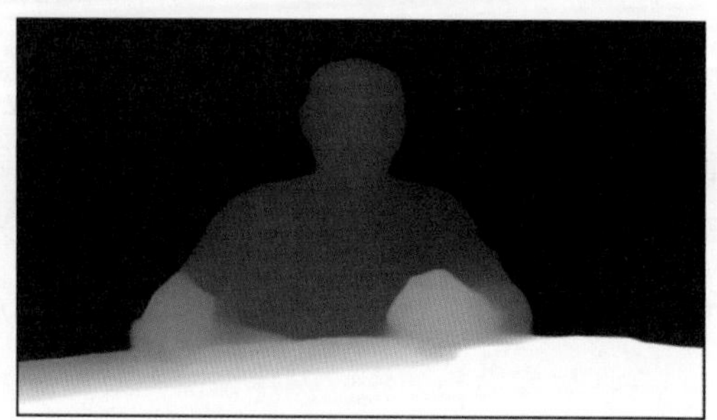

图6-45

05 在“隔离出特定的深度”卷展栏中勾选“隔离”复选框，依次将“目标深度”参数设置为0.45，“容差”参数设置为0.6，把景深的焦点移动到人物上。当前的深度图效果如图6-46所示。

06 在“深度贴图优化”卷展栏中勾选“后期处理”复选框，将“后处理滤波器”参数设置为0.6，增加选区边缘的细节；将“收缩/扩展”参数设置为0.5，扩大选区的范围；将“模糊”参数设置为0.2，增加选区边缘的模糊度。当前的深度图效果如图6-47所示。

图6-46

图6-47

07 取消勾选“深度贴图预览”复选框，选中节点02后再次创建一个串行节点。在色轮面板中将“色彩增强”和“阴影”参数均设置为10，将“中间调细节”参数设置为30。拖曳“暗部”色轮下方的旋钮，把所有参数设置为-0.02。拖曳“亮部”色轮下方的旋钮，把所有参数设置为1.06。此时，画面中增加了非常真实的景深效果，人物从复杂的背景中突显出来，如图6-48所示。

图6-48

08 接下来介绍神奇遮罩的使用方法。切换到第二个片段，单击工具条上的按钮，切换到神奇遮罩面板。在检视器中画一条线段或封闭的曲线，选中画面中的书，如图6-49所示。

图6-49

09 单击神奇遮罩面板上方的⇄按钮开始进行跟踪计算。计算结束后，单击检视器上的按钮，再按空格键回放项目，即可看到画面中的书被分离出来，如图6-50所示。

10 接下来可以为分离出来的物体调色或制作特效。例如，若想给这本书添加马赛克效果，只需将特效库面板中的“马赛克模糊”效果器拖到节点面板的输出连线上，然后把节点01上蓝色输出端口连接到节点02的蓝色输入端口上，把分离出来的遮罩发送过去，结果如图6-51所示。

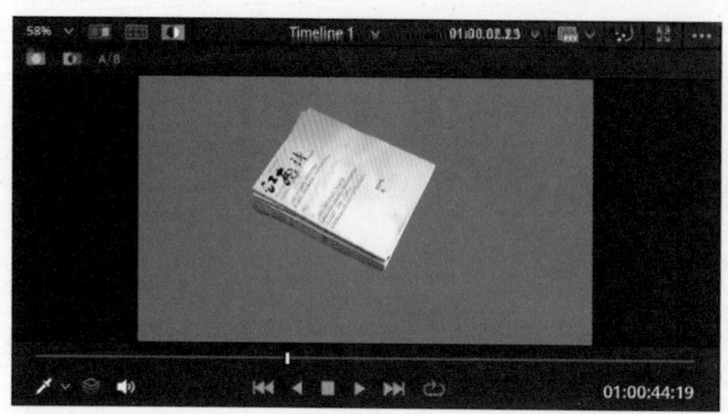

图6-50

图6-51

11 切换到第三个片段，当需要分离画面中的人物时，可以单击神奇遮罩面板上方的按钮，切换到人体遮罩模式。在检视器中的人物上画一条线段，标出需要分离的对象，然后在神奇遮罩面板中单击“更好”按钮，接着单击⇄按钮进行跟踪计算。

12 计算结束后，在检视器上单击按钮，在神奇遮罩面板中依次将“智能优化”参数设置为90，“模糊半径”参数设置为40，“净化黑场”参数设置为20，如图6-52所示，这样可以有效去除人物周围的白边。

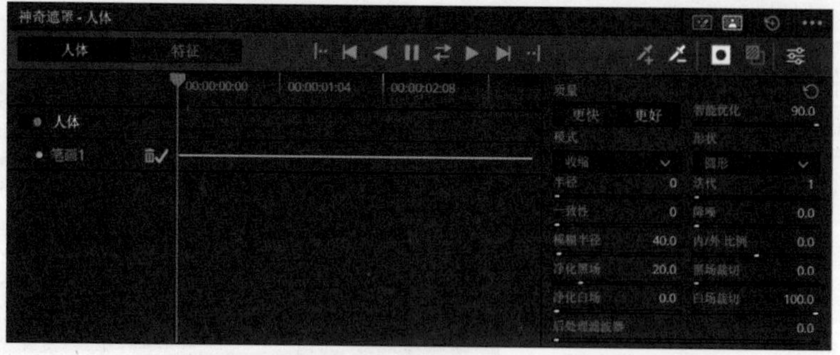

图6-52

13 展开特效库面板，把“焦散背景”效果器拖到节点面板的输出连线上，然后把节点01的遮罩通道连接到节点02上。依次将“模糊”参数设置为0.75，“色彩”设置为RGB=195、195、195后，将“着色”参数设置为1，如图6-53所示，这样可以在模糊背景的同时给背景去色。

14 再次创建一个串行节点，把特效库面板中的“暗角”效果器拖到新建的节点上，将“大小”参数设置为1。调色前后的对比效果如图6-54所示。

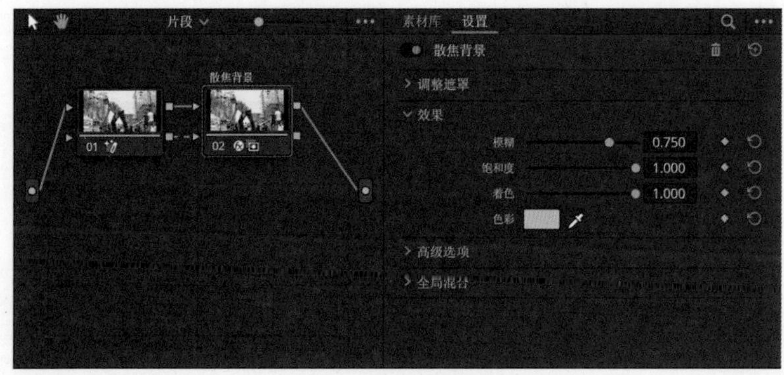

图6-53

图6-54

提示 Point out

我们可以在画面中选择多个人物后同时进行跟踪计算。当需要分离的人物周围有干扰对象时，可以在单击按钮后用红色线段画出要排除的对象。

15 切换到最后一个片段，在神奇遮罩面板中单击“特征”按钮。在此处可以提取人体不同部位的遮罩选区。例如，如果想更换人物的服装颜色，可在面板的下拉菜单中选择“衣服（上衣）”，在检视器中标记服装后进行跟踪计算，如图6-55所示。

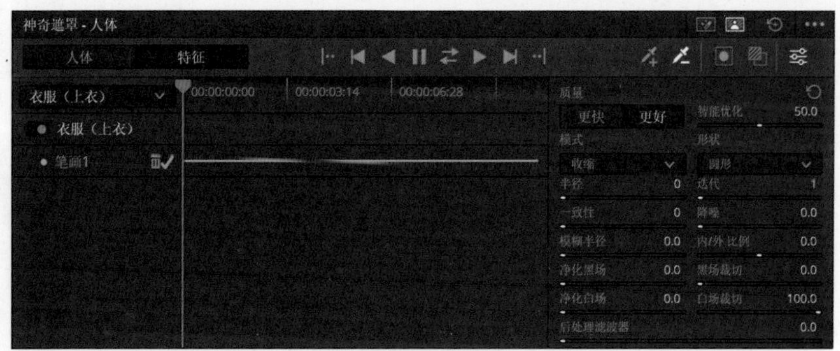

图6-55

16 创建一个串行节点，把节点01的遮罩通道连接到节点02上。在色轮面板中将“色相”参数设置为100，拖曳“暗部”色轮下方的旋钮，把所有参数设置为-0.05；拖曳“中灰”色轮下方的旋钮，把所有参数设置为-0.04，然后将绿色通道的参数设置为-0.15，如图6-56所示。

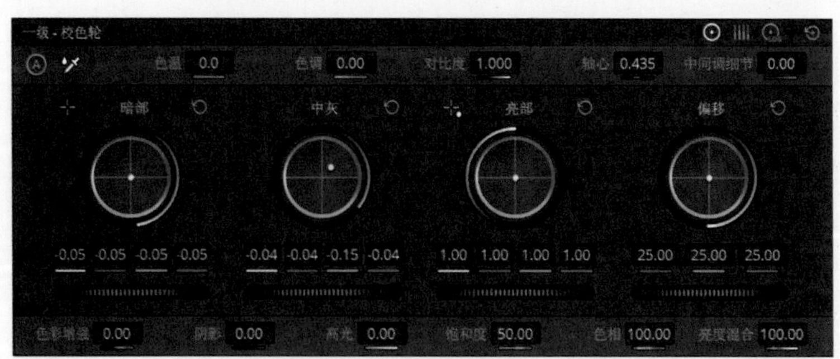

图6-56

17 再次创建一个串行节点，在色轮面板中依次将“色彩增强”参数设置为10，“中间调细节”参数设置为20。拖曳“暗部”色轮下方的旋钮，把所有参数设置为-0.03。拖曳“亮部”色轮下方的旋钮，把所有参数设置为0.97，调色前后的对比效果如图6-57所示。

图6-57

6.5 限定器的高效运用技巧

神奇遮罩的抠图效率非常高，但精确度不足。很多时候，仍然需要使用“传统”的限定器功能，或将两者的优势结合起来使用。

01 在剪辑页面中导入素材，把所有素材插入时间线后进入调色页面。切换到第一个片段，创建串行节点，单击工具条上的✗按钮切换到限定器面板。在检视器画面中的黄色车漆上单击，激活检视器上的◐按钮后即可看到，选中的颜色被纳入了选区中，如图6-58所示。

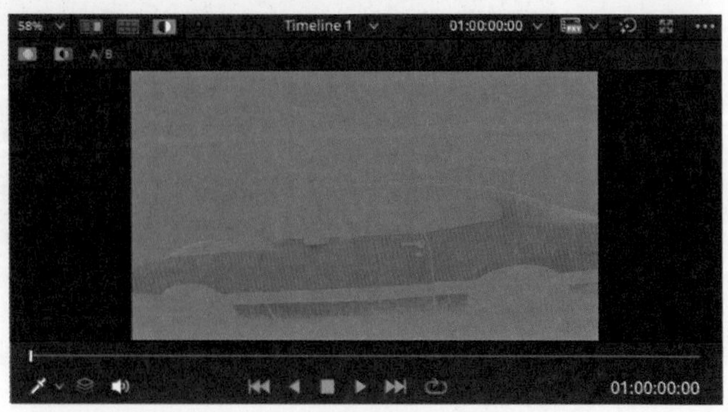

图6-58

02 切换到色轮面板，将“色相”参数设置为100，把选区范围内的颜色修改为蓝色。再次切换回限定器面板，把播放头拖到13秒左右。为了方便选取更多颜色，单击检视器上的按钮切换回正常模式，然后拖曳节点面板右上角的圆形滑块，让节点缩略图最大化显示。单击限定器面板上的按钮，在未变蓝的车漆上单击，将其添加在选区中，如图6-59所示。

图6-59

> **提示** Point out
>
> 激活按钮后，我们可以按住鼠标左键在画面上拖曳，把光标划过区域的颜色都添加到选区中。

03 把播放头拖到8秒左右，此时车尾和车顶有一块黄色的高光区域，如图6-60所示。加选这部分区域会让汽车以外的大面积地面被选中。对于这种色相过于接近的区域，需要使用添加选区以外的手段来解决。

图6-60

04 限定器面板中有三个色条，色条上的黑色括号显示选区的色相、饱和度和亮度范围，三角形显示边缘柔化区域的大小。拖曳“色相”色条上的黑色括号，或将“宽度”参数设置为12，即可增加色相范围，减少选区中的噪点，如图6-61所示。

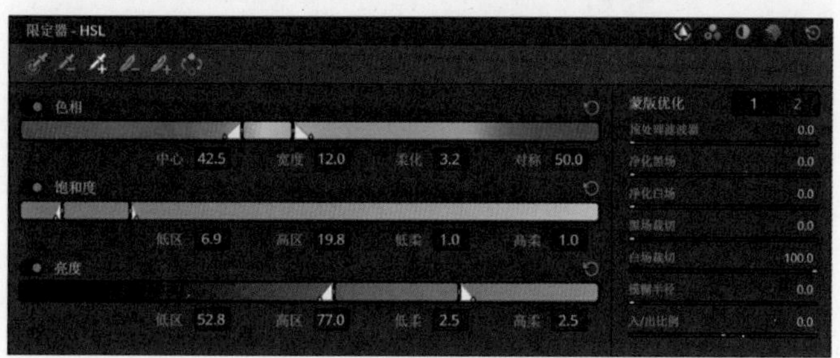

图6-61

05 在检视器上单击按钮后单击按钮，以黑白灰的方式显示选区。在限定器面板的“蒙版优化”选项组中，将“净化白场”和“白场裁切”参数均设置为50，以增加白色区域（即选区的范围）。将“黑场裁切”参数设置为40，可收缩选区的尺寸，进而去除尺寸较小的选区，如图6-62所示。

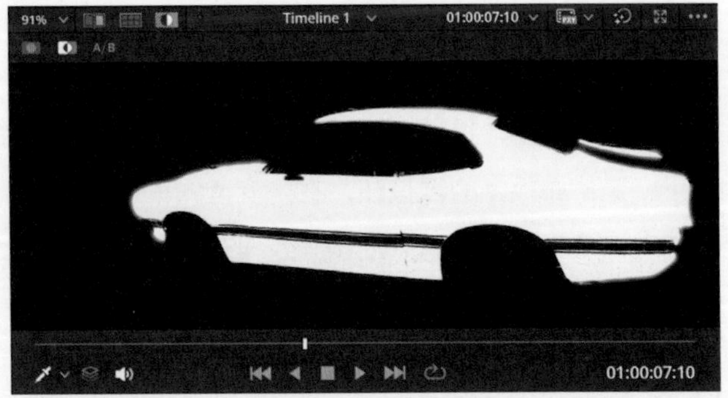

图6-62

06 优化参数只能在有限的范围内调整选区。若想选中黄色的高光区域而不影响地面，更高效的解决方法是使用神奇遮罩功能先把汽车提取出来。在节点面板的第二个节点缩略图上右击，执行“重置节点调色”命令。切换到神奇遮罩面板，把播放头拖到最后一帧，在检视器上画出汽车选区后单击按钮开始跟踪计算，如图6-63所示。

图6-63

07 再次创建一个串行节点，把节点02的遮罩通道连接到节点03上。切换到限定器面板，接下来可以按照前面的流程，先选取一个颜色，然后加选更多颜色。因为汽车已被作为一个选区提取出来了，所以现在加选黄色高光区域后，地面不再受到影响，如图6-64所示。

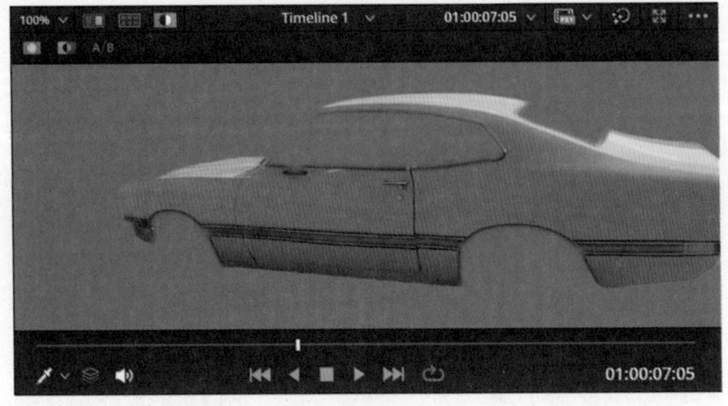

图6-64

08 在“蒙版优化”选项组中，将“预处理滤波器”“净化黑场”“白场裁切”和“模糊半径”参数均设置为50，将“净化白场”参数设置为20，如图6-65所示。

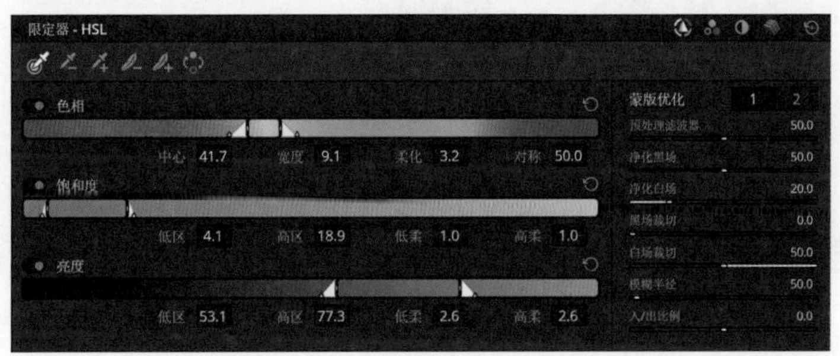

图6-65

09 接下来调整汽车的颜色。切换到色轮面板，依次将“色相”参数设置为100，“暗部”色轮的蓝色通道参数设置为0.08，“中灰”色轮的所有参数都设置为-0.03，如图6-66所示。

图6-66

10 再次创建一个串行节点，切换到“RGB混合器”面板，在“红色输出”中依次将绿色色条的参数设置为0.75，蓝色色条的参数设置为-0.75。切换到色轮面板，依次将“阴影”参数设置为20，“中间调细节”参数设置为50。拖曳“中灰”色轮下方的旋钮，将所有参数设置为-0.02。调色前后的对比效果如图6-67所示。

图6-67

11 切换到第二个片段，创建串行节点。假设我们想把画面中的绿色西红柿变红，可在限定器面板中切换到3D模式，激活按钮后，在检视器中按住鼠标左键拖曳，画出不想被选中的保护区域。接着激活按钮，在绿色的西红柿上分多次按住鼠标左键拖曳，画出需要选中的区域，如图6-68所示。

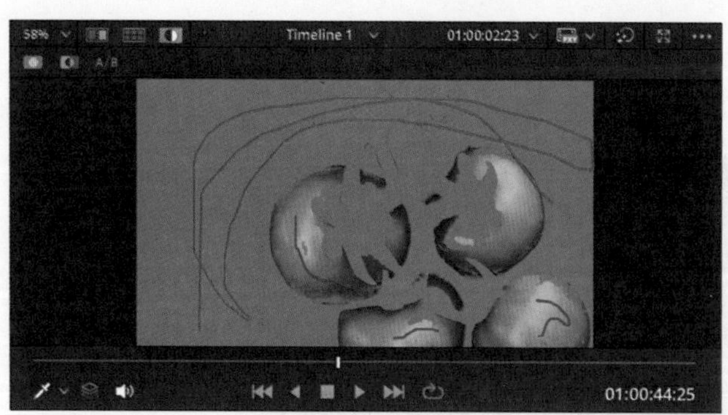

图6-68

提示 Point out

限定器提供了4 种模式：前面使用的HSL模式利用色相、饱和度和亮度信息共同决定选区范围；RGB模式只通过色相信息决定选区，亮度模式只通过亮度信息决定选区；3D模式则是基于三维色彩的空间分布控制选取，这种模式的特点是可以同时选择多个不连续的色度或亮度。

12 依次将“预处理滤波器”和“净化白场”参数均设置为100，“净化黑场”参数设置为50，“模糊半径”参数设置为800，“入/出比例”参数设置为30，如图6-69所示。

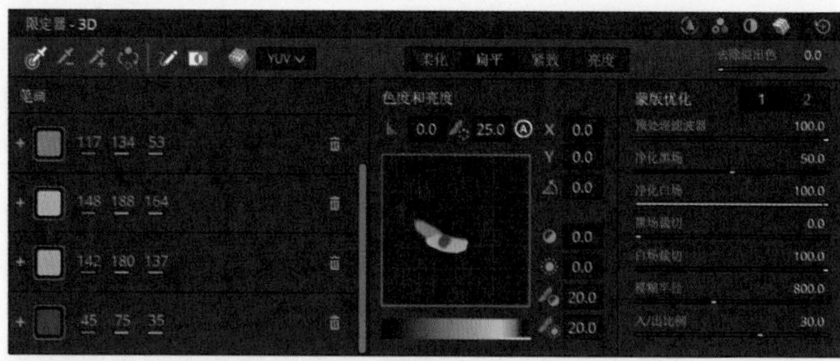

图6-69

13 创建一个串行节点，把节点02的遮罩通道连接到节点03上。切换到色彩扭曲器面板，把黄色相和绿色相的两个顶点向橙色方向拖曳，把选区中心的顶点向红橙方向拖曳，如图6-70所示。

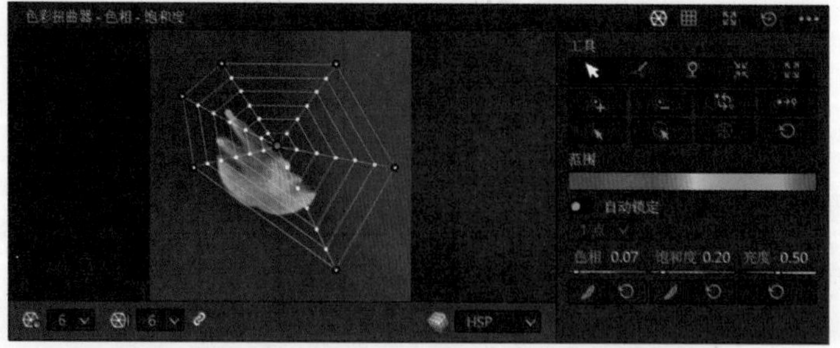

图6-70

14 最后切换到色轮面板，将“中间调细节”参数设置为50。拖曳“中灰”色轮下方的旋钮，将所有参数设置为-0.03。调色前后的对比效果如图6-71所示。

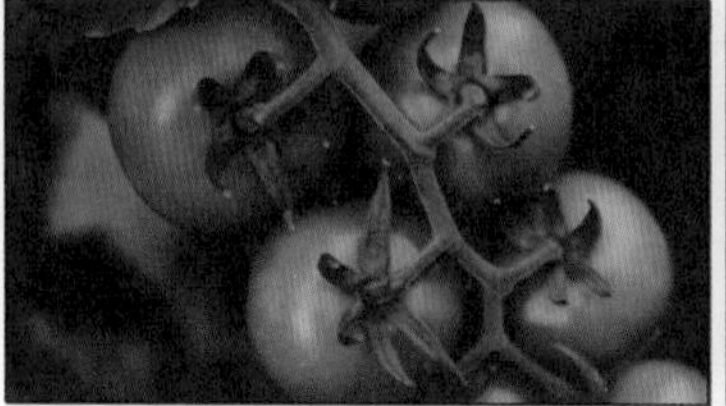

图6-71

6.6 灵活运用蒙版和跟踪器

在调色页面的窗口面板中，可以利用几何图形或自定义多边形，通过绘制蒙版的方式提取选区，进而实现局部调色的目的。这种抠像手段虽然看似原始，但在很多场景中仍然发挥着其他工具无法替代的作用。

01 在剪辑页面中导入素材，把所有素材插入时间线后进入调色页面。切换到第一个片段，创建串行节点，单击工具条上的⭘按钮切换到窗口面板。在面板左侧的形状列表中单击圆形，在检视器中生成圆形遮罩，如图6-72所示。

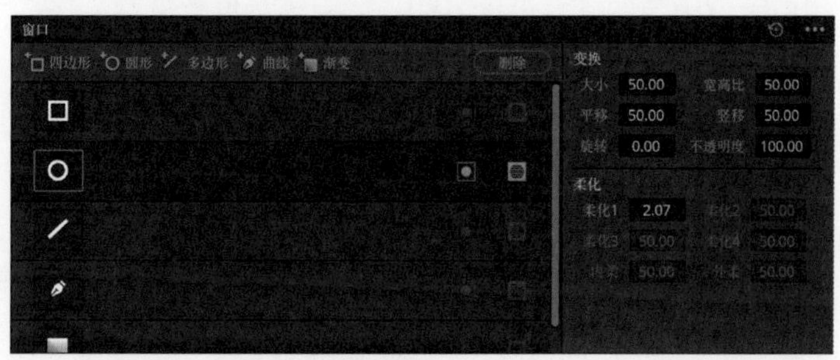

图6-72

02 在检视器中拖曳圆形的中心点移动整个图形，拖曳蓝色边框四角的圆点可以调整圆形的大小，拖曳蓝色边框中间的圆点把圆形调整为椭圆形，继续拖曳粉色圆点调整柔化区域的尺寸，结果如图6-73所示。

图6-73

03 切换到色轮面板，拖曳“中灰”色轮下方的旋钮，将所有参数设置为0.05。拖曳“亮部”色轮下方的旋钮，把所有参数设置为1.3，以增加椭圆形遮罩范围内的亮度，如图6-74所示。

提示 Point out

如果检视器上显示的遮罩图形影响观看调色效果，那么可以在检视器左下角的按钮下拉菜单中选择“关闭”。

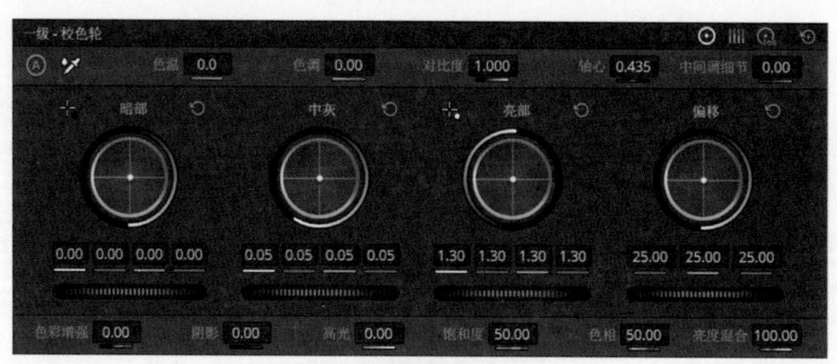

图6-74

04 再次创建一个串行节点，切换到“RGB混合器”面板，在“红色输出”中依次将绿色色条的参数设置为0.3，蓝色色条的参数设置为-0.5。切换到色轮面板，依次将“对比度”参数设置为1.1，“中间调细节”参数设置为80，“阴影”参数设置为15。拖曳“暗部”色轮下方的旋钮，将所有参数设置为-0.02。拖曳“亮部”色轮下方的旋钮，把所有参数设置为1.02。

05 展开特效库面板，把“除霾”效果器拖到最后一个节点上，将“除霾强度”参数设置为0.5，以增强画面的明暗对比，让画面更有氛围感。调色前后的对比效果如图6-75所示。

图6-75

06 当前的遮罩位置是固定不动的，但在大多数情况下，需要让遮罩跟随画面中的特定对象一起移动，这时需使用跟踪器功能。切换到第二个片段，创建串行节点，切换到窗口面板，激活面板上的曲线按钮，在检视器画面上画出冰面区域，如图6-76所示。

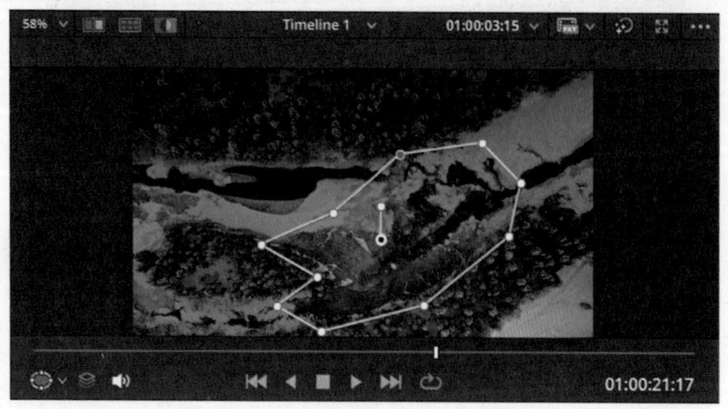

图6-76

07 在面板中依次将“柔化1”参数设置为60，“内柔”参数设置为30，“外柔”参数设置为10，如图6-77所示。

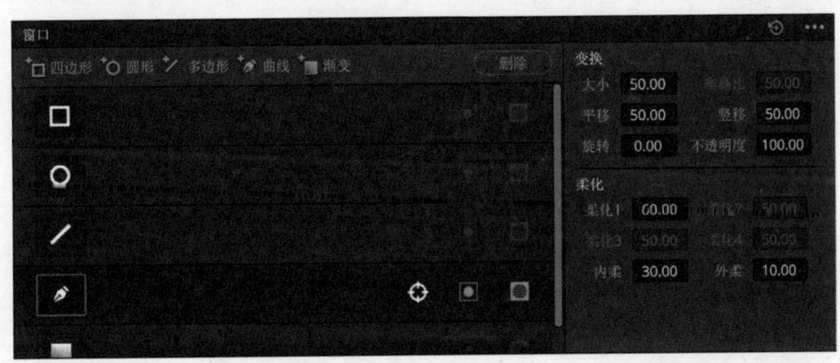

图6-77

08 单击工具条上的按钮切换到跟踪器面板，单击面板上方的按钮开始跟踪计算，如图6-78所示。计算结束后，绘制的多边形遮罩将始终跟随画面中的冰面区域一起运动。

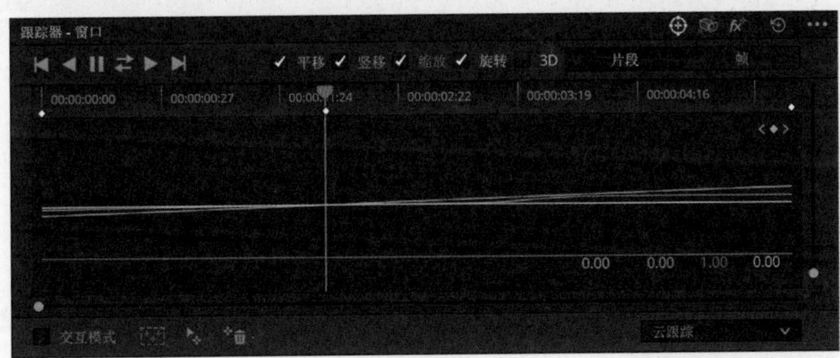

图6-78

09 切换到色轮面板，拖曳“亮部”色轮下方的旋钮，依次将所有参数设置为2.2，“色彩增强”参数设置为70，如图6-79所示。

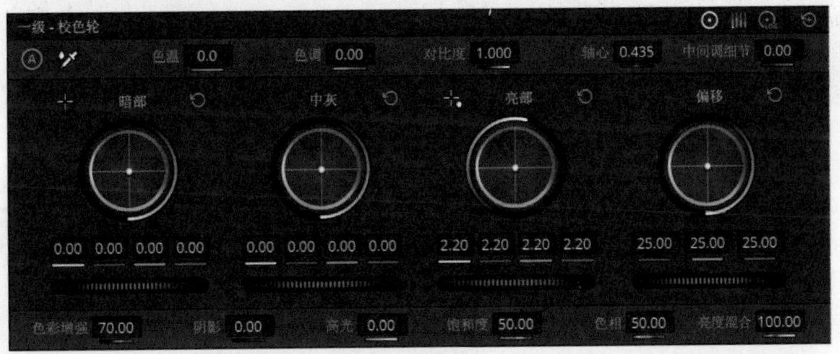

图6-79

10 再次创建一个串行节点，将“中间调细节”参数设置为50。拖曳“中灰”色轮下方的旋钮，将所有参数设置为-0.02。调色前后的对比效果如图6-80所示。

11 切换到第三个片段，创建串行节点，切换到色彩扭曲器面板，调整顶点的位置，把画面调整成青橙色调，如图6-81所示。

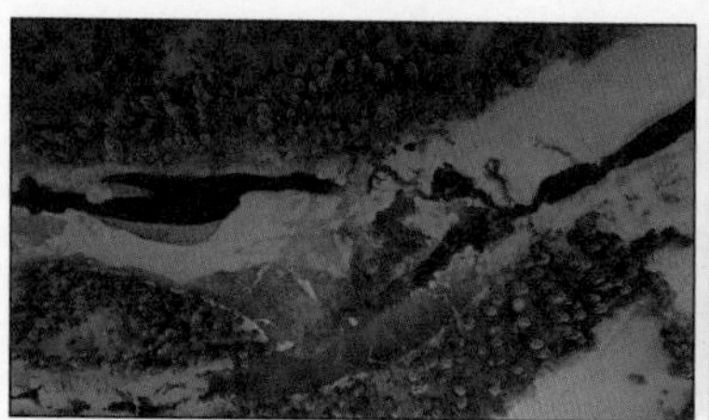
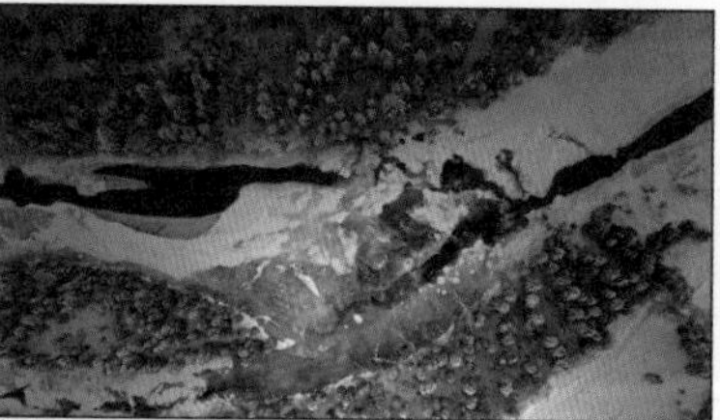

图6-80

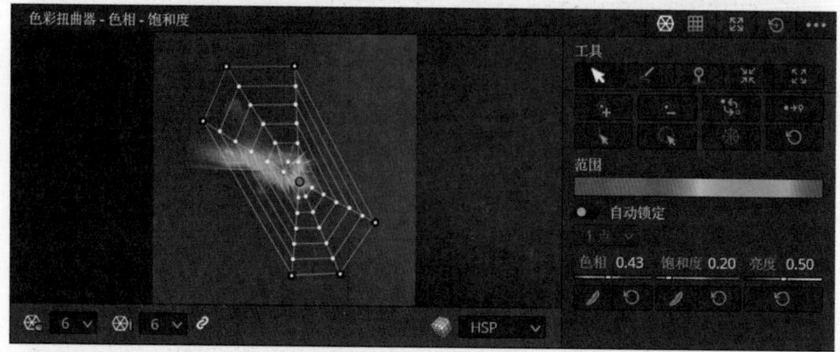

图6-81

12 切换到色轮面板，依次将“中间调细节”参数设置为30，“色彩增强”参数设置为20；拖曳“暗部”色轮下方的旋钮，把所有参数设置为-0.02；拖曳“中灰”色轮下方的旋钮，把所有参数设置为0.06；拖曳“亮部”色轮下方的旋钮，把所有参数设置为1.15，如图6-82所示。

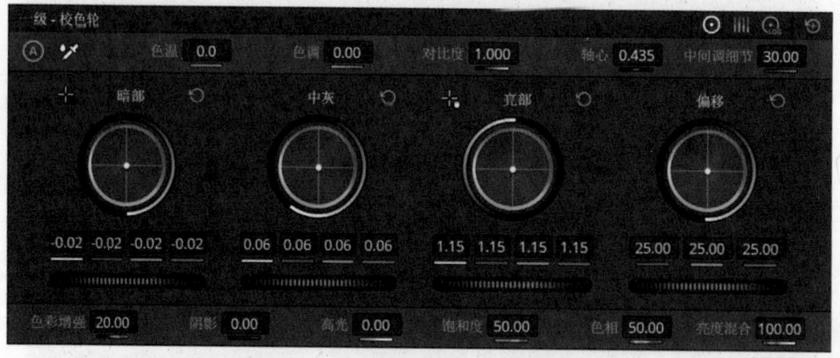

图6-82

13 再次创建一个串行节点，展开特效库面板，把“镜头光斑”效果器拖到新建的节点上。在检视器上把播放头拖到27秒处，然后把镜头光斑特效拖曳到车前灯的位置，如图6-83所示。

图6-83

14 切换到跟踪器面板，在面板的右上角单击fx⁺按钮，切换到特效FX模式。只有在这种模式下，效果器才能跟踪画面中的目标。因为我们只需要跟踪光效的移动，所以可以取消勾选“缩放”“旋转”和“3D”复选框，如图6-84所示。

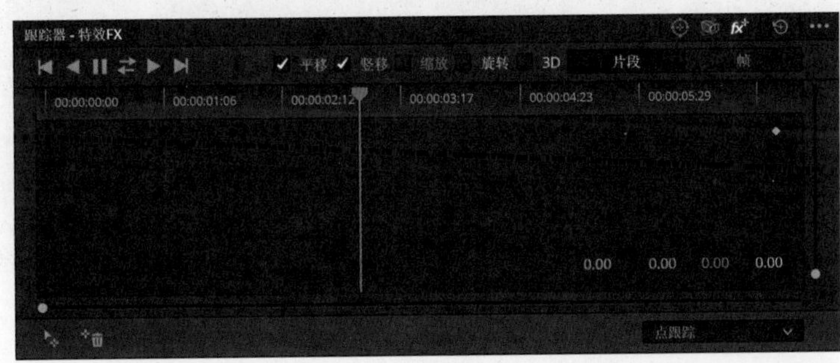

图6-84

15 单击面板左下角的按钮，把检视器中出现的十字标记移到车前灯的位置，如图6-85所示。单击面板左上方的按钮开始跟踪计算。计算结束后，镜头光斑将跟随车前灯一起运动。

图6-85

16 在特效库面板中展开“元素”卷展栏，在“显示控制为”下拉菜单中选择“放射光线”，依次将“放射光线”颜色设置为蓝色，“放射光线大小”参数设置为0.22，“放射光线分裂角度”参数设置为0.6，“放射光线分裂平衡”参数设置为0.3，如图6-86所示。

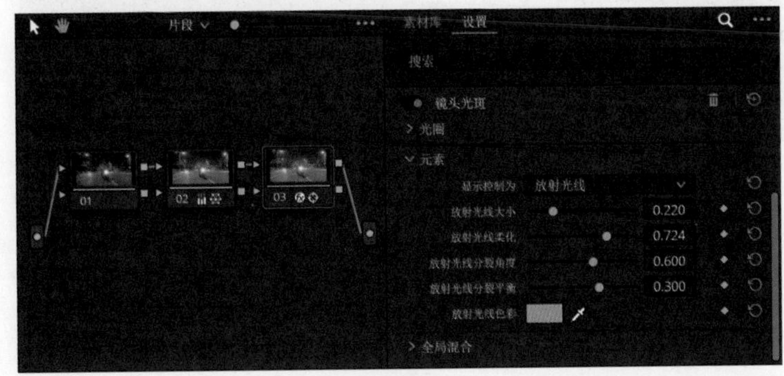

图6-86

17 最后，在“全局校正”卷展栏中将“全局亮度”参数设置为0.6。调色前后的对比效果如图6-87所示。

图6-87

6.7 更换视频中的天空背景

既然能把画面中的局部区域提取出来单独调整颜色，那么也可以把选区范围内的画面替换为其他素材。本节将利用这一思路，结合选区工具、跟踪功能和天空替换效果器，轻松替换天空背景。

01 在剪辑页面中导入素材，把前两个素材插入时间线，然后进入调色页面。切换到第一个片段后，创建一个串行节点。要提取天空背景，最简单的方法是切换到神奇遮罩面板，在检视器中标出需要抠取的区域，然后单击遮罩面板上的⇄按钮进行跟踪计算，如图6-88所示。

图6-88

02 展开特效库面板，把“天空替换”效果器拖到节点面板的输出连线上，然后把节点02的遮罩通道连接到节点03上。展开媒体池面板，把“V03”素材拖到节点面板的空白处，再把素材节点上的绿色输出端口连接到节点02的第二个绿色输入端口上，如图6-89所示。这样，原素材中的天空背景就替换完成了。

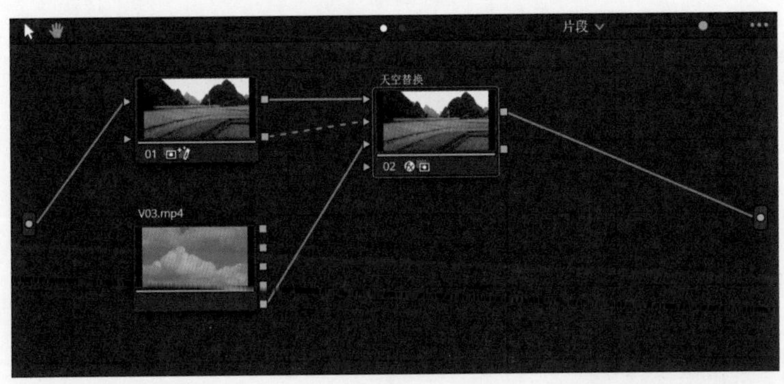

图6-89

03 接下来，利用天空替换效果器把两个素材的颜色、亮度和视角匹配起来。在特效库面板中，将“优化”参数设置为1；展开“源天空外观”卷展栏，依次将“细节”参数设置为0.2，“亮度”参数设置为0.5，“色温”参数设置为400，“色调”参数设置为-0.5，“不透明度”参数设置为0.8，如图6-90所示。

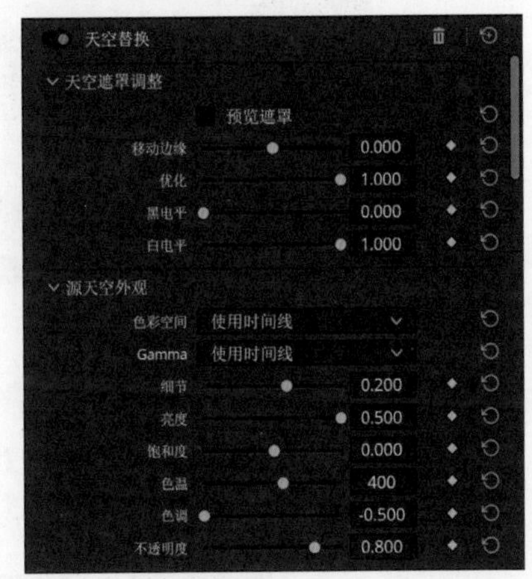

图6-90

04 展开“天空位置”卷展栏，单击“跟踪前景”按钮，可以根据前景画面的运动情况匹配背景天空的位移和透视关系。当前景的运动幅度较大时，背景天空容易出现过度拉伸和扭曲的问题。此时，可以切换到跟踪器面板，单击fx⁺按钮后，再单击面板下方的按钮，然后在检视器中把十字标记移动到对比明显或容易区分的位置，如图6-91所示。

图6-91

05 在跟踪器面板右下角的下拉菜单中选择“Intelli Track”，这是DaVinci Resolve 19中新增加的AI跟踪算法。继续单击按钮进行跟踪计算，如图6-92所示。

06 在特效库面板的“匹配运动”下拉菜单中选择“使用FX跟踪器”，可以获得更真实的匹配效果。替换天空前后的对比效果如图6-93所示。

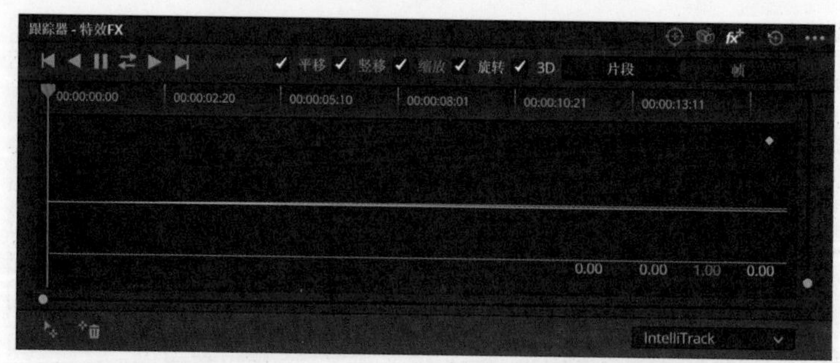

图6-92

图6-93

07 天空替换效果器还能根据背景天空的颜色和亮度改变前景，例如把白天修改为黄昏或夜晚。在节点面板中删除天空背景节点，把媒体池里的V04素材拖曳到节点面板的空白处，然后连接到“天空替换”节点上，如图6-94所示。

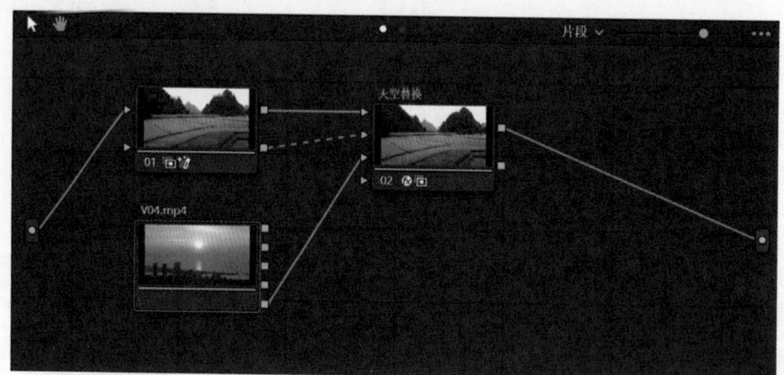

图6-94

08 在特效库面板中，单击面板右上角的按钮恢复默认设置，然后将“优化”参数设置为0.5；展开“源天空外观”卷展栏，依次奖“细节”参数设置为0.4，“饱和度”参数设置为0.15；展开“前景外观”卷展栏，在“自动适应”下拉菜单中选择“匹配地平线”，依次将“自适应数量”参数设置为0.65，“本土化”参数设置为1，“色调”参数设置为0.5，如图6-95所示。

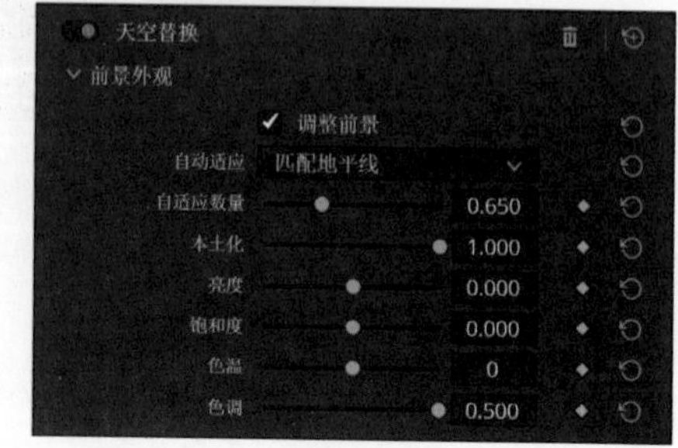

图6-95

09 再次创建一个串行节点，在色轮面板中依次将“对比度”参数设置为1.2，“中间调细节”参数设置为30。再次换天空后的效果如图6-96所示。

10 当没有合适的天空素材时，也可以用天空替换效果器增强天空的表现力。切换到第二个片段后，创建一个串行节点，切换到神奇遮罩面板，在检视器中选中天空区域，然后单击⇄按钮进行跟踪计算，如图6-97所示。

图6-96

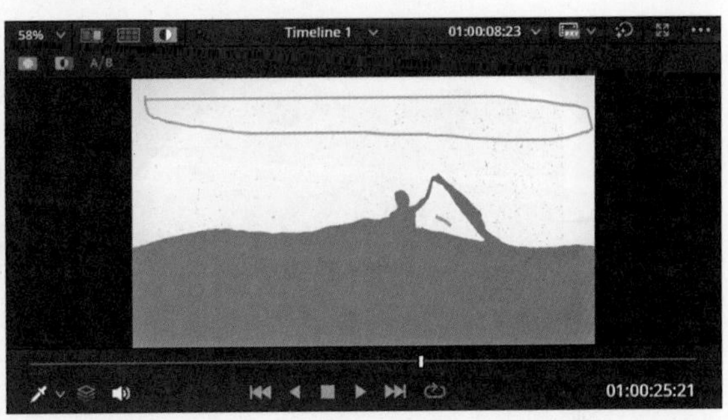

图6-97

11 展开特效库面板，把“天空替换”效果器拖到节点面板的输出连线上，然后把节点02的遮罩通道连接到节点03上。在特效库面板中，依次将“天空不透明度”参数设置为1，“天空颜色”为设置红绿蓝=144、216、216，“地平线颜色”设置为红绿蓝=211、178、48，继续依次将“地平线柔和度”参数设置为0.85，“地平线高度”参数设置为0.45，如图6-98所示。

12 继续依次将“云彩不透明度”参数设置为0.1，“云彩缩放”参数设置为1.5，“太阳热区亮度”参数设置为3，“太阳热区位置X”参数设置为0.6，“太阳热区位置Y”参数设置为0.5，“太阳热区大小”参数设置为0.2，“太阳热区颜色”设置为红绿蓝=244、113、73，如图6-99所示。

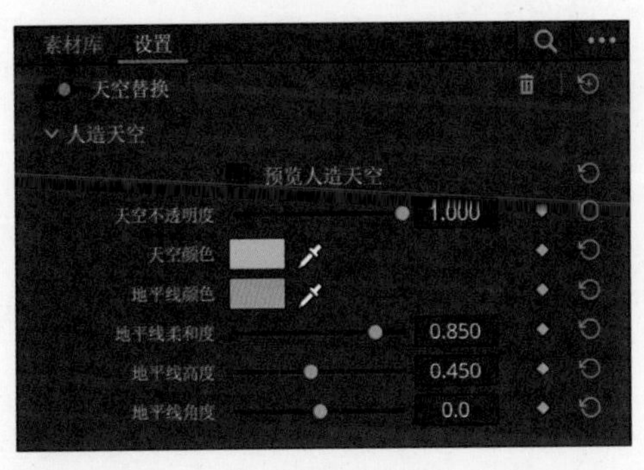

图6-98

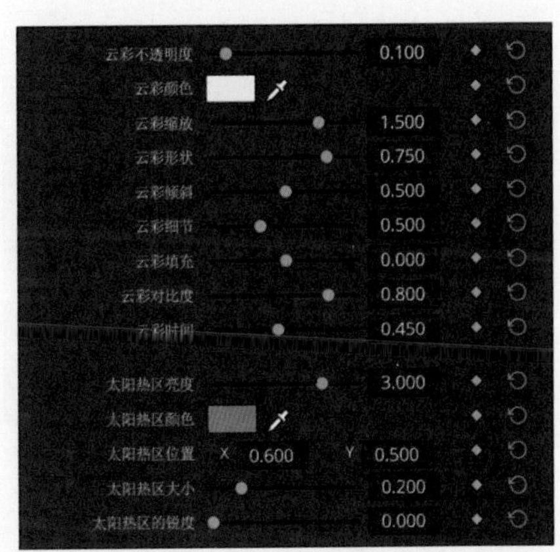

图6-99

当前景的光影方向发生变化，或者需要让太阳移动位置时，为“太阳热区位置”参数设置关键帧动画即可。

13 创建一个串行节点，在色轮面板中依次将“中间调细节”参数设置为100，“色彩增强”参数设置为25。拖曳“暗部”色轮下方的旋钮，把所有参数设置为-0.03。拖曳“中灰”色轮下方的旋钮，将所有参数设置为0.03，然后把红色通道的参数设置为0.05。换天空前后的对比效果如图6-100所示。

图6-100

6.8 轻松实现美颜瘦脸效果

专业的相机和摄像机通常不具备美颜功能。如果想要实现类似手机美颜的美白、磨皮、瘦脸等效果，就需要借助后期软件进行处理。本节将介绍利用DaVinci Resolve 19为视频中的人物进行美颜瘦脸的方法。

01 在剪辑页面中导入素材，把素材插入时间线后，进入调色页面。展开特效库面板，把“面部修饰”效果器拖到节点面板的输出连线上创建节点。在特效库面板中单击⇄按钮，DaVinci Resolve 19会自动检测画面中的五官和面部轮廓参考线，并进行跟踪计算，如图6-101所示。

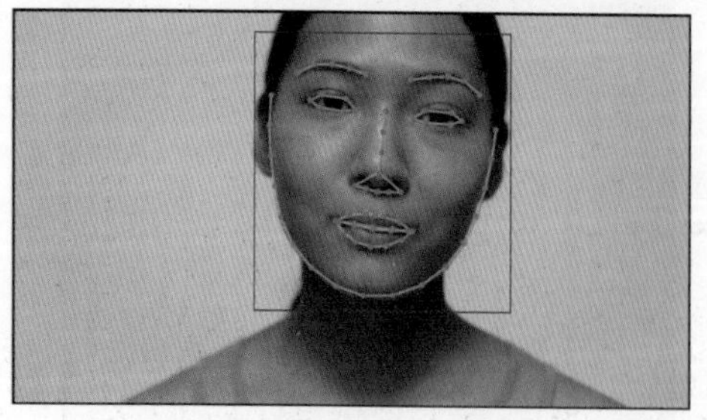

图6-101

提示 Point out

如果画面中有多个人物，我们可以单击“检测画幅中的人脸”按钮，选中一个方框让其变成绿色后进行跟踪计算。计算完成后再次创建一个节点，继续利用“面部修饰”效果器对另一张人脸进行跟踪计算。

02 取消勾选“显示叠加元素”复选框，展开“皮肤隔离”卷展栏，勾选“显示遮罩”复选框。接下来，取消勾选“限制面部区域”复选框，这样可以选中所有裸露出来的皮肤。继续勾选“排除嘴部”复选框，当前的选区如图6-102所示。

03 为了更好地查看调整效果，我们先选中节点01，单击工具条上的按钮切换到模糊面板，将所有“半径”参数设置为0.4。再次选中面部修饰节点，展开“皮肤纹理”卷展栏。在大多数情况下，把“程度”和“缩放”参数设置为1，即可实现磨皮祛斑的效果。如果效果不够理想，可以在“操作模式”下拉菜单中选择“磨皮”，依次将“磨皮”参数设置为0.3，“细节大小”参数设置为0.1，“细节”参数设置为0.8，这样可以在磨皮的同时保持更多皮肤细节。两种磨皮方式的对比效果如图6-103所示。

图6-102

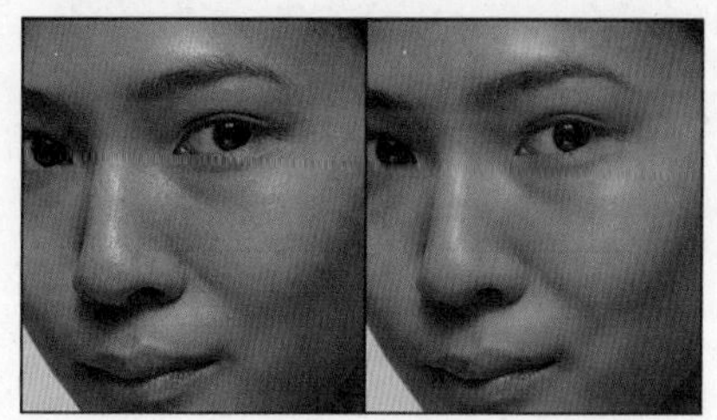

图6-103

04 如果片段中的人物皮肤缺乏立体感和细节，还可以在“操作模式”下拉菜单中选择“高级美颜（磨皮）”，然后通过“添加纹理”参数增加更多细节，如图6-104所示。

05 接下来调整肤色，把示波器切换成矢量图，作为调整肤色时的依据。展开“皮肤调色”卷展栏，依次将“中间调”参数设置为0.05，“色彩增强”参数设置为0.2，“色调”参数设置为-0.1，“去油光”参数设置为0.3，如图6-105所示。

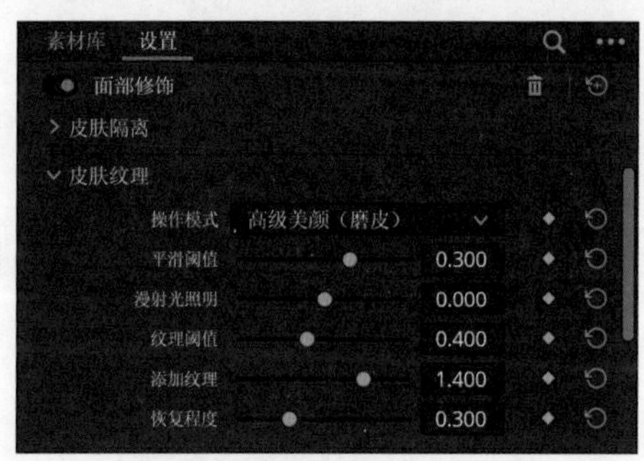

图6-104

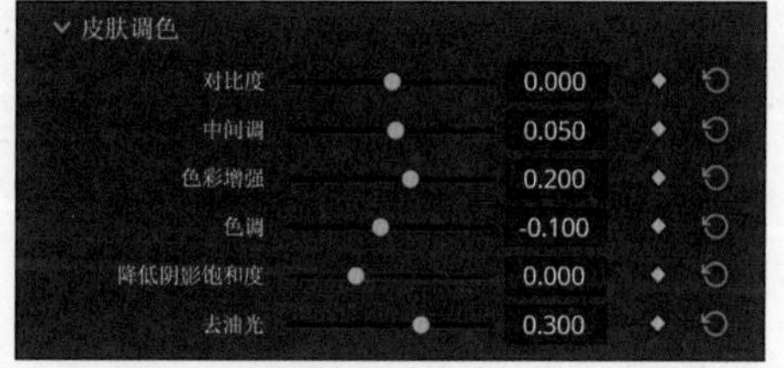

图6-105

06 面部修饰效果器还可以给人物添加美妆效果。展开“眼影”卷展栏，依次将“上部色相”参数设置为 0.15，“上部大小”参数设置为1，“柔化上部”参数设置为1.5。展开“眼睛修饰”卷展栏，依次将“锐化”参数设置为0.5，“亮度”参数设置为0.2，“去眼袋”参数设置为0.05。

07 展开“嘴唇修饰”卷展栏，依次将“色相位移”参数设置为0.06，“饱和度”参数设置为0.3，“Gamma”参数设置为0.9。继续依次将“嘴角内收”参数设置为0.3，“嘴角外放”参数设置为1.1，“上唇内收”参数设置为0.1，“下唇内收”参数设置为0.7，“柔和度”参数设置为2。展开“前额修饰”卷展栏，依次将“Gamma”参数设置为1.15，“平滑度”参数设置为0.5。美妆效果如图6-106所示。

08 再次创建一个串行节点，利用该节点给人物瘦脸。切换到跟踪器面板，单击fx+按钮后，再单击4次按钮，在检视器中把创建的4个十字标记移动到眼睛、鼻子和嘴的位置，如图6-107所示。

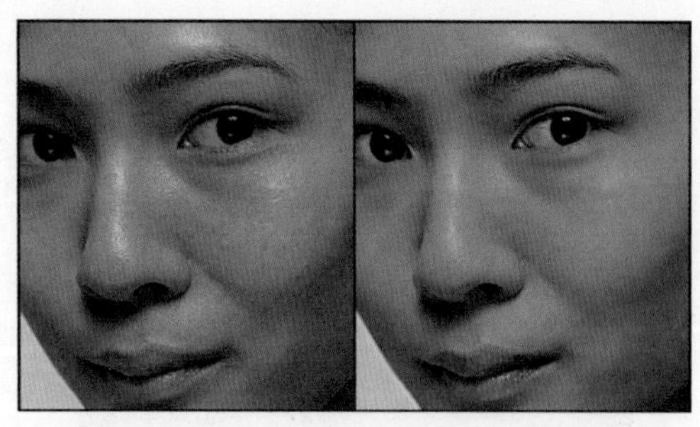

图6-106

图6-107

09 在跟踪器面板右下角的下拉菜单中选择Intelli Track，然后单击⇄按钮进行跟踪计算。展开特效库面板，把“变形器”效果器拖到节点面板的最后一个节点上。把播放器拖到8秒20帧处，按住Shift键，在检视器面板的眼睛、鼻子和嘴角处单击，创建不受变形器影响的控制点，然后在脸的周围创建控制点，如图6-108所示。

10 在特效库面板的“变形限制”下拉菜单中选择“边缘”，然后在面颊上单击，创建3个白色圆点，拖动这3个点即可调整脸型，如图6-109所示。

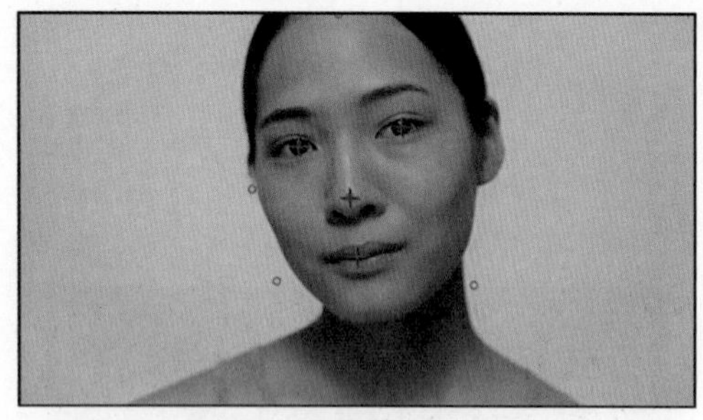

图6-108

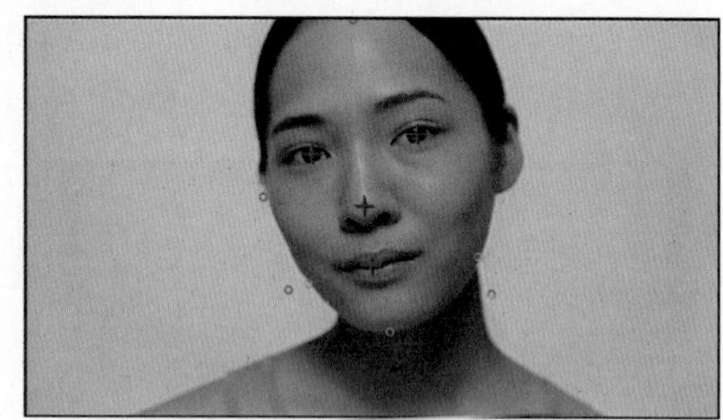

图6-109

按住Alt键后单击控制点，就能把这个控制点删除。

11 在特效库面板中展开“点的位置”卷展栏，单击“手动关键帧”右侧的◆按钮创建关键帧。拖曳播放头查看不同帧的瘦脸效果，如果某些画面出现变形，可以在检视器中调整控制点的位置，然后再次单击◆按钮，如图6-110所示。

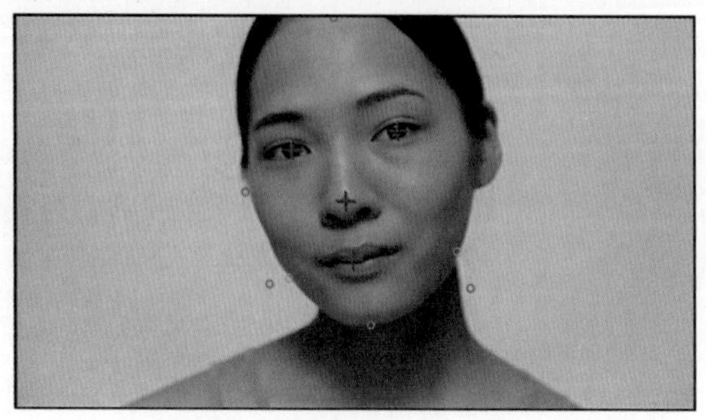

图6-110

DAVINCI RESOLVE 19

达芬奇

视频剪辑与调色

第 7 章

Fairlight页面：合成处理音频效果

音频是视频作品中的重要元素。对于某些类型的视频来说，音频甚至比画面更为重要。DaVinci Resolve 19在Fairlight页面中提供了丰富的音频处理工具，其功能不逊色于专业的音频处理软件。本章将介绍在 Fairlight页面中处理音频的方法。

7.1 页面布局和语音录制

默认的Fairlight页面从上至下分为音频表面板、工具条、时间线面板和调音台面板，如图7-1所示。

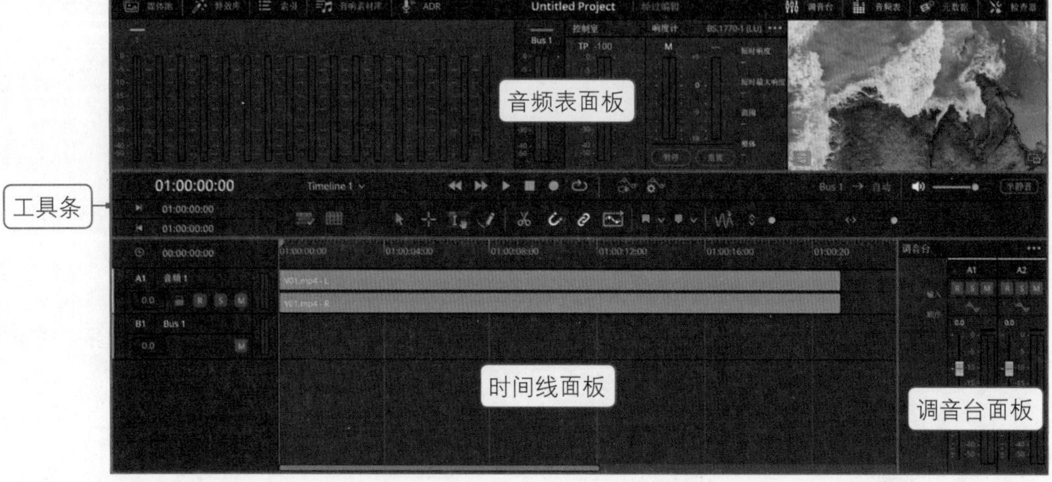

图7-1

语音录制的具体步骤如下：

01 在快编页面中导入素材，把媒体池里的V01素材插入时间线。切换到Fairlight页面。如果需添加更多音频素材，可直接在页面左上角展开媒体池面板，将A01素材拖曳至时间线面板。拖动工具条右侧的第二个滑块可缩放音频片段缩略图的长度，拖曳第一个滑块则可调整缩略图的高度，进而显示出音频波形图，如图7-2所示。

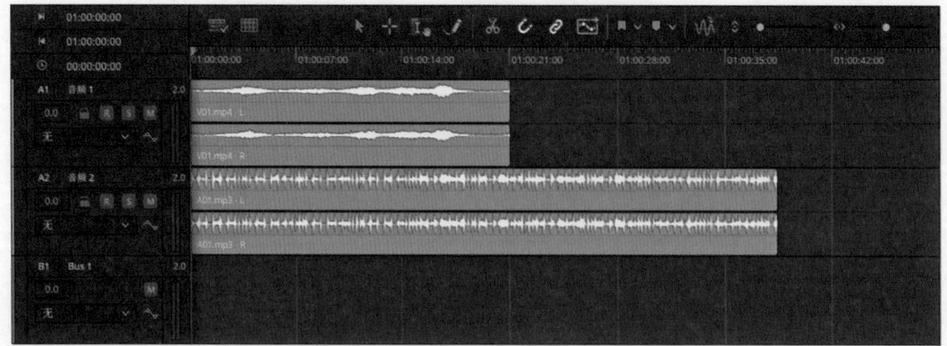

图7-2

提示 Point out

我们也可以在时间线左侧的面板上拖曳轨道边框，单独调整某个轨道的缩略图高度。

02 按上、下箭头把播放头跳转到“A1”轨道的出点位置，单击工具条上的✂按钮分割所有片段，接下来删除A2轨道上分割出来的第二个片段。

03 按空格键回放项目，在音频表面板的左侧可查看所有音频轨道的电平大小。音频表面板中的Bus电平对应时间线面板中的Bus轨道，该轨道的作用是把所有音频轨道合并为一个整体进行处理和输出，如图7-3所示。

图7-3

提示 Point out

我们可以通过电平上的波形颜色来判断音频片段的声音大小，如果波形始终显示在绿色区域内，表示音量处于正常范围。黄色波形是音量的最佳范围，既不过高也不过低。出现红色波形表示音量过高，需要进行控制。

04 若需降低A1轨道上的海浪声音，第一种方法是在该轨道片段的缩略图中上下拖动波形中央的白线，如图7-4所示。此外，也可展开“检查器”面板，利用“音量”参数精确控制音量。

05 更便捷的方法是在调音台面板中拖动A1轨道的推子调整音量，如图7-5所示。需要注意的是，调音台调整音量不会改变片段缩略图上的波形大小。在时间线左侧的面板上也可查看每个轨道的推子数值。

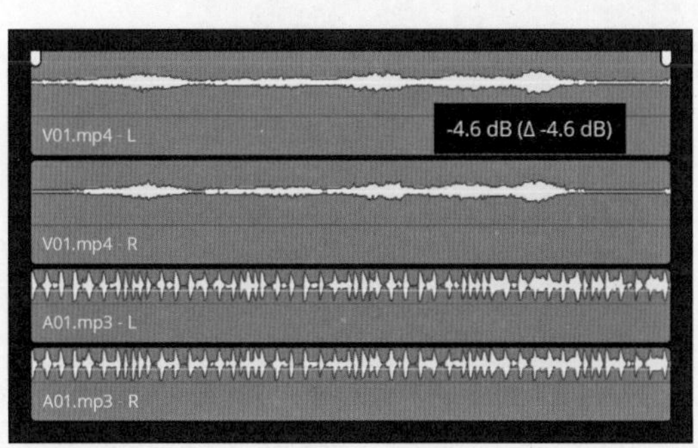

图7-4

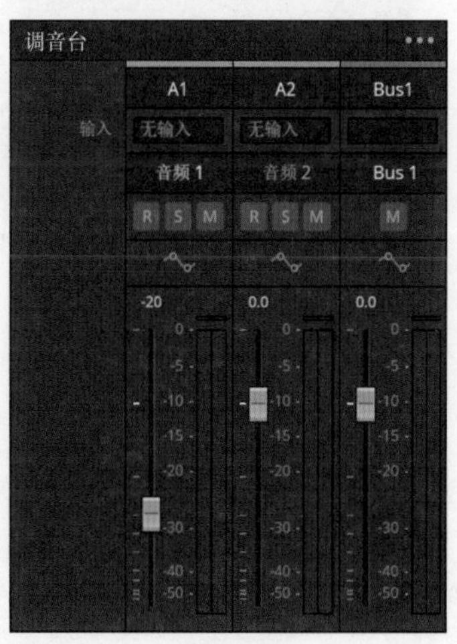

图7-5

06 录制语音时，先在时间线左侧的面板上右击，在弹出的快捷菜单中选择“添加轨道/ Stereo”命令，创建立体声轨道。接下来拖动调音台面板左侧的边框，显示新创建的轨道。单击A3轨道上的“无输入”按钮，在弹出的菜单中选择“输入”命令，如图7-6所示。

提示 Point out

在时间线左侧的面板上右击，在弹出的快捷菜单中选择“添加轨道/Mono”命令，可以创建单声道的音频轨道。

07 在打开的窗口左侧选中输入设备的两个通道，窗口右侧显示语音将录制到哪个轨道上。单击“分配”按钮后关闭窗口，如图7-7所示。

图7-6

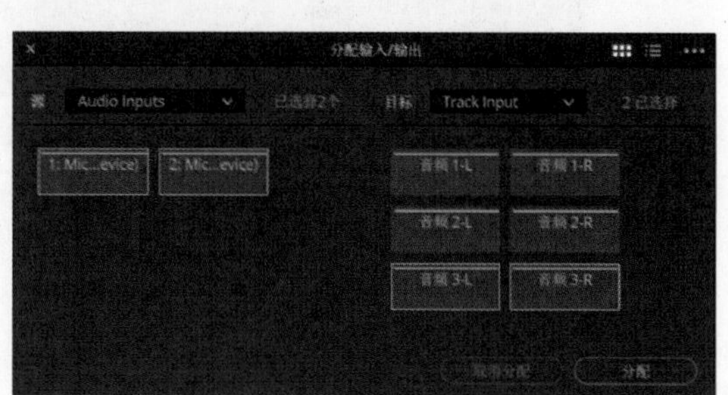

图7-7

08 接下来在时间线左侧的面板上单击A3轨道上的R按钮准备录音，把播放头拖到开始录音的时间点，然后单击工具条上方的●按钮开始录音，如图7-8所示。录制完成后单击■按钮结束录制。

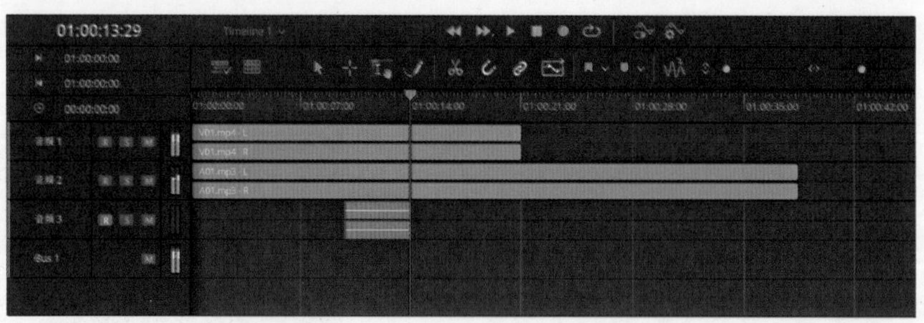

图7-8

09 若需要重新录制视频素材中噪声严重或含糊不清的语音，可以在页面左上方切换到ADR面板。首先单击“设置”选项卡，在“记录轨道”下拉菜单中选择录制轨道，在“记录源”下拉菜单中选择录音设备，如图7-9所示。

提示 Point out

ADR面板中的“预卷”和“续卷”参数可以分别在记录音频前和记录音频后播放一段视频画面，帮助录制者进入状态。例如把“预卷”参数设置为3，开始录音后播放头会从3秒前的画面开始回放，让录制者知道前几秒的画面内容。

10 接下来在“角色设置”中单击“添加”按钮，输入所有对白角色的名字，如图7-10所示。

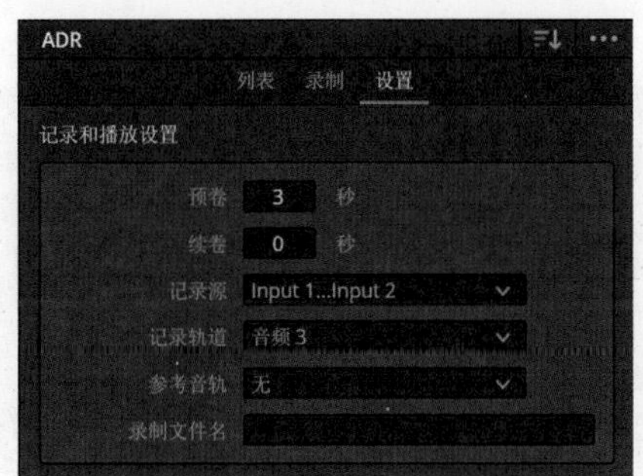

图7-9

图7-10

11 单击ADR面板中的“列表”选项卡，把时间线上的播放头拖到第一段对白的开始处，在ADR面板的文本框中输入脚本文字，在“角色”下拉菜单中选择对应的角色名字后单击“新提示”按钮，如图7-11所示。文本框上方会显示这段语音的入点和出点时间，入点时间由单击“新提示”按钮时的播放头位置决定，出点时间默认为入点时间加5秒。可根据实际情况修改每段语音的出点时间。

12 输入完所有对白后进入“录制”选项卡，在面板下方的列表中选中一段文本，播放头将跳至开始录制的位置，页面右上角的检视器中也会显示对白文本。随后可单击●按钮开始录音，单击■按钮结束录音，如图7-12所示。

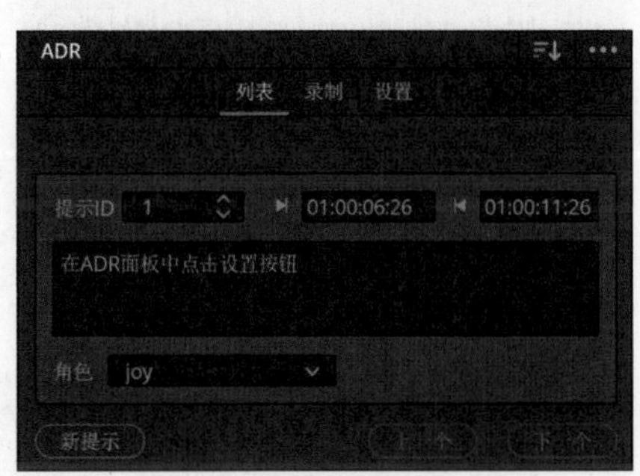

图7-11

图7-12

13 如果某段语音读错了，可直接单击●按钮重新录制一个版本，然后单击列表中的星标选择使用哪个版本的语音，如图7-13所示。

图7-13

提 示 Point out

配音时为了方便查看文本，我们可以单击检视器右下角的▭按钮，将其切换成浮动模式，然后拖曳浮动窗口的右下角调整窗口大小。

14 执行“显示”菜单中的“显示音轨层”命令，即可查看所有版本的音轨。把正确版本的音轨拖至最上层，回放时将采用该语音，如图7-14所示。

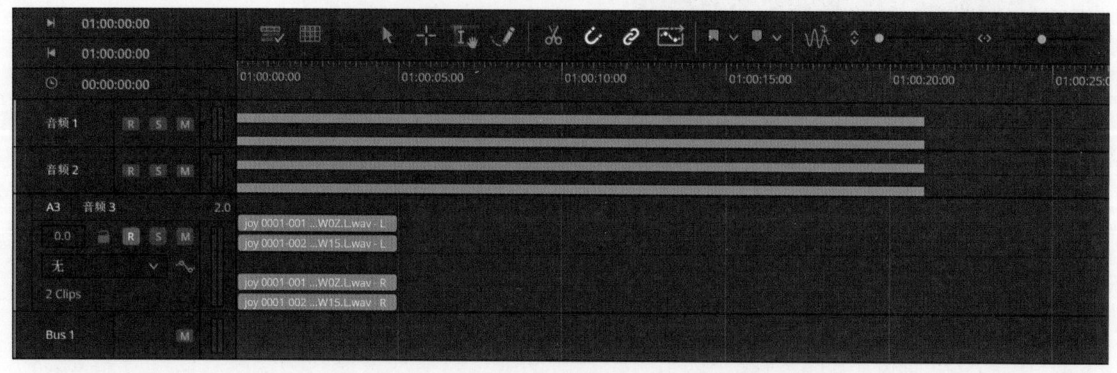

图7-14

> **提示** Point out
> 回放语音时可以在时间线左侧的面板上单击S按钮，回放时可以只播放这个音轨的声音；单击“M”按钮，则是让音轨静音。

7.2 调整项目的音量大小

响度是人耳感知音量大小的指标，它与我们通常用来评价声音大小的音量是完全不同的概念。音量是一个相对值，比如手机和大功率音响能产生的最大音量显然不同，且播放设备的音量大小可通过按键或旋钮调节。而响度则是制作数字音频时设定的绝对值，听众无法更改。由于视频剪辑属于数字制作过程，因此剪辑时应以响度这个绝对值作为标准，而无须考虑观众使用何种设备播放或将音量调整到多大。调整项目音量的操作步骤如下：

01 继续使用上一节的项目，音频表面板右侧的“控制室”电平显示所有轨道电平值的总和，“响度计”中的电平则显示所有轨道电平相加后的响度值，如图7-15所示。

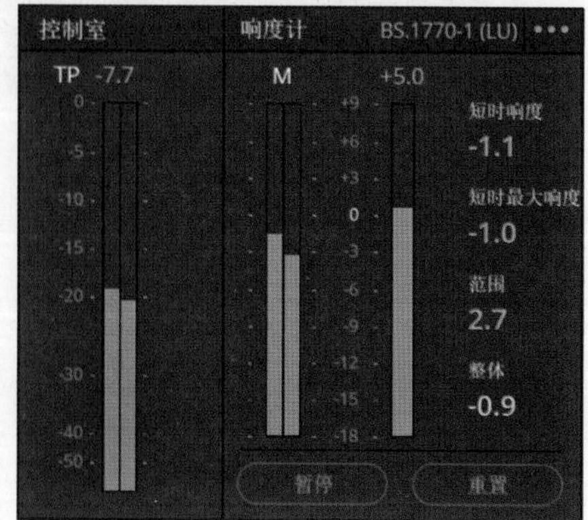

图7-15

02 单击页面右下角的⚙按钮，打开“项目设置”窗口，在窗口左侧单击Fairlight选项，将“目标响度电平”参数设置为-15LUFS，如图7-16所示。

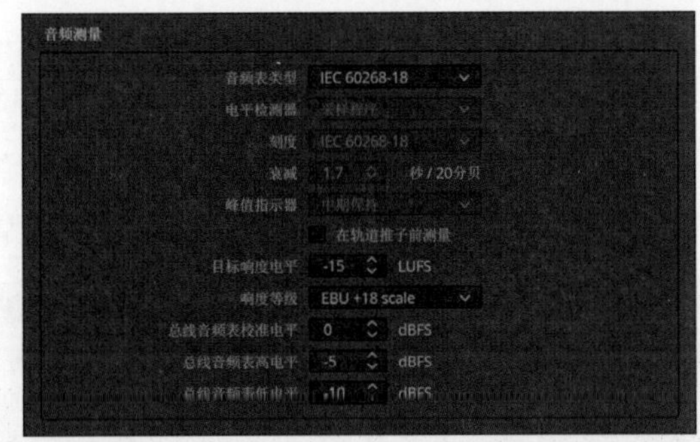

图7-16

提示 Point out

响度值的大小需要根据播放视频的平台来决定，不同平台采用的响度标准不同，比如Netflix的响度标准是-27LUFS，YouTube的响度标准是-14LUFS，国内网络视听平台响应的国家推荐标准是-15LUFS。经过测试，各短视频平台和在线视频平台的平均响度在-15LUFS和-17LUFS之间，如果我们上传的作品响度不符合平台标准，上传后也会被平台重新压制到-15LUFS左右。如果不希望自己上传的作品声音太小，或者响度被压制太多，就要在剪辑或输出视频时按照-15LUFS的标准控制响度。

03 当项目中存在多个音频片段时，这些片段的响度可能不同。按【Ctrl+A】快捷键选中所有音频片段，在任意片段上右击，在弹出的快捷菜单中选择“归一化音频电平”命令。在打开窗口的“归一化模式”下拉菜单中选择ITU-RBS.1770-4，设置“目标响度”为-15LKFS后单击“归一化”按钮，如图7-17所示。

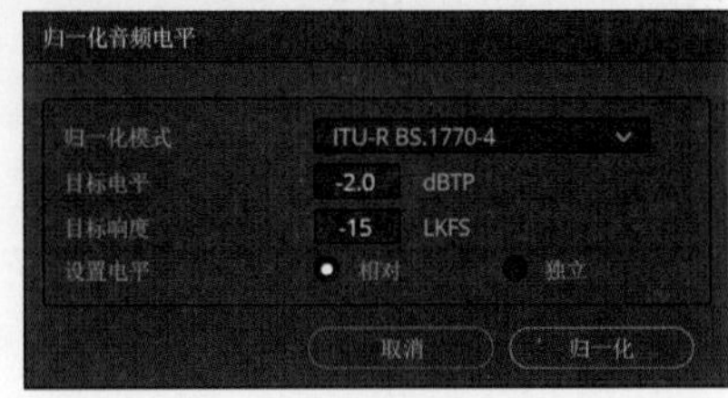

图7-17

04 单击音频表面板右上角的•••按钮，在弹出的菜单中勾选“绝对比例”复选框。再次单击•••按钮，选择最常用的BS.1770-4标准。按空格键回放一遍项目，响度计将统计出不同的响度值，通常以“整体”数值作为调整响度的主要依据，如图7-18所示。

05 当前响度值低于目标响度，可在调音台面板中把Bus1轨道的滑块拖曳到+4.6处，重新回放项目，响度值就达到了-15LUFS、±2LUFS的目标范围内，如图7-19所示。

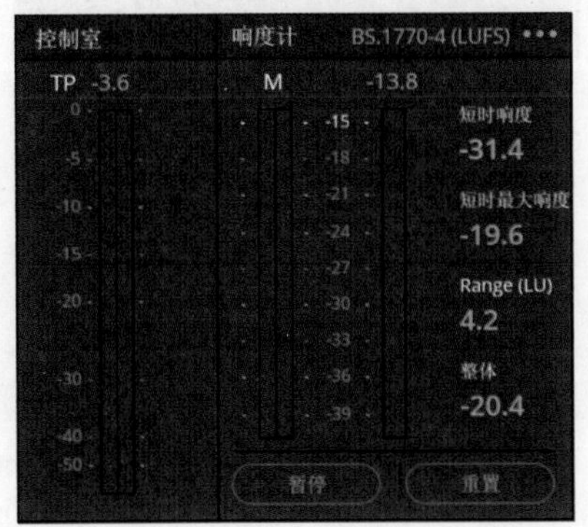

图7-18

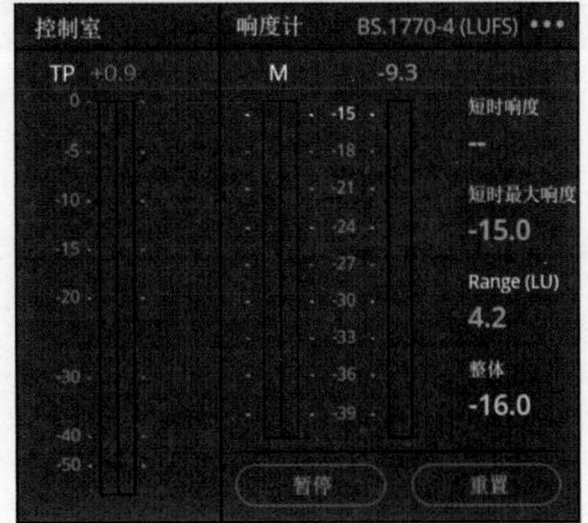

图7-19

06 拖曳Bus1轨道下方的边框，显示出更多选项控件。打开Loudness History开关后勾选Integrated、Momentary和Short Term复选框，重新回放项目，即可看到3条曲线，如图7-20所示。Momentary曲线显示音频实时的响度变化，Short Term曲线显示几秒内的平均响度值，Integrated显示整段音频的平均响度值，对应响度计中的“整体”参数。

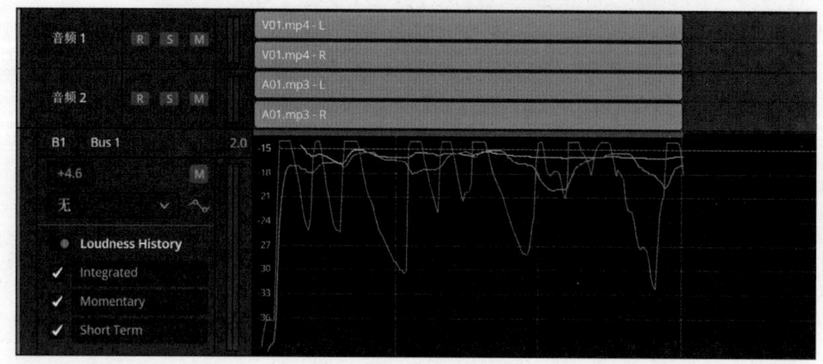

图7-20

07 如果每次在调音台中进行混音调节后都需回放项目，让响度计重新计算整体响度值，这样的操作会非常耗时。可执行“时间线”菜单中的“将混音并轨至轨道”命令，在打开窗口的“目标轨道”下拉菜单中选择“新轨道”后单击OK按钮，如图7-21所示。这样即可将Bus轨道的输出内容并轨至新建轨道。

08 接下来在新建轨道上右击，在弹出的快捷菜单中选择“分析音频电平”命令，在打开的窗口中选择ITU-RBS.1770-4后单击“分析”按钮，即可立刻获得真实峰值和整体响度值，如图7-22所示。

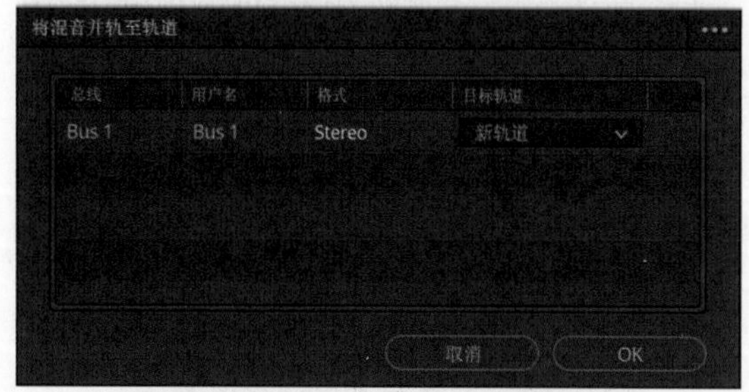

图7-21

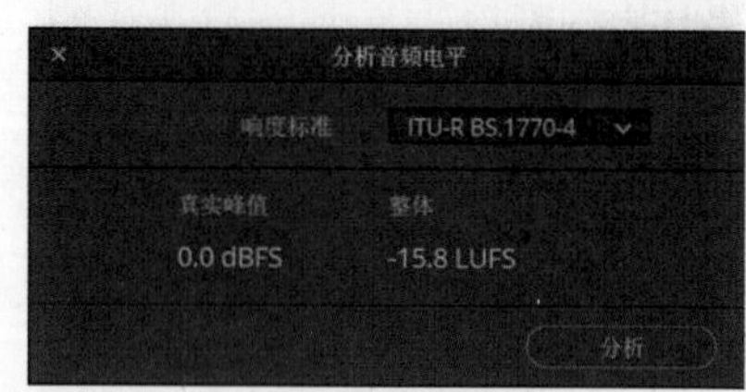

图7-22

7.3 让音乐自动回避语音

项目中如果同时包含语音和背景音乐，我们需要在人物说话时降低背景音乐的音量，而在人物不说话时提升背景音乐的音量。DaVinci Resolve 19专

门为此需求新增了一个功能——让音乐自动回避语音。除了让音乐自动回避语音以外，本节还将介绍利用压缩器让音乐和语音的音量更稳定，听起来更饱满和清晰的方法。

01 在剪辑页面中导入素材，先把V01素材插入时间线，然后把A01和A02素材插入音频轨道。把A2轨道的出点和V1轨道的出点对齐，如图7-23所示。

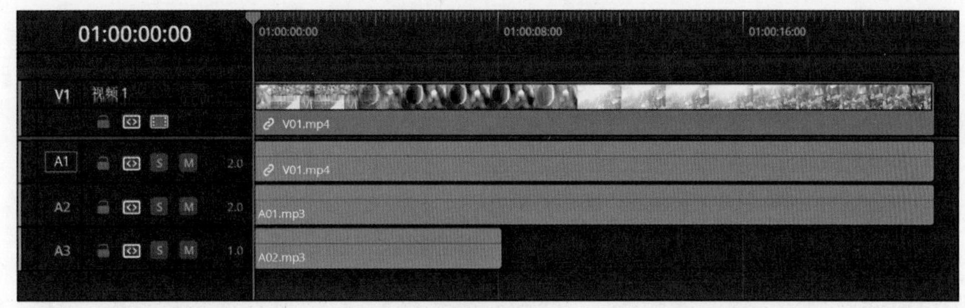

图7-23

02 切换到Fairlight页面，在时间线面板上单击A1轨道上的M按钮，让视频的内置音频静音。接下来，我们需要把所有音频调整到合适的响度，框选A2和A3轨道上的片段，在任意片段上右击，在弹出的快捷菜单中选择“归一化音频电平”命令。在打开的窗口中，从“归一化模式”下拉菜单中选择ITU-RBS.1770-4，将“目标响度”设置为-16LKFS，单击“独立”单选按钮后单击“归一化”按钮，如图7-24所示。

03 在A2轨道的片段上右击，在弹出的快捷菜单中选择“分析音频电平”命令，在打开的窗口中单击“分析”按钮后，可以看到背景音乐的整体响度为-15.9LUFS，这对背景音乐来说是合适的响度。使用相同的方法分析A3轨道上的音频响度，结果是-17.6LUFS。

04 展开“检查器”面板，选中A3轨道上的片段后，将“音量”参数设置为4。再次分析A3轨道上的音频响度，结果是-15.7LUFS，如图7-25所示。接下来，把A3片段的入点拖到6秒15帧处。

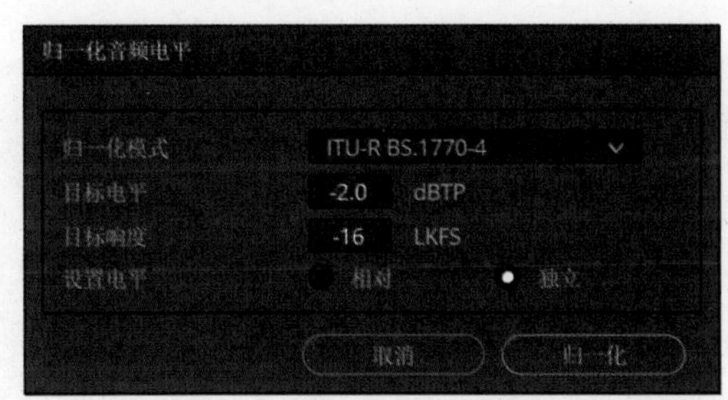

图7-24

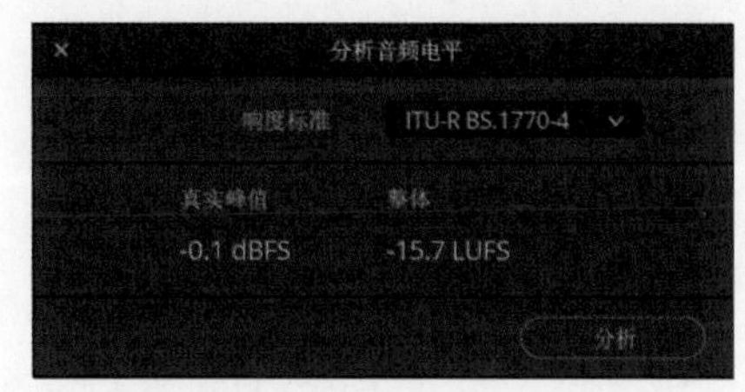

图7-25

05 当需要精确匹配音频和画面内容时，可以单击工具条上的按钮，开启“显示视频滚动条”和“显示视频滚动条1”。然后，在时间线下方的“显示”下拉菜单中选择“A3－音频3”，如图7-26所示。

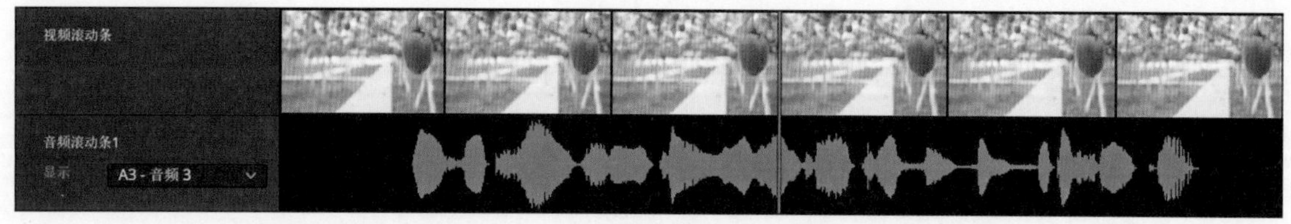

图7-26

06 接下来，开始进行语音回避设置。展开“检查器”面板后，在时间线左侧的面板上单击A2轨道，在“检查器”面板中启用Ducker，然后在“源”下拉菜单中选择“音频 3”，也就是让轨道2上的背景音乐回避轨道3上的语音，如图7-27所示。

07 单击Ducker开关右侧的☰按钮，打开设置窗口，把Duck Level参数设置为10，如图7-28所示。该参数的数值越高，闪避后的背景音乐声音越小。

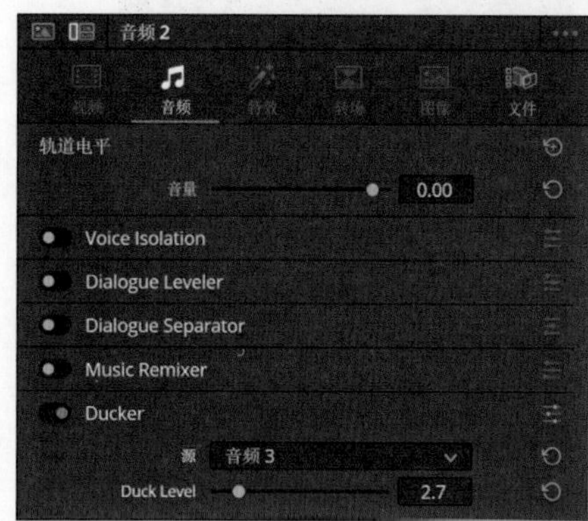

图7-27

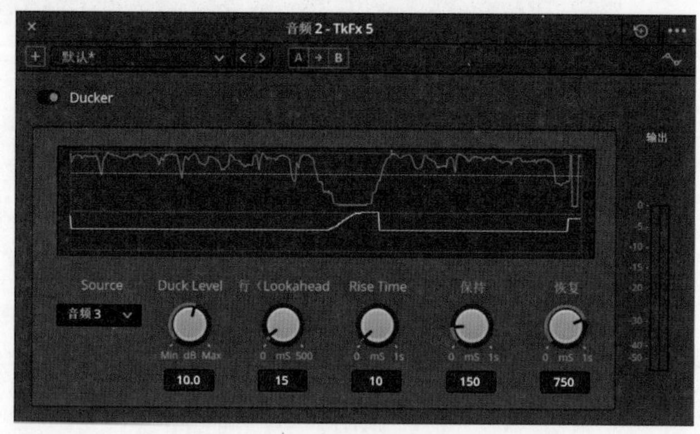

图7-28

在快编页面和剪辑页面的“检查器”面板中，在轨道名称区域单击后也能使用这些音频功能。

08 现在回放项目，发现虽然语音开始后，背景音乐会自动降低音量，但在两句话之间的短暂停顿处，背景音乐的音量也会提高。把“保持”参数设置为800，即可在0.8秒的停顿时间内始终保持语音回避状态。继续把Rise Time参数设置为300，以增加回避启动的时间，让音量变化的过渡更加平滑，如图7-29所示。

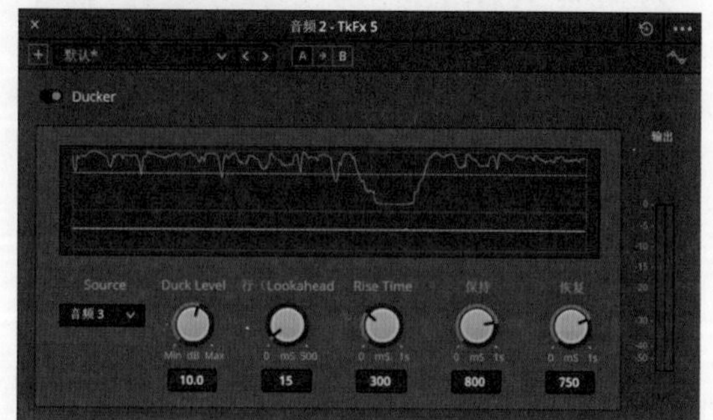

图7-29

我们可以单击窗口左上角的+按钮，把当前的设置保存为默认设置。

09 在Bus1轨道面板上开启Loudness History，勾选Integrated、Momentary和 Short Term复选框后重新回放项目。可以看到，虽然整体响度在正常范围内，但部分Momentary波形会超出目标响度，如图7-30所示。

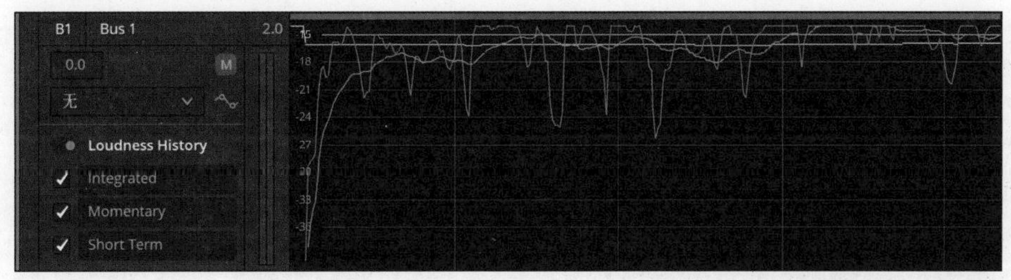

图7-30

10 接下来，我们使用压缩器来减小声音的动态范围。在调音台面板中双击Bus1轨道上的“动态”曲线，在打开的窗口中开启“压缩器”开关。压缩器中最关键的是“阈值”和“比例”参数。阈值参数表示响度超过多少后开始压缩，这里可以保持设置好的-15LUFS不变。比例参数用来设置超过阈值的响度被压缩的程度，我们把数值设置为4.0:1，即将超出部分压缩到原来的四分之一，如图7-31所示。

图7-31

11 再次回放项目，Momentary波形的范围被压缩变窄，全部被控制在目标响度范围内，如图7-32所示。

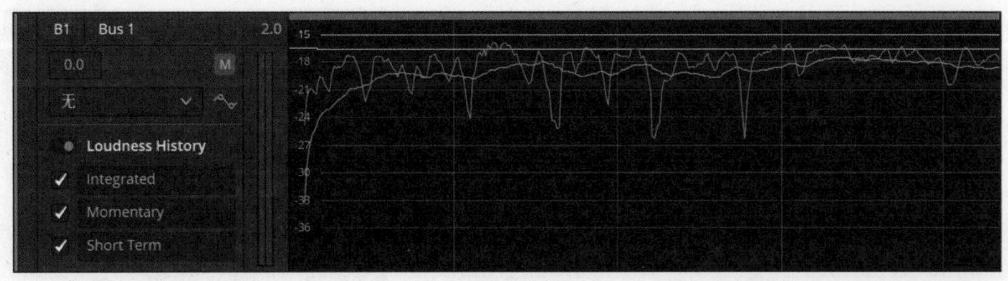

图7-32

12 由于波形被压缩，整体响度也会有所降低。我们可以把“补偿”推子设置为2，以提高整体响度，如图7-33所示。

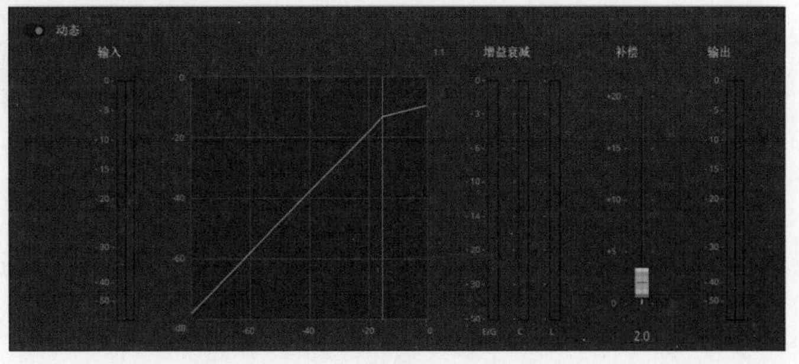

图7-33

13 最后，为背景音乐设置声音逐渐减小的淡出效果。把光标移到A2轨道的缩略图上，拖曳缩略图右上方的滑块以设置淡出时长，拖曳白色圆点还可以调整淡出的插值曲线，如图7-34所示。

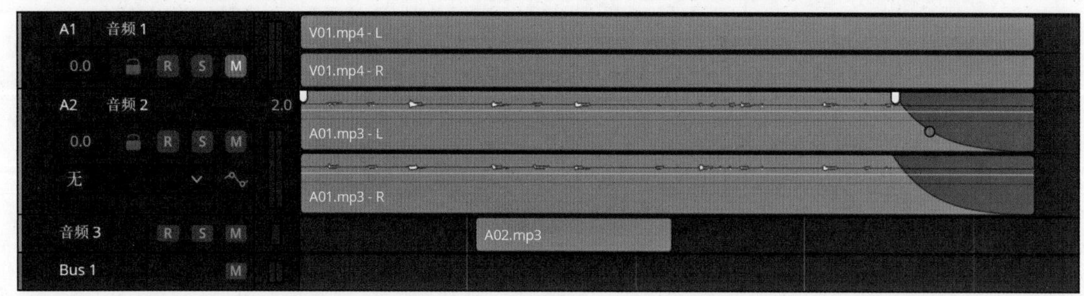

图7-34

7.4 音轨分离和噪声去除

DaVinci Resolve 19中新增了很多基于AI算法的音频处理功能。利用这些新增加功能，可以非常轻松地重新混音或去除音频中的噪声。除了操作更加方便外，在AI功能的加持下，即使使用普通的麦克风和手机录音，也能获得非常理想的音频效果。

01 在剪辑页面中导入素材，把A01素材插入时间线，然后切换到Fairlight页面。这是一段用手机录制的音频，回声和环境噪声都很大。展开“检查器”面板，在时间线左侧的面板上单击A1轨道，然后在“检查器”面板中激活Dialogue Separator开关，勾选Mute Background和Mute Ambience复选框，即可消除回声和环境噪声，如图7-35所示。

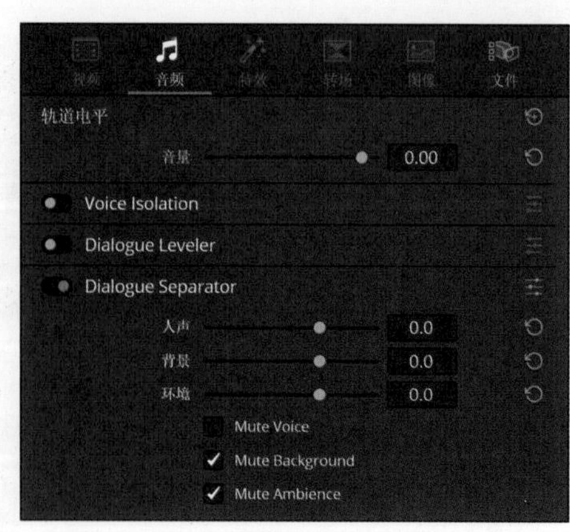

图7-35

02 我们也可以单击Dialogue Separator开关右侧的按钮，打开控件的设置窗口，单击“人声”和“环境”的Mute按钮，按空格键即可收听音频中的背景噪声，Mute上方的参数可以放大或降低背景音的音量，如图7-36所示。

提示 Point out

Dialogue Separator和上一节中使用的Ducker功能只能应用到整个轨道上，而不能应用到某个单独的音频片段上，所以不需要开启这两个功能的素材不要放到同一条轨道上。

03 在“检查器”面板中关闭Dialogue Separator开关，然后把轨道上的片段删除。展开媒体池面板，把A02素材拖曳到A1轨道上。在轨道名称面板的空白处单击，然后在“检查器”面板中打开Voice Isolation开关，音频中的背景音乐即被消除，只留下人声。

04 单击片段缩略图后，在“检查器”面板中也能看到Dialogue Separator开关，如图7-37所示。这说明该功能既能作用于整个轨道，也能作用于单独的片段。

图7-36

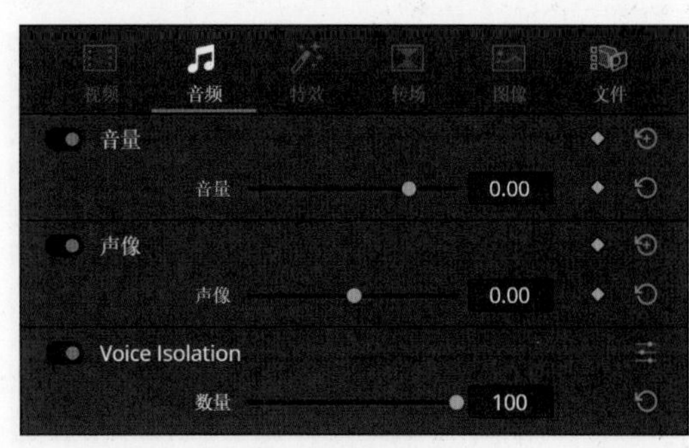

图7-37

05 有时，Voice Isolation消除背景音乐后可能会残留一些杂音。此时，只需启用Dialogue Separator功能，并勾选Mute Background和Mute Ambience复选框，即可彻底消除背景音乐，如图7-38所示。

提示 Point out

或许是达芬奇的漏洞，时间线上有些音频的波形显示不全。遇到这种情况，我们可以在剪辑页面的音频片段上右击，在弹出的快捷菜单中选择“新建符合片段”命令，就能正确加载波形。

06 在“检查器”面板中关闭所有开关后，把轨道上的片段删除。展开媒体池面板，把A03素材拖曳到A1轨道上。选中片段缩略图，在“检查器”面板中开启Music Remixer开关后单击☰按钮。在打开的窗口中，只需单击“人声”下方的Mute按钮，即可去除歌曲中的人声，只保留伴奏，如图7-39所示。

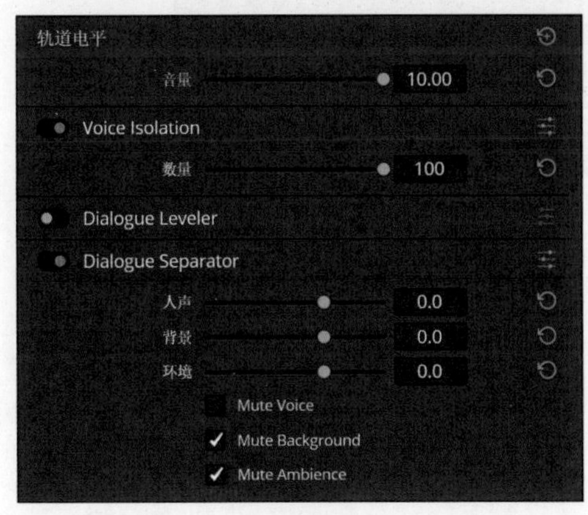

图7-38

图7-39

07 单击除“鼓”以外的所有Mute按钮，即可把歌曲中的鼓声单独提取出来，如图7-40所示。通过调整不同乐器的音量值，还可以实现重新混音的效果。

08 把轨道上的片段删除，展开媒体池面板，把A04素材拖曳到A1轨道上。单击调音台面板右上角的•••按钮，执行Track FX命令。把光标移到A1轨道的Voice Isolation按钮上，单击该按钮，这样不用展开“检查器”面板即可开启语音隔离功能，如图7-41所示。继续在调音台上启用Dialogue Separator功能，然后打开设置窗口，单击“背景”和“环境”的Mute按钮。

图7-40

图7-41

09 单击“特效”上的+按钮，在弹出的菜单中执行“Restoration/Noise Reduction”命令，添加降噪效果器。在打开的窗口中单击“自动语音”单选按钮，即可进一步去除剩余的噪声，如图7-42所示。

图7-42

10 即使放大音量，仍可能听到一些呼吸声和短促的爆破音。在调音台面板中双击A1轨道上的“动态”曲线，在打开的窗口中开启“压缩器”开关，依次将“阈值”参数设置为-15，“比例”参数设置为4.0:1，如图7-43所示。

11 继续开启“扩展器/门限器”开关，然后开启“门限器”开关。依次将“阈值”参数设置为-25，“范围”参数设置为27，这样即可过滤掉低响度的噪声和呼吸声，如图7-44所示。

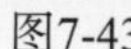
图7-43

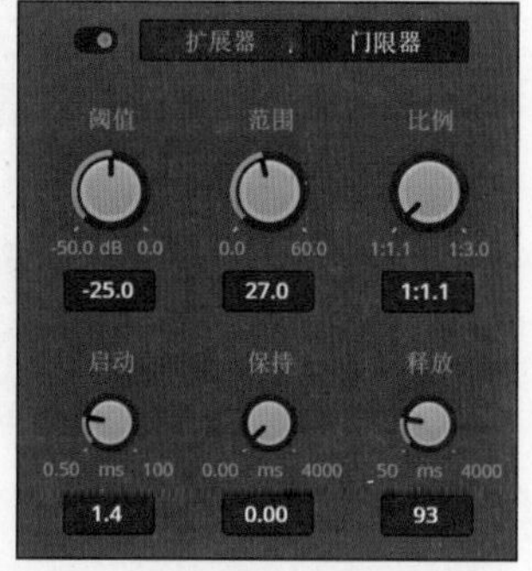

图7-44

12 把“补偿”推子设置为1.5，即可得到足够清晰、干净的语音，如图7-45所示。

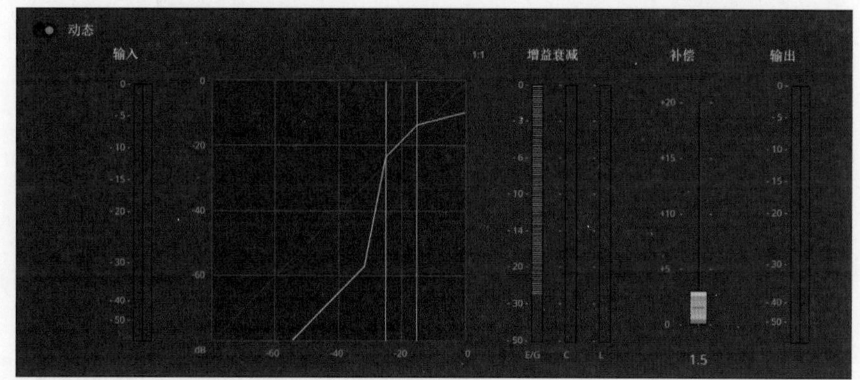

图7-45

13 接下来，利用均衡器功能调整音频的音色。在调音台面板中双击A1轨道上的“均衡器”曲线，在打开的窗口中开启Band1和“Band6开关。依次将Band1中的“频率”参数设置为100，Band6中的“频率”参数设置为12.0K，以切除过高和过低的声音频率，如图7-46所示。

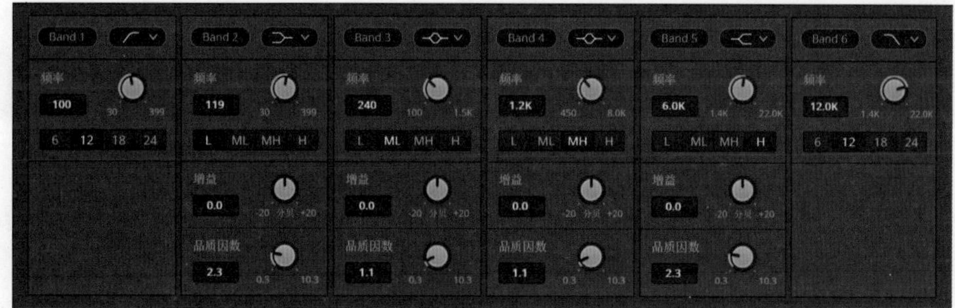

图7-46

14 把Band3和Band4的“品质因素”设置为10.3，然后将Band3的“增益”参数设置为14。按空格键回放项目，在回放过程中调整“频率”参数，让曲线窗口中的③标记左右移动，扫描不同的频率，如图7-47所示。

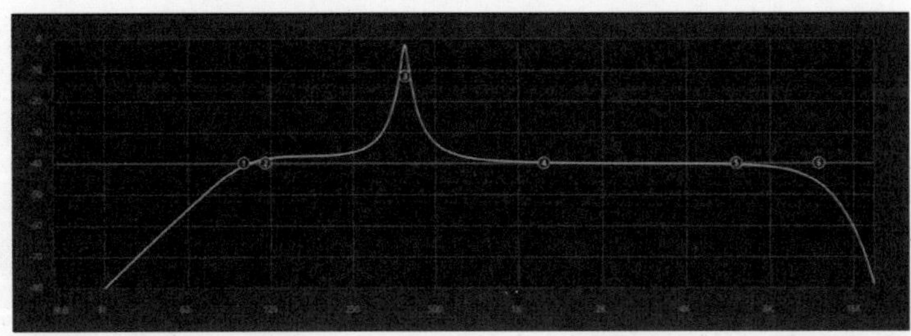

图7-47

15 当某个频率出现沉闷的轰轰声或者异常的尖锐声时，停止扫描。根据异常声音的大小，把“增益”参数设置为负数，即可降低该频率的声音。使用相同的方法，利用Band4降低有异声的频率，结果如图7-48所示。

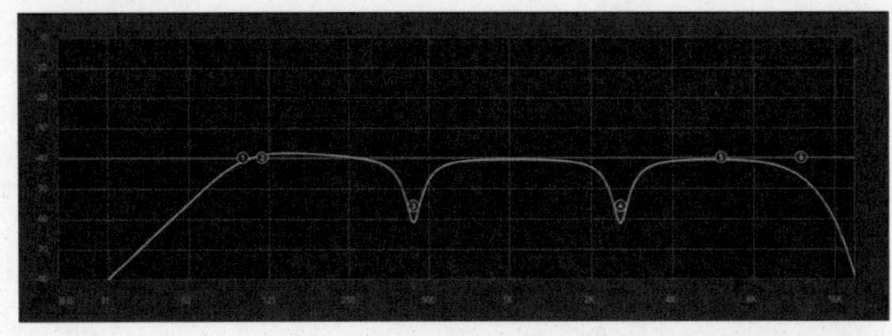

图7-48

16 如果音频中仍然存在个别响度比较大的杂音，还可以按住Alt键后在片段缩略图上的白色增益线上创建3个控制点，然后通过调整控制点来消除杂音，如图7-49所示。

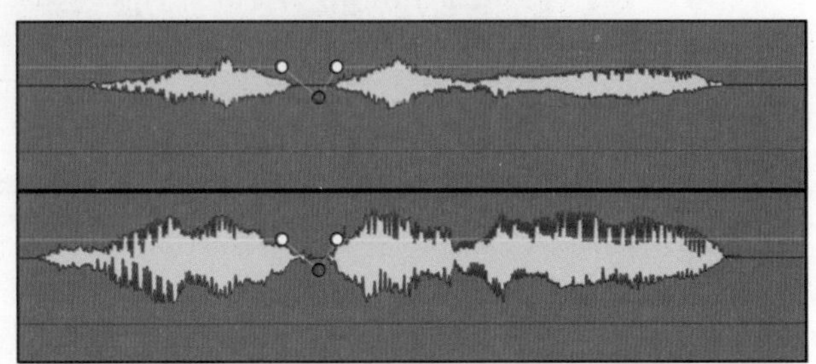

图7-49

同时按住Ctrl和Alt键后单击控制点，就能将其删除。

7.5 制作变声和音频特效

剪辑视频时，除了需要使用风雨声、爆炸声等音效外，有时还需制作改变声调、模拟话筒声、模拟机器人声等音频特效。本节将介绍制作常用音频特效的方法。

01 在剪辑页面中导入素材，把A01素材插入时间线。选中片段缩略图后展开“检查器”面板，把“音调”中的“半音”参数设置为5，即可增加音频的音调，既能让语音听起来更尖锐，也能掩盖人物的真实声音，如图7-50所示。如果把“半音”参数设置为负值，声音会变得低沉，使女声听起来像男声，这一效果也常用来模拟反派人物的声音。

提示 Point out

半音是音乐术语，指的是全音音程的一半，每个半音又可以分成100个音分。通常情况下调整半音参数就能得到各种变调效果，需要进行特别精细的微调时才会使用音分参数。

02 我们还可以把音调处理与变速功能结合起来。将“半音”参数设置为5，展开“变速”卷展栏，将“速度%”参数设置为-1500，即可得到类似“倒带”的音频效果，如图7-51所示。

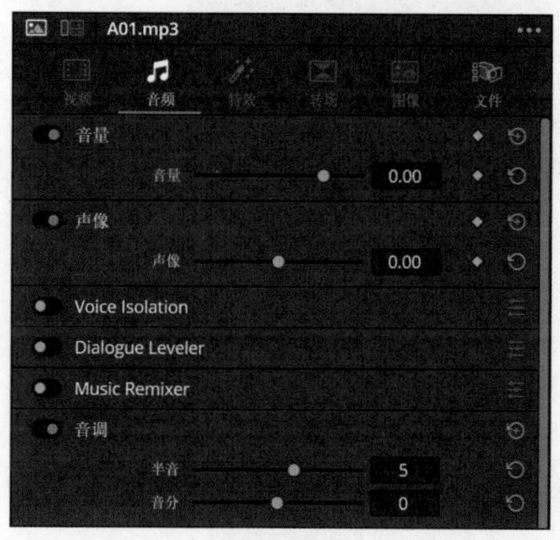

图7-50

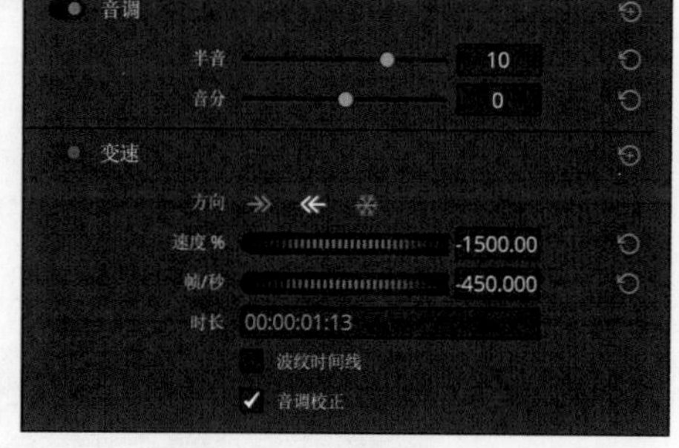

图7-51

03 单击按钮把所有音调和变速参数恢复成默认值，切换到Fairlight页面后展开特效库面板。在调音台面板中双击A1轨道上的“均衡器”曲线，然后在打开的窗口中关闭 Band3开关，将Band2和Band5的“品质因素”参数为10.3，将Band3的“品质因素”参数设置为0.3，如图7-52所示。

图7-52

04 接下来把曲线调整成孤峰形状，即可模拟出电话听筒发出的声音效果，如图7-53所示。

05 我们还可以把曲线调整成S形，从而能得到类似水下发出的沉闷声，如图7-54所示。

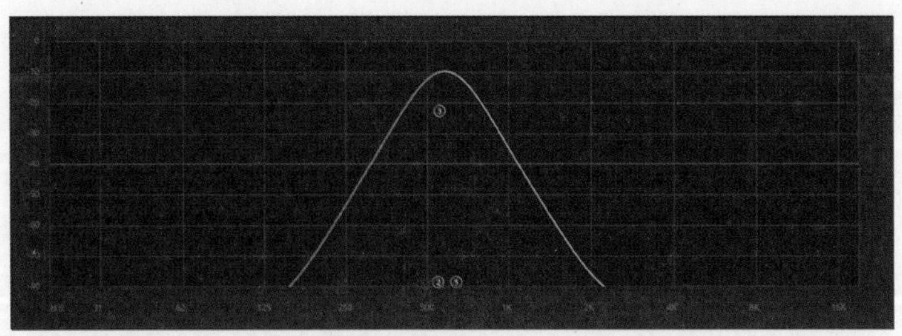

图7-53

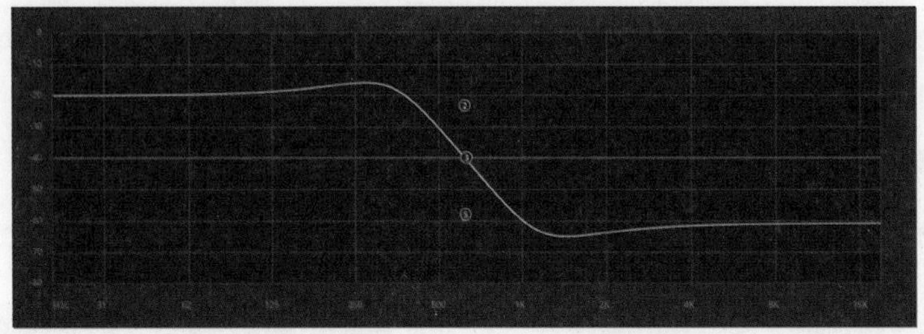

图7-54

06 单击均衡器窗口右上角的按钮恢复默认参数后，关闭窗口。展开特效库面板，把Dely效果器拖到音频片段上，就能得到回声效果。“左”“右”两个延迟时间参数的数值差越大，回声的效果越强烈，如图7-55所示。

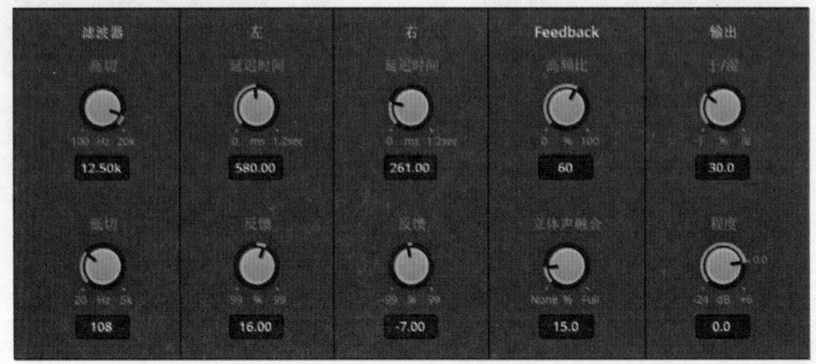

图7-55

07 接下来，我们模拟具有科幻感的机器人声音。展开“检查器”面板，单击按钮删除Dely效果器。展开特效库面板，把Distortion效果器拖到音频片段上。在打开的面板中单击按钮，依次将“程度”参数设置为80，“上限”参数设置为-10，即可得到类似步话机的失真效果，如图7-56所示。

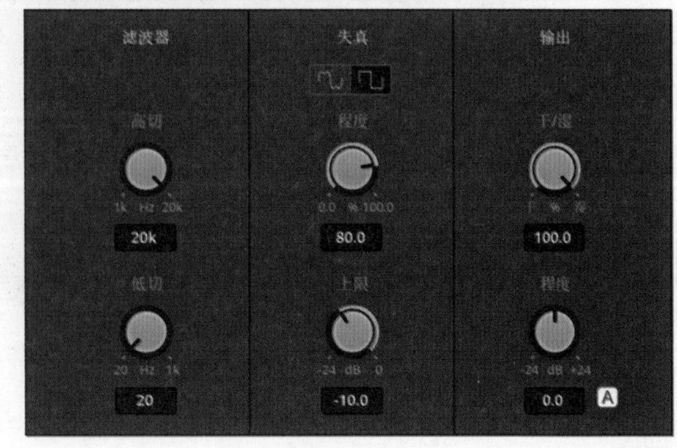

图7-56

08 把特效库面板中的Flanger效果器拖到音频片段上，在设置窗口左上角的下拉菜单中选择Robo Voice预设，即可模拟机器人声音效果，如图7-57所示。

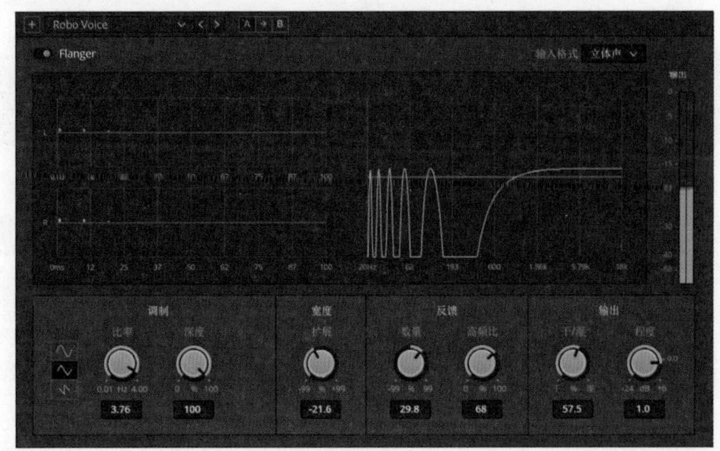

图7-57

09 继续把特效库面板中的Modulation效果器拖到音频片段上，在设置窗口左上角的下拉菜单中选择Exterminate预设，添加更多的电子音效果，如图7-58所示。

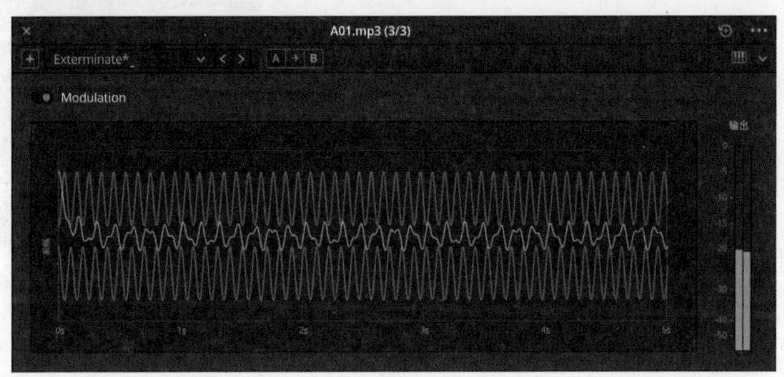

图7-58

10 当前的电子音效果过于强烈，依次将“比率”参数设置为10，“干/湿”参数设置为50，可以得到更理想的效果，如图7-59所示。

图7-59

提示 Point out

很多音频效果器里都有“干/湿”参数，我们可以把“干”理解成没进行任何处理的原始音频，把“湿”理解成效果器处理后的音频，这个参数的作用就是把两种状态的音频按照设置的比例混合到一起。

11 除了人声特效以外，剪辑视频时还需要使用各种物体和环境的音效。为了解决这个问题，我们可以登录Blackmagic Design的官网，在“支持”页面下载包含了500多个免费音效的音响素材库，如图7-60所示。

图7-60

12 下载完成后运行安装程序，安装完毕后运行DaVinci Resolve 19，在剪辑或Fairlight面板中展开“音响素材库”面板。单击面板右上方的 按钮显示数据库选项，在下拉菜单中选择“Fairlight音响素材库”。在面板左上角的搜索下拉菜单中输入“***”或者是“???”，即可显示素材库中的所有文件，如图7-61所示。

图7-61

7.6 音频分轨和声像处理

音频有单声道、立体声和环绕声的区别，本节将介绍在DaVinci Resolve 19中进行分轨处理以增强视听效果的方法。

01 在剪辑页面中导入素材，把A01素材插入时间线。切换到Fairlight页面，我们发现A1轨道上只有一段波形片段。增加轨道高度后，轨道名称右侧有1.0的标注，说明这是一段单声道音频，播放时只有一侧的耳机或喇叭能发出声音，如图7-62所示。

02 展开媒体池面板，在A01素材缩略图上右击，在弹出的快捷菜单中选择“片段属性”命令，打开“片段属性”窗口。在“格式”下拉菜单中选择Stereo，然后单击OK按钮关闭窗口，如图7-63所示。

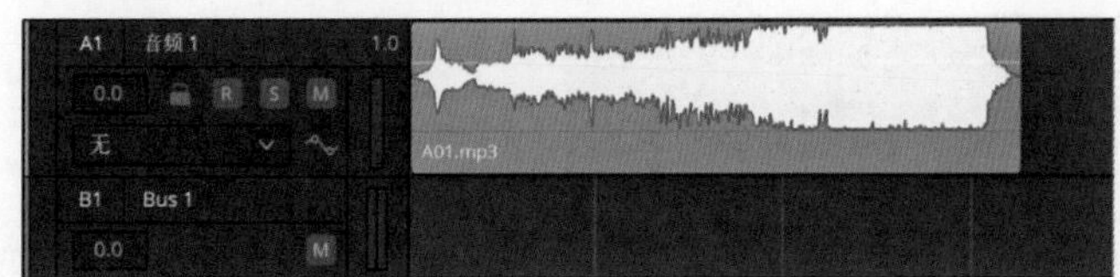

图7-62

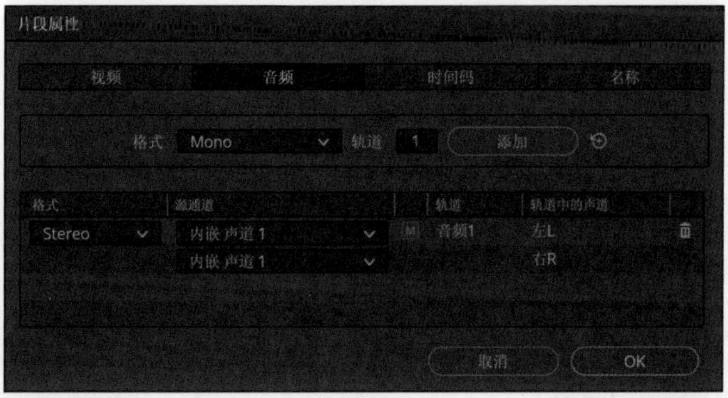

图7-63

03 先把A1轨道上的片段删除，然后把A01素材重新插入A1轨道上。在轨道名称面板上右击，在弹出的快捷菜单中选择“将轨道类型更改为/Stereo”命令，音频片段即变为双声道，轨道名称右侧的标注也变为2.0，如图7-64所示。

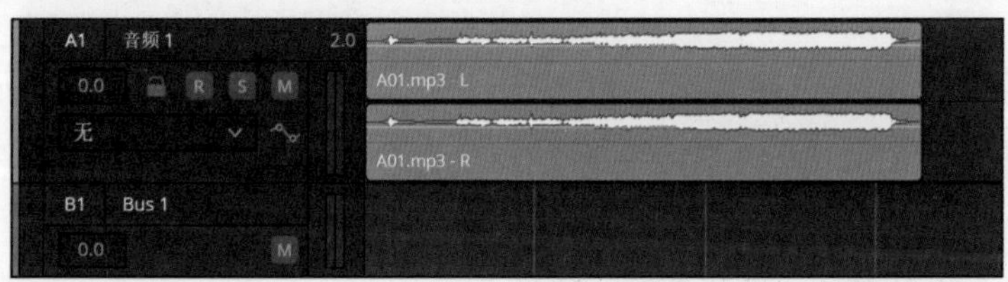

图7-64

04 接下来介绍声像功能的使用方法。把A1轨道上的片段删除，然后单击工具条上的按钮，执行“显示视频轨道”命令。继续把媒体池里的V01素材拖到V1轨道上，如图7-65所示。

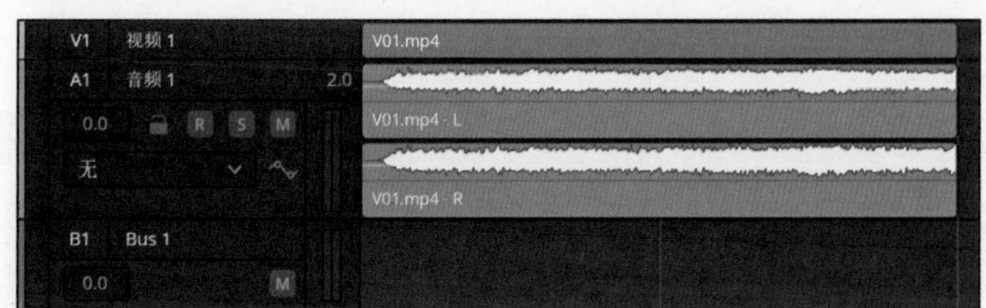

图7-65

05 在调音台面板上双击A1轨道的“声像”窗口，打开设置窗口，把“左/右”参数设置为50L，让窗口中的蓝色方块向左移动，如图7-66所示。现在回放项目，左声道的音量将高于右声道。

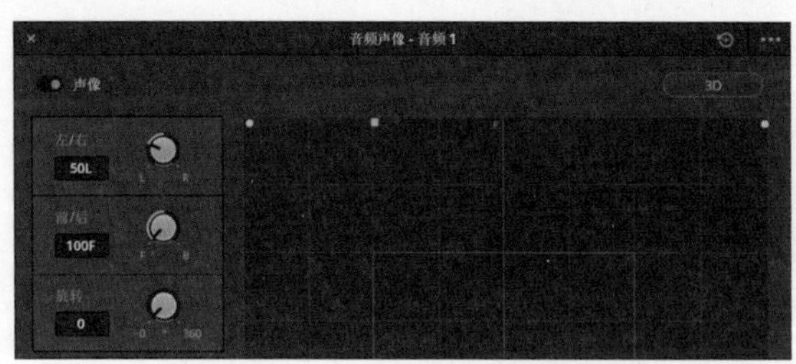

提示 Point out

如果调音台面板中没有声像窗口，可以单击调色台面板右上角的•••按钮，然后勾选“声像”复选框。

图7-66

06 单击工具条上方的按钮后单击“声像”按钮，继续单击A1轨道名称面板上的按钮，开启自动化控制，如图7-67所示。

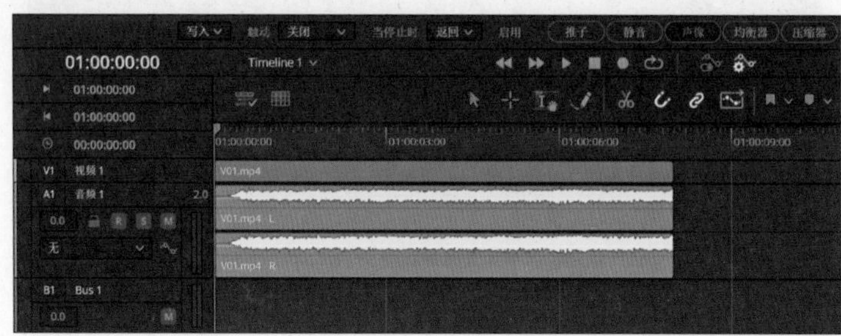

图7-67

07 按空格键回放项目，在回放的过程中调整音频声像窗口中的“左/右”参数，回放完成后即可把参数的变化过程记录下来，从而实现声音随着飞机运动的效果，如图7-68所示。

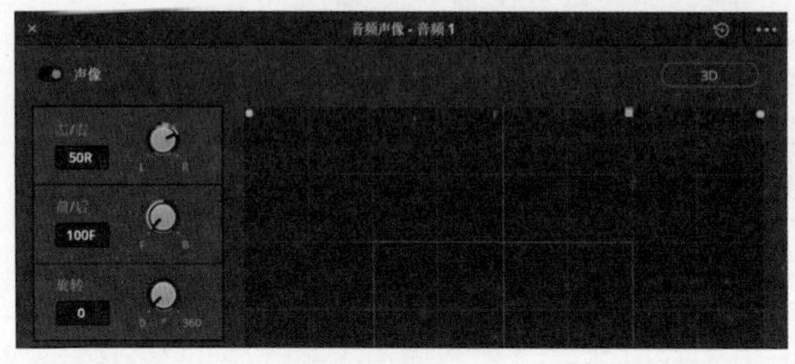

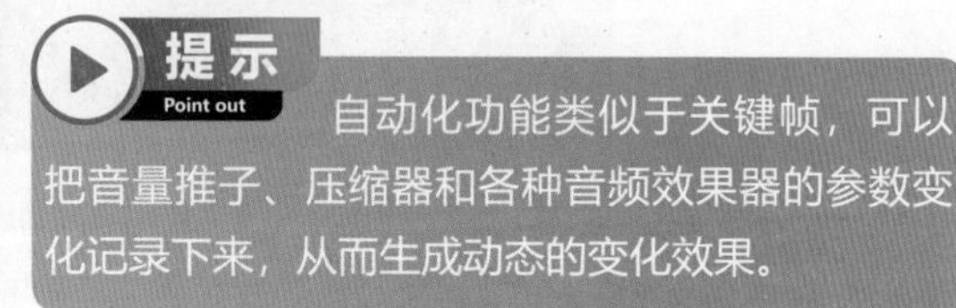
提示 Point out

自动化功能类似于关键帧，可以把音量推子、压缩器和各种音频效果器的参数变化记录下来，从而生成动态的变化效果。

图7-68

08 在轨道名称面板的下拉菜单中选择“声像/L/R Pan”，可以在片段缩略图上显示音量大小在两个声道间的变化轨迹，如图7-69所示。我们可以拖曳轨迹上的控制点进行微调，或按住【Ctrl+Alt】快捷键删除控制点，或激活工具条上的按钮后重新绘制轨迹。

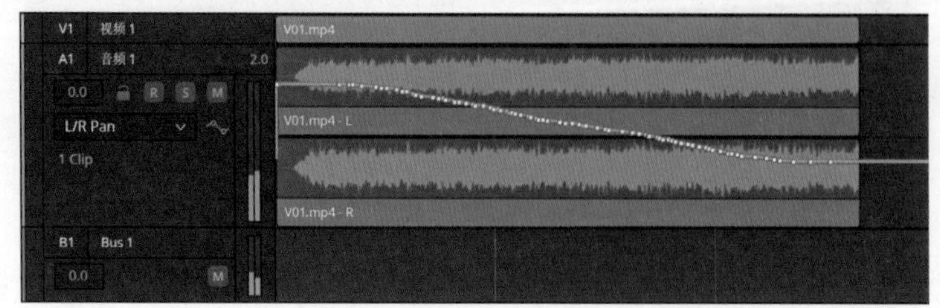

图7-69

09 我们还可以利用DaVinci Resolve 19提供的 AI跟踪功能制作声像匹配效果。在页面右上角单击检视器上的按钮，执行“显示跟踪器控制”命令，激活Auto和Left-Right按钮后把追踪点移到飞机的机头位置，如图7-70所示。

图7-70

10 选中片段缩略图后按X键标记片段，然后单击A1轨道的名称，让其变成红色，如图7-71所示。单击检视器下方的按钮，DaVinci Resolve 19将跟踪飞机的运动轨迹，并根据飞机的运动自动进行影像匹配。

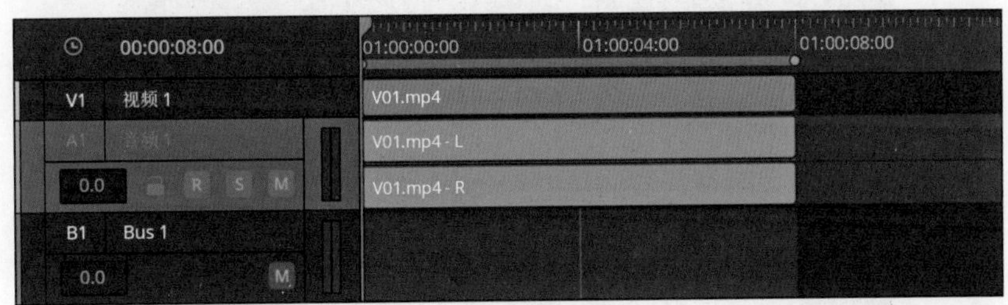

图7-71

11 接下来介绍5.1声道环绕声的制作方法。新建一个项目后导入附赠素材，切换到Fairlight页面，把媒体池里的 01 素材拖到时间线上。在轨道名称面板上右击，执行“添加自定义轨道”命令，将“轨道数量”设置为5，在“音轨类型”下拉菜单中选择“Mono”，然后单击“添加轨道”按钮，如图7-72所示。

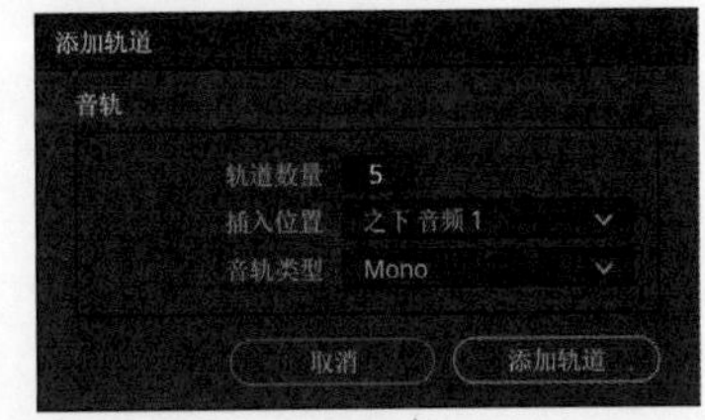

图7-72

12 把媒体池里的02~06素材分别拖到和文件名对应的轨道上，轨道不足可以留空，如图7-73所示。

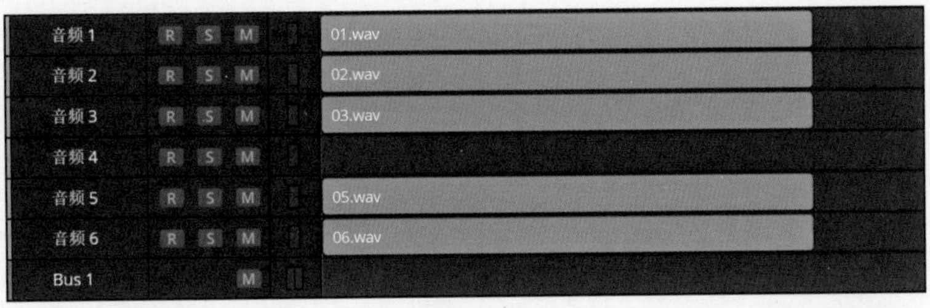

图7-73

13 执行Fairlight菜单中的“链接编组”命令，在打开的窗口中按住Shift键选中所有轨道，然后单击5.1 Film按钮，如图7-74所示。

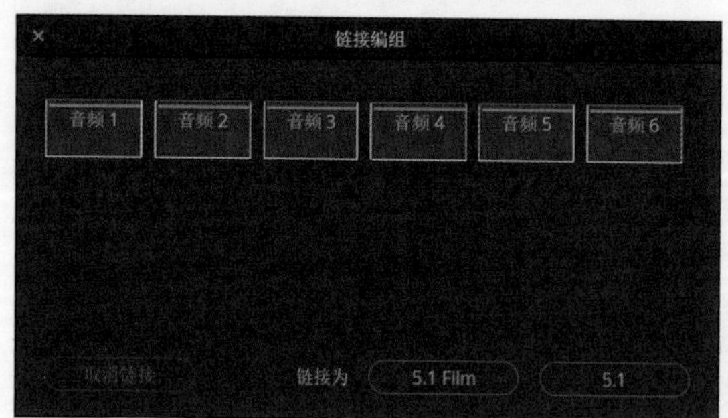

图7-74

提示 Point out

链接编组后，达芬奇会自动分配声道。音频1对应的是前左声道，音频2对应的是中置声道，音频3对应的是前右声道，音频4对应的是后左声道，音频5对应的是后右声道，音频6对应的是低音声道。

14 最后执行“Fairlight”菜单中的“总线格式”命令，在“格式”下拉菜单中选择5.x/5.1 Film，如图7-75所示。单击OK按钮，5.1声道环绕声就制作完成了。

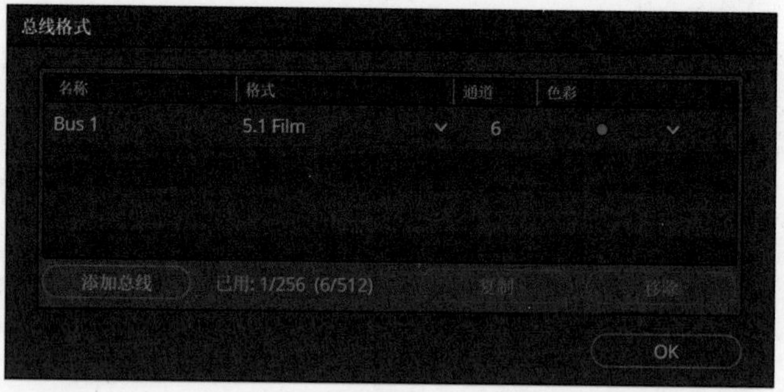

图7-75

DAVINCI RESOLVE 19

达芬奇

视频剪辑与调色

第 8 章

交付页面：渲染输出视频文件

把剪辑完成的项目渲染输出为视频文件，是视频剪辑的最后一个环节，也是最重要的一个环节。一旦渲染输出的某些参数设置不当，就会出现视频清晰度不足、跳帧、闪烁等问题，严重影响观看体验。本章的目标就是利用DaVinci Resolve 19快速且高质量地将作品渲染为合格的视频文件。

8.1 交付输出的基本流程

默认的交付页面显示了检视器、渲染设置面板、片段面板、时间线面板和渲染队列面板，如图8-1所示。

图8-1

交付输出的基本流程如下：

01 在项目管理器的空白处右击，在弹出的快捷菜单中选择“恢复项目存档”命令。在打开的窗口中，选中附赠素材中的8.1.dra文件夹，然后单击“打开”按钮。双击打开恢复的项目，这是第2章中剪辑的小短片，如图8-2所示，我们将利用这个项目来熟悉DaVinci Resolve 19交付输出的基本流程。

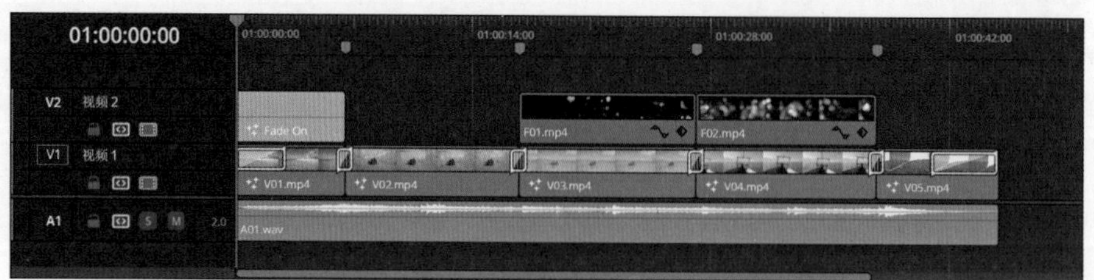

图8-2

02 切换到交付页面，在渲染设置面板中单击“浏览”按钮，在打开的窗口中选择视频文件的保存路径，然后输入文件名，如图8-3所示。

03 接下来，选择视频的编解码器和格式，如图8-4所示。格式指将视频流、音频流和字幕整合一起的封装格式。QuickTime是苹果公司开发的封装格式，主要用于macOS平台，而MP4则是一种跨平台的封装格式，手机、计算机和网络上的绝大多数视频都使用这种格式。

图8-3

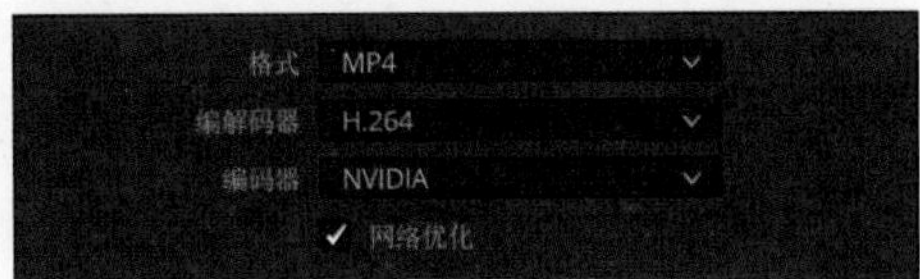

图8-4

编解码器是用来压缩视频体积的算法，目前应用最广泛的算法标准是H.264。相较于H.264，H.265标准拥有更高的压缩率，在同等画质的情况下能把视频体积压缩得更小。当然，更高的压缩率是以增加编解码的计算量为代价的。H.265不仅对编码和播放设备的硬件条件提出了更高的要求，更重要的是，很多网页端的浏览器不支持这种编解码方式。因此，当渲染输出的视频需要在不同设备和媒体上播放时，H.264是最可靠的选择。

04 在“编码器”下拉菜单中选择NVIDIA或AMD，可以利用显卡的硬件编码功能提高渲染速度。选择“原生”表示使用软件编码，主要依靠CPU的算力输出视频。勾选“网络优化”复选框后，可以改变封装文件的内部结构，有助于减少网络播放时的微小卡顿，但对生成视频的画质没有任何影响。

05 在“分辨率”下拉菜单中显示了当前项目使用的分辨率。一般来说，渲染输出的分辨率会和项目分辨率保持一致。如果只在交付页面中提高分辨率而不修改项目设置参数，则会使用插值方式放大画面，导致生成视频的画面模糊。“帧率”参数也是由项目设置决定的，在交付页面中无法更改，如图8-5所示。

06 如果剪辑前忘记进行项目设置，导致帧率错误，补救的方法是切换到剪辑页面，按【Ctrl+N】快捷键，在打开的窗口中取消勾选“使用项目设置”复选框。切换到“格式”选项卡，在“时间线帧率”下拉菜单中重新设置帧率，然后单击“创建”按钮，如图8-6所示。

图8-5

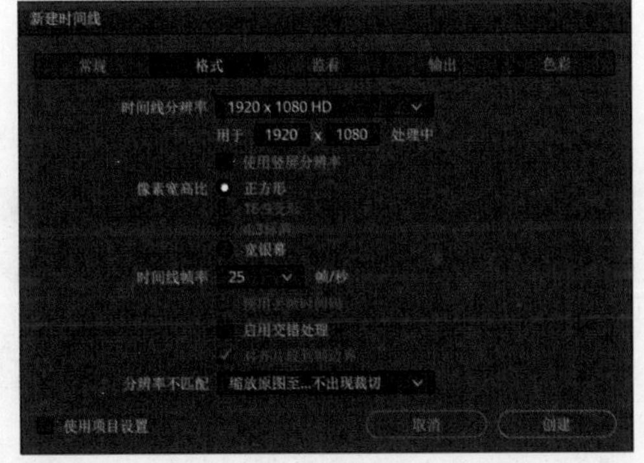

图8-6

07 在媒体池里双击切换到Timeline1时间线，按【Ctrl+A】快捷键全选片段，然后按【Ctrl+C】快捷键复制所有片段。接着，在媒体池中双击切换到Timeline2时间线，按【Ctrl+V】快捷键粘贴片段。此时，切换到交付页面，渲染设置窗口中的“帧率”参数就被修改了，如图8-7所示。

08 如果我们想给时间较长的视频划分章节，方便观众了解进度和进行跳转，可以在剪辑页面中按M键，在播放头的位置创建标记。在交付页面勾选“从标记创建章节”复选框，播放生成的视频时，播放器的进度条上就会出现章节标记，如图8-8所示。

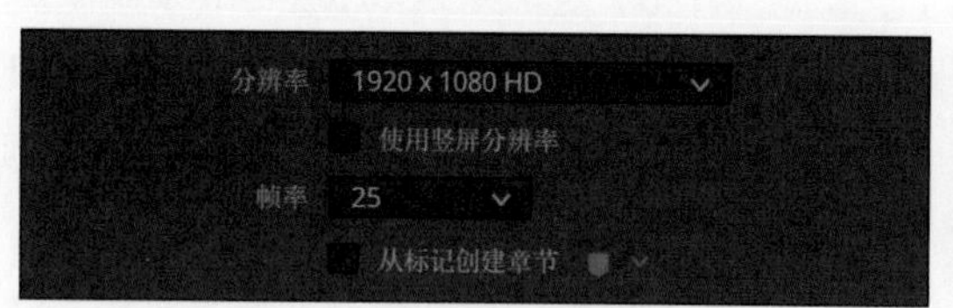

图8-7

图8-8

09 在“质量”选项组中单击“自动”单选按钮后，可以在下拉菜单中选择需要的画质，其中的“最佳”就是输出无损画质的视频。当然，仅靠“高”“中”“低”这样的文字描述很难判断输出视频的码率和体积到底是多少。大多数情况下，我们都会单击“限制在”单选按钮，然后利用码率参数决定画质，如图8-9所示。

提示 Point out

分辨率、帧率和码率是影响视频质量的主要因素。分辨率就是视频的画面大小，帧率指的是每秒钟播放多少帧画面，码率则是每秒传送的数据量。在线播放视频时，手机或计算机先要把网络传送过来的数据量解码成画面，然后以规定的帧率播放。码率越高，视频的画质越好，同时视频文件的体积也会越大，如果带宽无法满足高码率视频的传输速度，就会频繁进行缓冲。

10 渲染设置面板中的其余参数在没有特殊需要的情况下无须修改。如果项目中添加了字幕，我们可以在“字幕设置”卷展栏中勾选“导出字幕”复选框，然后在“格式”下拉菜单中选择“作为内嵌字幕”选项，如图8-10所示。

图8-9

图8-10

11 最后单击渲染设置面板最下方的“添加到渲染队列”按钮，继续在“渲染队列”面板中单击“渲染所有”按钮，DaVinci Resolve 19就会按照设置好的参数，把项目渲染成视频文件，如图8-11所示。

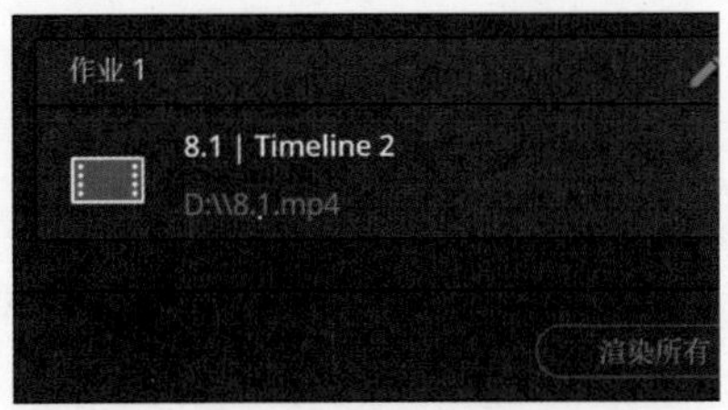

图8-11

> **提示** Point out
>
> 渲染输出是一个比较耗时的过程，为了避免渲染输出后才发现错误，剪辑完成后最好按【Ctrl+F】快捷键切换到影院模式，回放几次项目，检查字幕、调色等细节有没有错误。

8.2 创建自定义渲染模板

在渲染设置面板的最上方显示了不同在线视频平台的预设模板。用户只需单击预设模板上的∨按钮，根据需要选择分辨率，即可快速完成渲染参数的设置，如图8-12所示。

图8-12

DaVinci Resolve 19提供的都是国外视频平台的预设模板，而国内视频平台的模板需要手动创建。这里以Bilibili网站为例，介绍如何创建自定义预设模板。创建自定义渲染模板的步骤如下：

01 在渲染设置面板中单击Custom Export按钮，勾选“网络优化”复选框，在“格式”“编解码器”和“编码器”下拉菜单中使用默认的MP4、H.264和Auto，如图8-13所示。

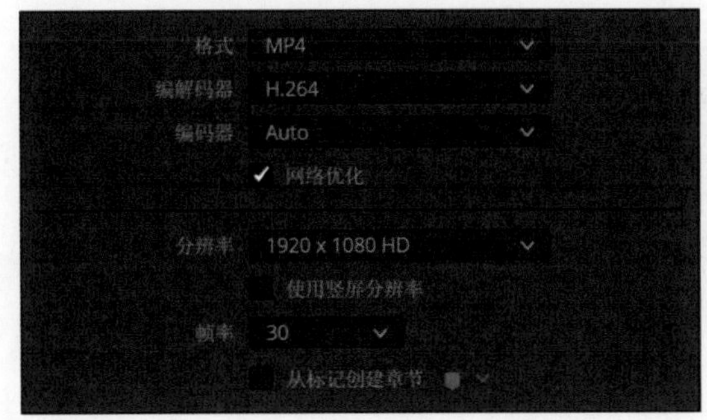

图8-13

> **提示** Point out
>
> 在分辨率方面，Bilibili最高支持8192×4320像素，也就是8K分辨率的视频，推荐的分辨率是3840×2160像素和1920×1080像素，也就是4K和1080P。帧率方面主要是30帧/秒和60帧/秒两种。一般来说，我们都是根据原始素材的数据决定输出和上传多大分辨率与帧率的视频。需要输出不同分辨率和帧率的视频时，可以创建不同版本的预设模板。

02 码率是决定在线视频画面质量的最主要因素，从理论上讲，视频的码率越高，同等分辨率下的画面质量越高。然而，所有视频网站对上传作品的码率均有要求，码率过高会触发二次压缩。Bilibili的推荐标准是1080P（视频码率大于6000kbps），4K（视频码率大于20000kbps）。即使上传的视频码率小于这个标准，仍会被二次压缩。因此，在Bilibili通过提高输出码率来规避二次压缩的方法是行不通的。要想让视频作品的画质更好一些，可以将码率设为网站的推荐标准的两倍，甚至直接导出无损视频，交于网站自行压缩，如图8-14所示。

03 单击“音频”选项卡，展开“音频归一化”卷展栏，勾选“归一化音频”复选框，在“标准”下拉菜单中选择ITU-RBS.1770-4，将“目标响度”设置为-16LKFS，如图8-15所示。

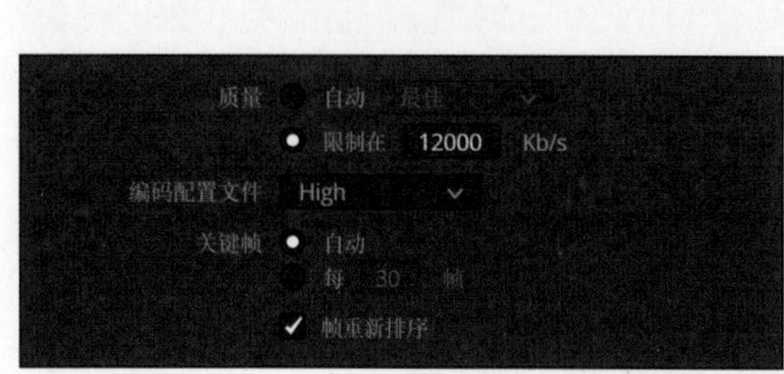

图8-14

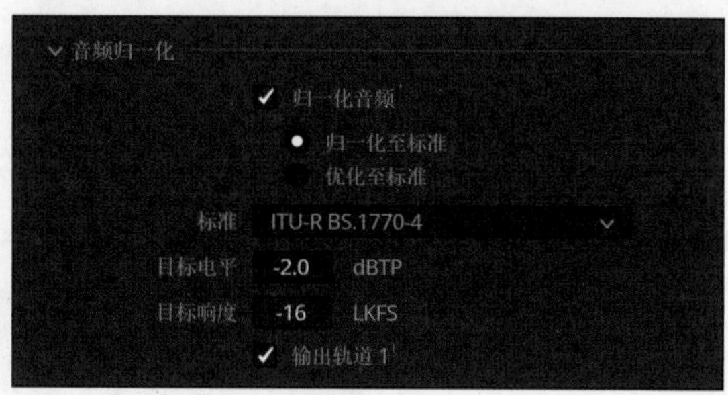

图8-15

04 单击渲染设置窗口右上角的•••按钮，执行“另存为新预设”命令。在弹出的窗口中输入预设名称后单击OK按钮，即可在渲染设置窗口上方看到新建的预设快捷按钮，如图8-16所示。

提示 Point out

给渲染预设命名时，除了平台名称以外最好标注上分辨率和帧率。因为大多数情况下，我们需要为一个平台创建不同分辨率和帧率的渲染预设。如果经常输出较长的视频，还要创建低分辨率和低码率的样片预设，通过样片确认画面、调色、音频等都没有问题后，再进行正式的渲染输出。

05 国内其他视频平台的渲染参数与Bilibili大致相同。对于需要往多个平台上传作品的用户，可设置一套通用模板，除了调整分辨率和帧率，码率可选择“自动”里的“最佳”，如图8-17所示。

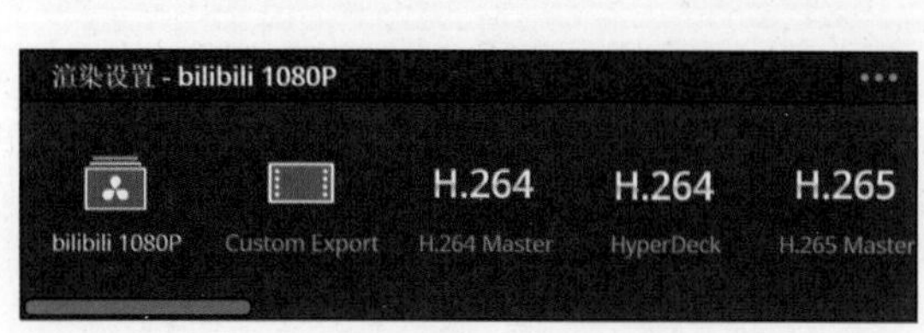

图8-16

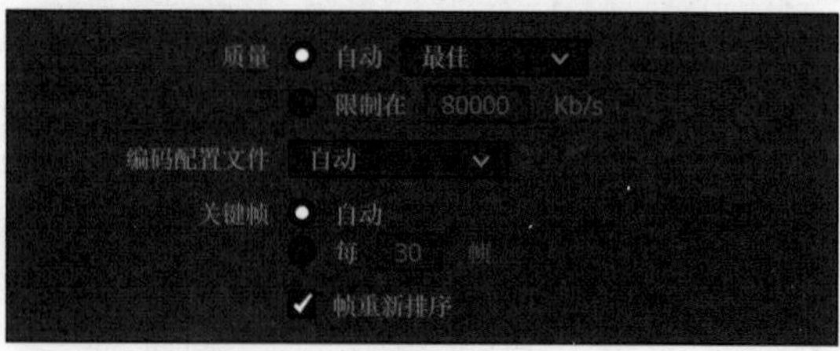

图8-17

8.3 交付输出中的小技巧

在交付输出流程中，还有一些提高效率和满足特殊需求的小技巧。

01 在剪辑页面中导入素材，把所有素材插入时间线后进入交付页面。当需要提取视频中的音频时，可以在渲染设置面板中取消勾选“导出视频”复选框，如图8-18所示。

02 切换到“音频”渲染卡，在“格式”下拉菜单中选择音频的保存格式，如图8-19所示。在各种音频格式中，最常用的是WAVE、MP3和FLAC三种。WAVE和FLAC都是无损压缩格式，相比之下，FLAC的体积更小；MP3是有损压缩格式，适合生成体积较小的音频文件。接下来，单击“添加到渲染队列”按钮，选择文件的保存路径并输入文件名，然后在“渲染队列”面板中单击“渲染所有”按钮，就能只输出音频文件。

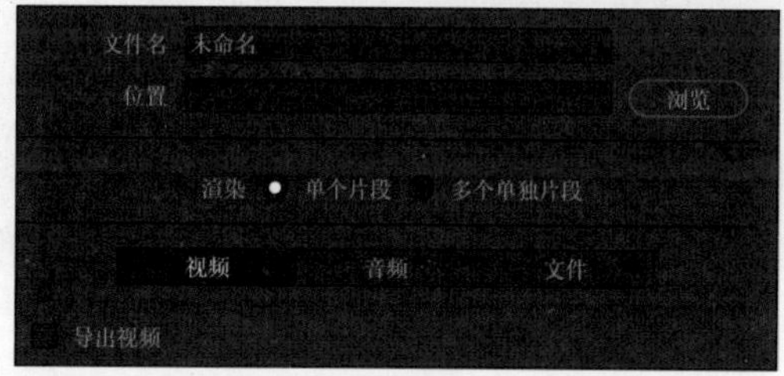

图8-18

图8-19

03 如果只想提取第一个片段中的音频，可以在时间线面板中拖曳时间标尺上的标记条，把出点对齐到第一个片段的结尾处，这样就能只输出标记范围内的片段，如图8-20所示。

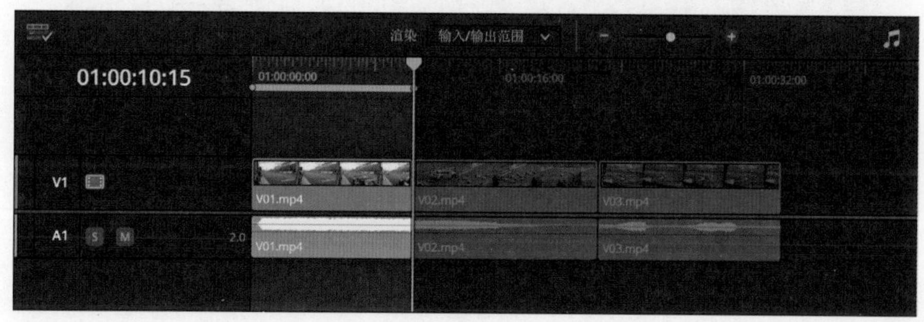

图8-20

04 有时，我们需要把导入的素材按镜头分割成多个片段，并把每个片段渲染成单独的视频。在时间线面板上方的“渲染”下拉菜单中选择“整条时间线”，然后在渲染设置窗口中勾选“导出视频”复选框，并单击“多个单独片段”单选按钮，如图8-21所示。

05 接着切换到“文件”选项卡，勾选“使用独特文件名”复选框，这样每个分段都会渲染成单独的视频文件，如图8-22所示。

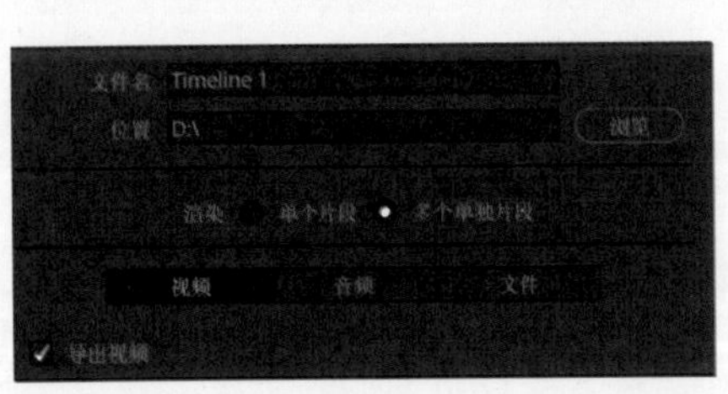

图8-21

图8-22

06 用渲染多个单独片段的方式批量转码素材时会遇到一个问题：如果导入素材的帧率不同，单独输出的片段会保留原素材的帧率，造成帧率不统一。解决方法是切换到剪辑页面，把媒体池切换到列表模式，这样可以更方便地找到帧率不同的素材，如图8-23所示。

07 在帧率不同的素材上右击，在弹出的快捷菜单中选择“片段属性”命令，在打开窗口的“视频帧率”下拉菜单中重新设置帧率，如图8-24所示。

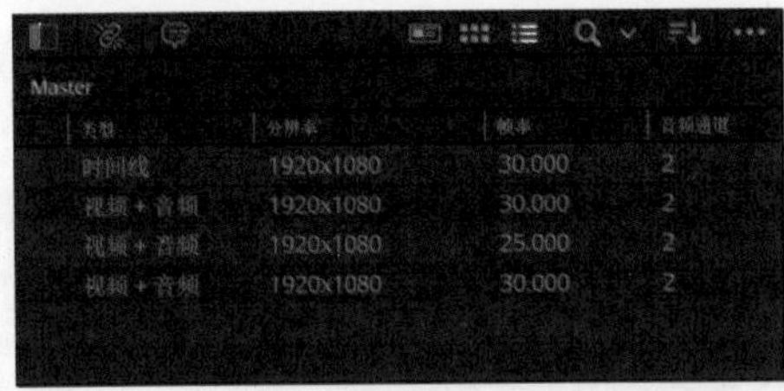

图8-23

图8-24

08 修改素材的帧率后，时间线面板上对应的片段会变成红色离线媒体状态。删除离线媒体后重新插入素材，因为素材的帧率增加了，所以新插入的片段时长会变短，如图8-25所示。

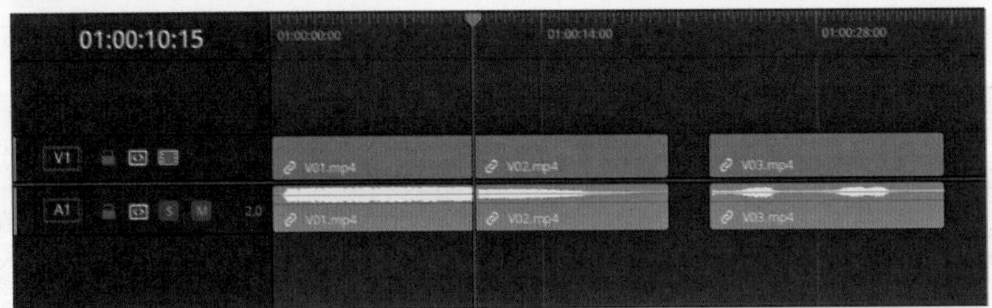

图8-25

提示 Point out

很多时候，我们使用的素材来源于各种渠道，有自己拍摄的，也有从网络下载的。当素材的格式、分辨率和帧率都不尽相同时，正式剪辑前最好用统一的标准对所有素材进行转码操作，这样既能加快剪辑和回放速度，交付输出时也不容易出现渲染失败的问题。

09 有时，我们需要把剪辑完成的项目按照内容或情节输出为不同的视频文件。例如，把当前项目的前两个片段输出为一个视频文件，把第三个片段输出为第二个视频文件。操作其实也很简单，先选择好输出格式和码率，然后在时间线面板中拖曳时间标尺上的标记条，把出点对齐到第二个片段的结尾处，如图8-26所示。再设置保存路径和文件名，然后单击“添加到渲染队列”按钮。

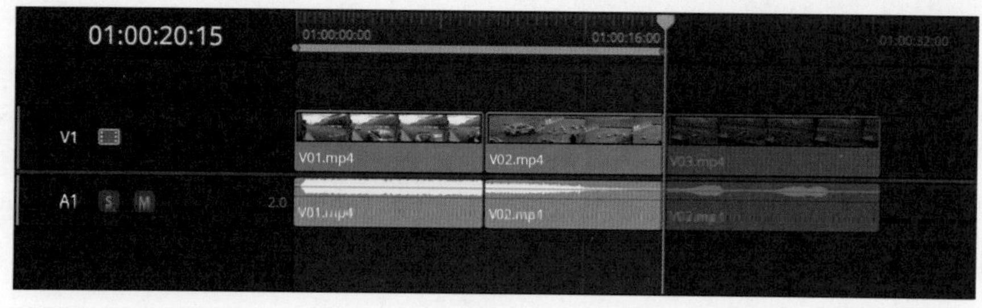

图8-26

10 接下来，在时间线面板中把标记条的入点和出点对齐第三个片段，如图8-27所示。在渲染设置面板中重新命名文件后，再次单击“添加到渲染队列”按钮。

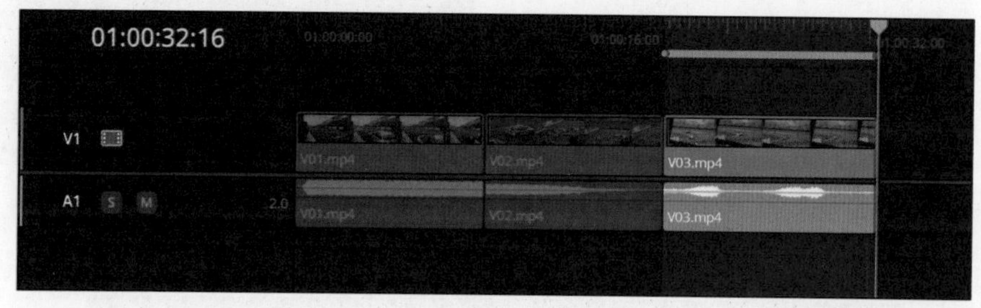

图8-27

11 此时，“渲染队列”面板中会有两个任务队列。在面板的空白处单击，然后单击“渲染所有”按钮，即可在一个项目中分两次输出视频文件，如图8-28所示。

图8-28

12 我们还可以把多个项目的渲染队列集中到一个项目里进行批量渲染。在时间线面板上方的“渲染”下拉菜单中选择“整条时间线”，然后在渲染设置窗口中设置好渲染参数和保存路径，确认当前的项目保存完毕后，单击“添加到渲染队列”按钮。

13 接下来，在页面的右下角打开项目管理器，打开第二个需要交付输出的项目。设置好渲染参数和保存路径后，继续单击“添加到渲染队列”按钮。然后，单击“渲染队列”面板右上角的•••按钮，执行“显示所有项目”命令，即可显示出上个项目添加的渲染队列，如图8-29所示。我们可以继续打开更多项目，添加更多的渲染队列，全部添加完成后，单击“渲染所有”按钮。当前项目渲染完成后，DaVinci Resolve 19会自动渲染下一个项目。

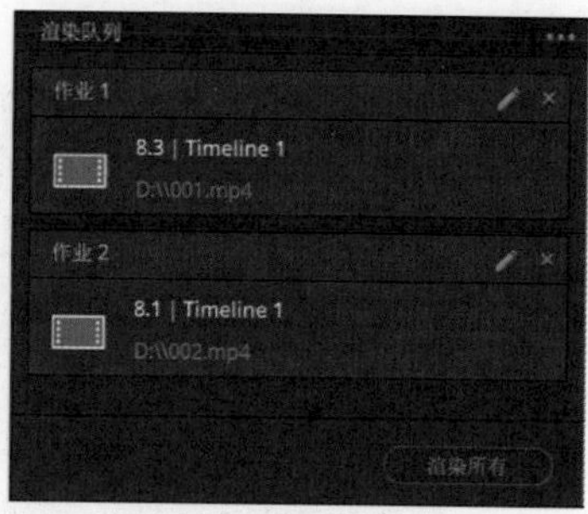

图8-29

8.4 输出透明背景的视频

在前面的章节中，我们利用DaVinci Resolve 19制作了火花、烟雾等特效以及各种遮罩转场。为了在其他项目中重复利用这些特效和转场，我们可以把它们渲染为带有透明通道的视频素材。这样不仅可以节省重新制作的时间，还能加快剪辑和回放速度。

01 运行DaVinci Resolve 19后，在项目管理器的空白处右击，在弹出的快捷菜单中选择“恢复项目存档” 命令， 在打开的窗口中，选中附赠素材中的8.4.dra文件夹，单击“打开”按钮，如图8-30所示。

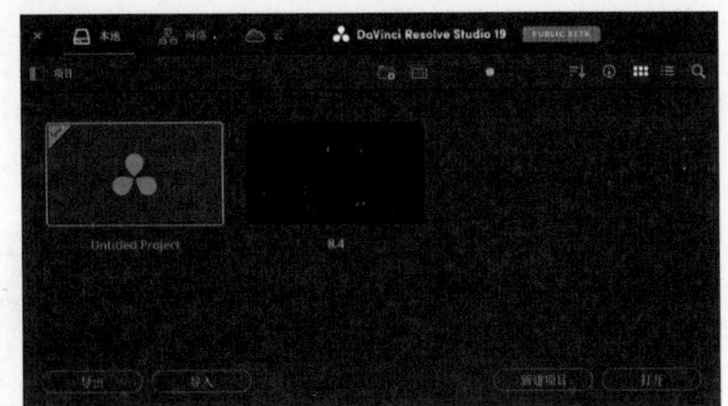

图8-30

02 切换到剪辑面板， 把媒体池中的 Fusion Composition1拖到时间线上，拖曳片段的出点，把时长设置为14秒22帧，如图8-31所示。

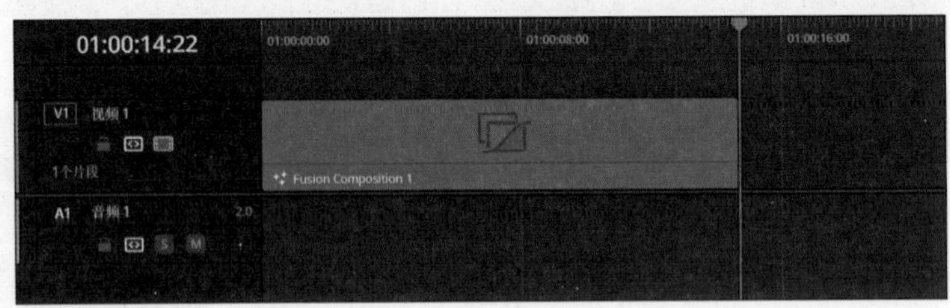

图8-31

03 切换到交付页面，在渲染设置面板的“格式”下拉菜单中选择QuickTime，在“编解码器”下拉菜单中选择DNxHR，在“类型”下拉菜单中选择DNxHD SQ，然后勾选“导出Alpha”复选框，如图8-32所示。

04 切换到“音频”选项卡，取消勾选“导出音频”复选框，如图8-33所示。

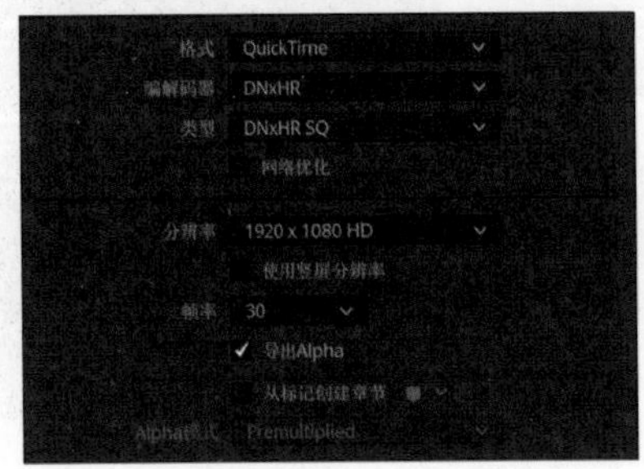

图8-32

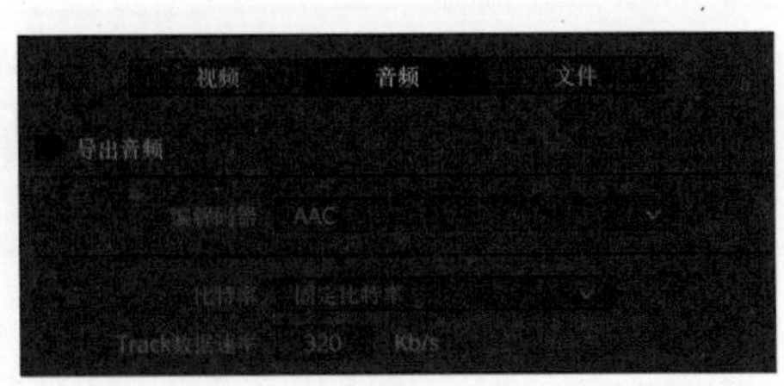

图8-33

05 单击“添加到渲染队列”按钮，选择保存路径并输入文件名。继续在设置面板中修改文件名，然后切换到“视频”选项卡，在“编解码器”下拉菜单中选择GoPro CineForm，在“类型”下拉菜单中选择RGB16-bit，并勾选“导出Alpha”复选框，如图8-34所示。

06 再次单击“添加到渲染队列”按钮，在“渲染队列”面板中单击“渲染所有”按钮，即可得到两个不同编码方式的透明通道素材，如图8-35所示。

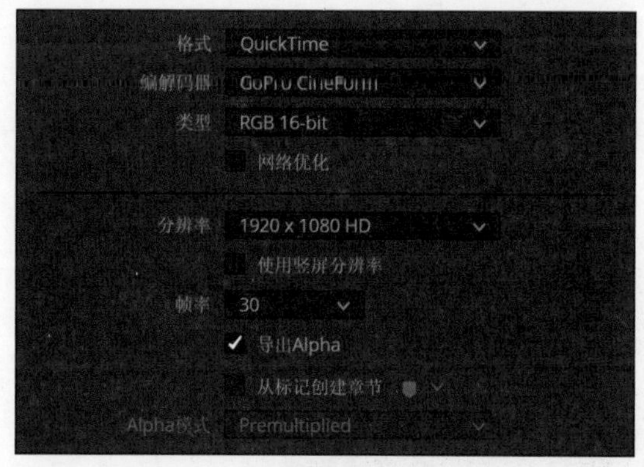

图8-34

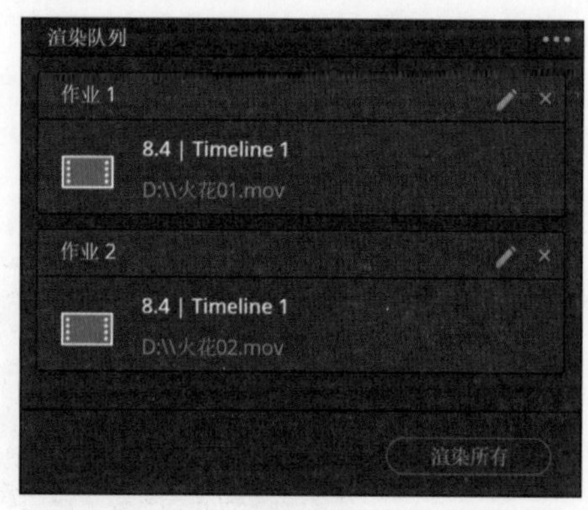

图8-35

07 切换到剪辑页面，删除Fusion合成片段，然后把媒体池中的V01素材拖到时间线上。继续在媒体池里导入刚刚输出的两个视频，把导入的素材拖到V2轨道上，测试透明通道是否生效，如图8-36所示。

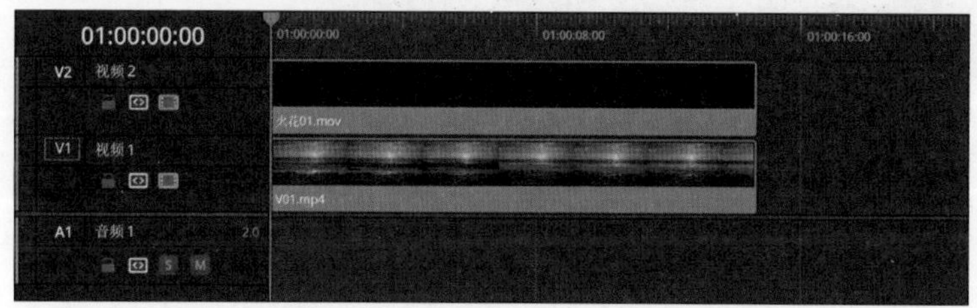

图8-36

提示 Point out

从监视器上看，这两种编码导出的视频效果看不出明显区别，但是查看文件大小就会发现，GoPro CineForm编码导出的视频体积只有DNxHR编码的一半左右。

8.5 套底回批的基本流程

在影视公司中，剪辑、调色、音频等环节通常由不同的部门和人员分别完成。由于各部门使用的软件不尽相同，当项目在不同的部门间流转时，就会涉及不同软件间的交互问题即套底回批。所谓的套底，是指把用其他视频剪辑软件制作的项目导入DaVinci Resolve 19中，而回批则是把用DaVinci Resolve 19调色完毕的项目发送回原剪辑软件。

有些个人用户因为已经习惯了某个剪辑软件，既不想改变自己的剪辑习惯，又想使用DaVinci Resolve 19强大的调色功能，所以也需要掌握套底回批技术。本节以Adobe Premiere为例，介绍DaVinci Resolve 19的套底回批流程。

01 如果需要剪辑的项目时间较长且素材的分辨率较高，建议在剪辑前进行代理文件转换，以避免剪辑过程中频繁卡顿甚至软件崩溃。转换代理文件即转码，转码的方法很多，最便捷的方法就是使用DaVinci Resolve 19的代理生成器。在Windows的开始菜单中单击“所有应用”按钮，运行Blackmagic Design中的Blackmagic Proxy Generator程序。在弹出的窗口中选择原素材所在的路径，单击“开始”按钮，代理生成器会对路径中的所有视频素材进行转码，然后将结果保存到Proxy子文件夹中，如图8-37所示。

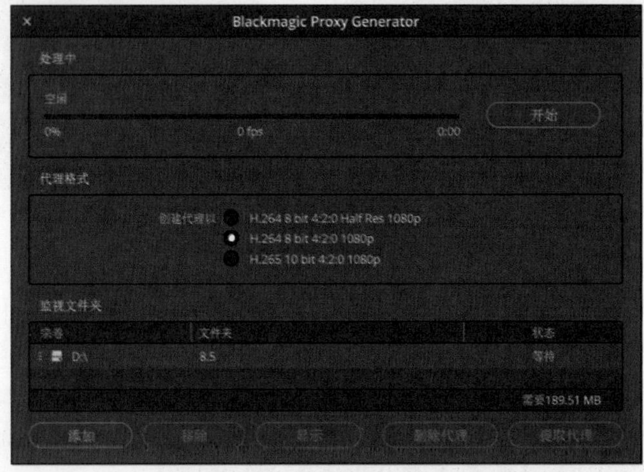

图8-37

02 接下来，使用代理文件在Premiere中进行时间线排列、分割修剪、添加转场特效等操作，如图8-38所示。

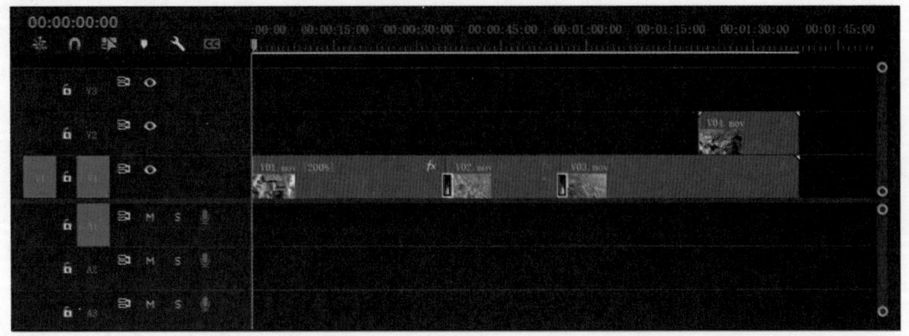

图8-38

03 定剪后，在项目面板中复制时间线，如图8-39所示。双击切换到复制的时间线，删除DaVinci Resolve 19可能不支持的特效、标题字幕等元素。把所有转场替换为DaVinci Resolve 19可以识别的交叉淡化转场。

04 单击界面右上角的按钮，在“预设”下拉菜单中选择“高品质1080PHD”，设置保存路径和文件名后单击“导出”按钮，生成一个视频小样，如图8-40所示。该小样用于在调色过程中比对时间码是否准确。

图8-39

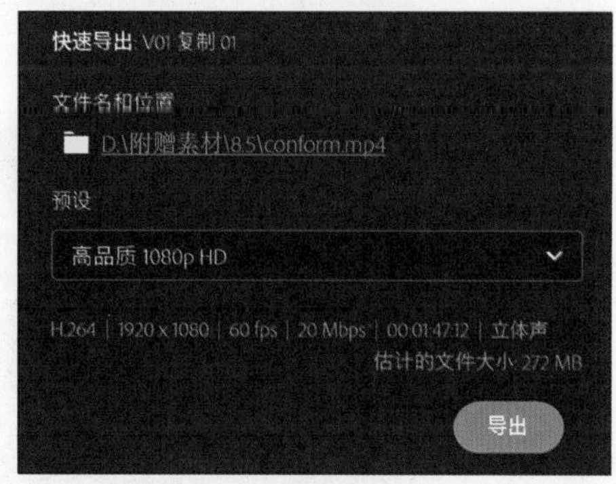

图8-40

05 执行“文件”菜单中的“导出/Final Cut Pro XML”命令，保存XML格式的文件。接下来，运行DaVinci Resolve 19，因为调色时使用原素材可以得到更加准确的结果，所以我们先在DaVinci Resolve 19中打开项目设置窗口，按照成片要求设置时间线分辨率和时间线帧率，然后在媒体池中导入原素材，如图8-41所示。

06 在检视器的右上角单击按钮，选择“禁用全部代理”，然后执行“文件”菜单中的“导入/时间线”命令，打开保存的XML文件。在打开的窗口中取消勾选“自动设定项目设置”和“自动将源片段导入媒体池”复选框，如图8-42所示。

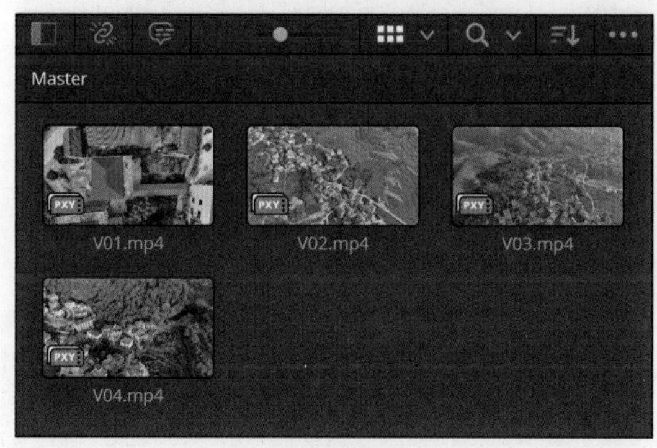

图8-41

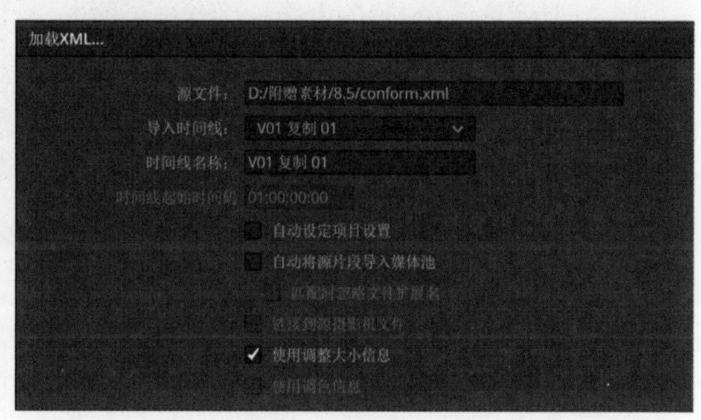

图8-42

07 单击OK按钮，Premiere中剪辑的时间线将被导入DaVinci Resolve 19中，如图8-43所示。

08 切换到媒体页面，在媒体存储面板中找到小样视频所在的路径。在视频缩略图上右击，在弹出的快捷菜单中选择“作为离线参考片段添加”命令，把小样视频添加到媒体池中。同时媒体池中的小样缩略图上会显示棋盘格图标，如图8-44所示。在媒体池的时间线缩略图上右击，在“时间线/链接离线参考片段”菜单中选择刚刚导入的小样视频。

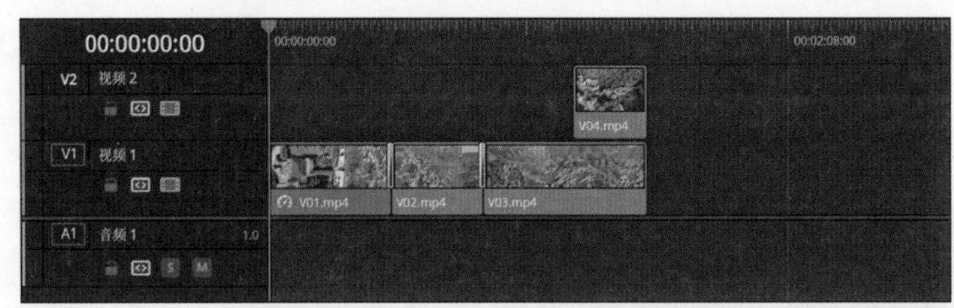

图8-43

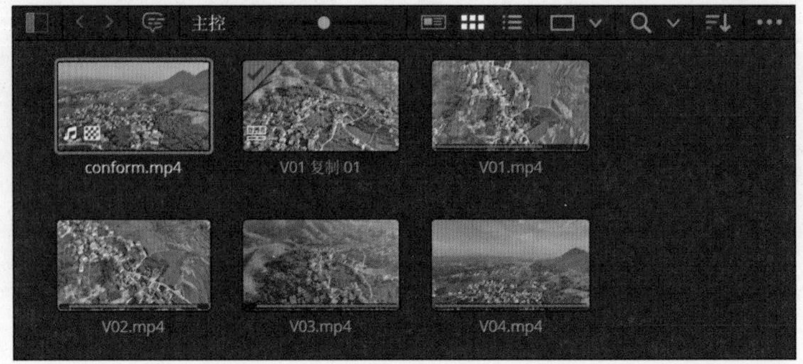

图8-44

09 切换到剪辑页面，激活双检视器模式。在左侧检视器的左下角选择“离线”，如图8-45所示。回放项目或拖曳播放头，检查套底的时间线和小样视频是否同步。

图8-45

10 确认时间码无误后，切换到调色页面，对素材进行调色操作。调色完成后，切换到交付页面，在“渲染设置”面板上方单击Premiere XML模板。单击下方的“浏览”按钮，选择文件的保存路径，如图8-46所示。

图8-46

11 接下来，按照成片标准设置视频格式和码率，如图8-47所示。展开“高级设置”卷展栏，设置“添加帧余量”参数为60（即回批到Premiere后为转场留出1秒的修剪时长）。单击

"添加到渲染序列"按钮，然后在"渲染队列"面板中单击"渲染所有"按钮，输出XML文件和调色完成的视频。

12 在Premiere中打开定剪项目，新建一个素材箱，把定剪的素材和时间线拖到素材箱中，如图8-48所示。

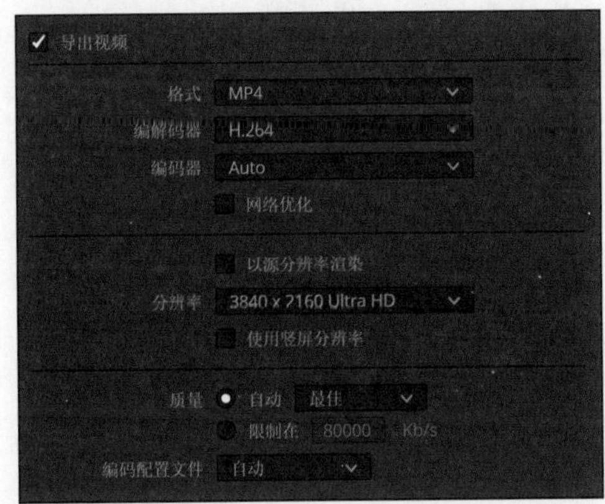

图8-47

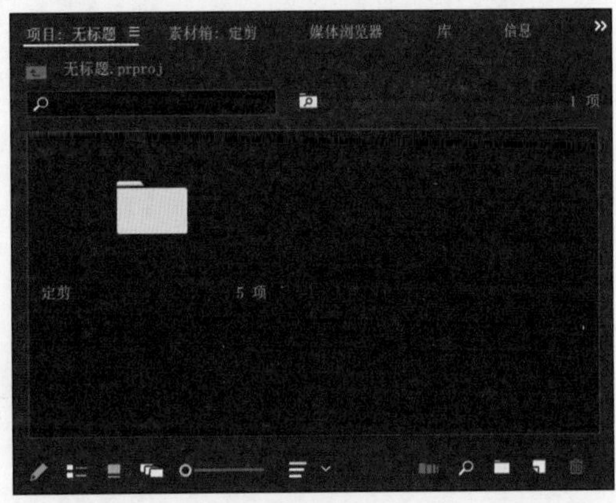

图8-48

13 执行"文件"菜单中的"导入"命令，双击导入DaVinci Resolve 19输出的XML文件。在项目窗口中双击，打开回批的时间线，导入DaVinci Resolve 19调色完毕的素材，如图8-49所示。把定剪时间线上的转场和特效复制到回批时间线上，进行添加字幕、语音等精剪操作，并渲染输出成片。

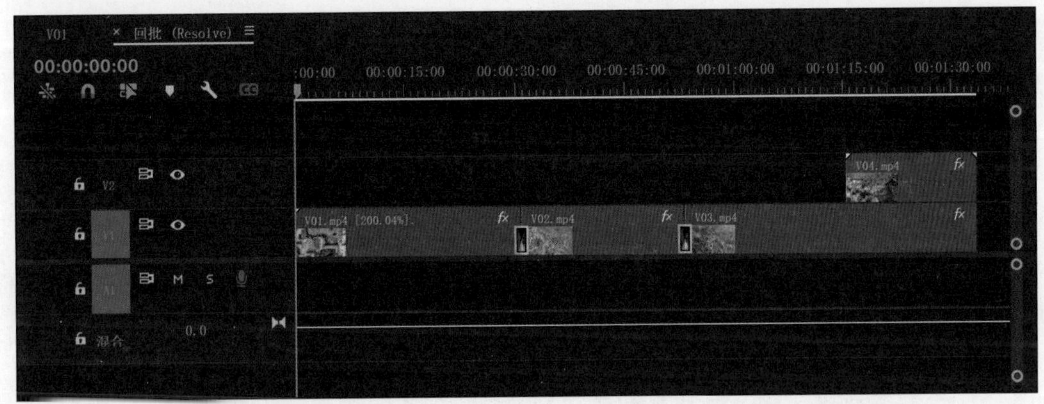

图8-49

DAVINCI RESOLVE 19

达芬奇

视频剪辑与调色

第 9 章

综合运用：常用特效技术合集

在前面几章中，我们详细介绍了DaVinci Resolve 19的各项主要功能。本章将综合之前所介绍的知识，制作几个日常剪辑中常用的特效实例，帮助读者进一步掌握DaVinci Resolve 19更多功能的应用技巧。

9.1 自制标题文字动画

DaVinci Resolve 19提供了很多预设好的标题字幕模板，这些模板大部分是利用Fusion功能制作的。本节将介绍从零开始创建标题动画的方法。只有具备了这个能力后，我们才能根据项目的实际需要，灵活地修改标题模板或制作更合适的标题动画。

01 启动DaVinci Resolve 19后，切换到剪辑页面，按【Ctrl+I】快捷键导入素材。在媒体池中选中V01~V03素材，按F9键将其插入时间线。接着，激活工具条上的按钮，在时间线面板上把光标移到片段的右下角，当光标显示为图标时，把第一个片段的出点拖到3秒15帧处，把第二个片段的出点拖到6秒15帧处，把第三个片段的出点拖到9秒15帧处，如图9-1所示。

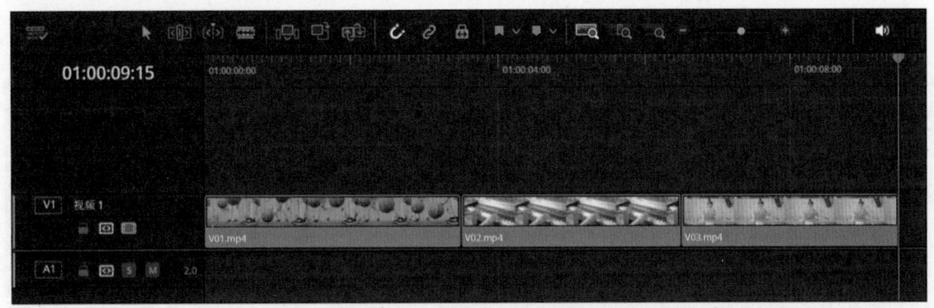

图9-1

02 把光标移到第二个片段的缩略图上，当光标显示为图标时，将其向左侧拖曳，为后续转场预留足够的时长。使用相同的方法调整第三个片段。框选所有片段后，展开特效库面板，在左侧的列表中选择“视频转场”，在“中心划像”预设上右击，在弹出的快捷菜单中选择“添加到所选的编辑点和片段”命令，如图9-2所示。

03 在时间线面板上删除最后一个转场，按住Ctrl键选中剩下的三个转场，在“检查器”面板中将“角度”参数设置为45，在“缓入缓出”下拉菜单中选择“缓入与缓出”选项，如图9-3所示。

图9-2

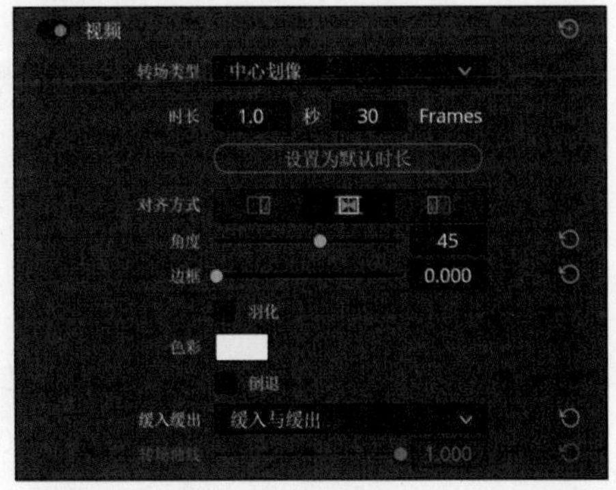

图9-3

04 框选所有片段和转场后，向上拖曳，新建视频轨道V2，在特效库面板列表中单击“生成器”，然后把“纯色”生成器拖到V1轨道上，如图9-4所示。选中纯色片段，在“检查器”面板中将色彩设置为粉红色。

图9-4

05 接下来开始制作标题动画。在特效库面板的列表中单击“标题”，把“Text+”拖到V2轨道上方，创建V3轨道。把标题片段的入点拖到15帧处，把出点拖到3秒15帧处，如图9-5所示。

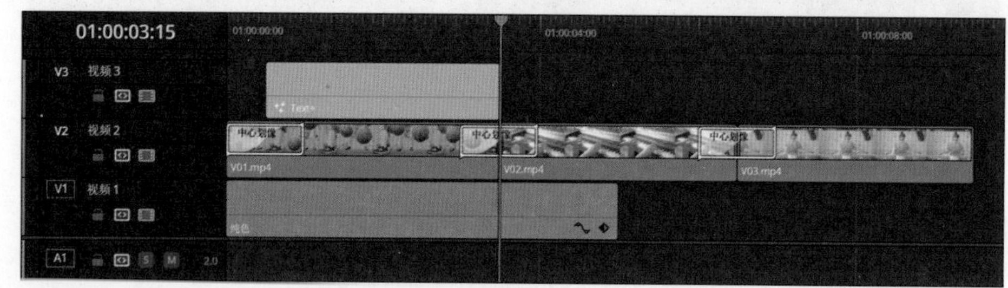

图9-5

提示 Point out

达芬奇软件提供了“文本”和“Text+”两种用来制作标题字幕的基本预设，“文本”的渲染效率比较高，但是动画功能比较弱，比较适合制作大段的字幕或进行动画比较简单的图文排版。“Text+”实际上是一种Fusion节点，只有在Fusion页面中才能发挥出所有功能。

06 把播放头拖到标题片段上方，然后切换到Fusion页面。首先设置文本样式和字距加宽的动画。在“检查器”面板的文本框中，把默认文本改成大写，选择合适的字体，并将“大小”参数设置为0.1。把播放头拖到0帧处，单击◆按钮为“字距”参数创建关键帧，在最后一帧处将“字距”参数设置为1.05，如图9-6所示。

07 在文本框的空白处右击，在弹出的快捷菜单中选择“字符级别样式”命令。激活检视器左上方的Ab按钮后，框选文本TITLE，如图9-7所示。切换到“修改器”选项卡，将选中文本的颜色设置为黄色。

08 再次右击文本框，在弹出的快捷菜单中选择“跟随器”命令。在Follower1卷展栏中切换到“着色”选项卡，把播放头拖到10帧处，为“不透明度”“柔和度”选项组中的“X轴”“Y轴”“辉光”参数以及“位置”选项组中的“偏移Z轴”参数创建关键帧。

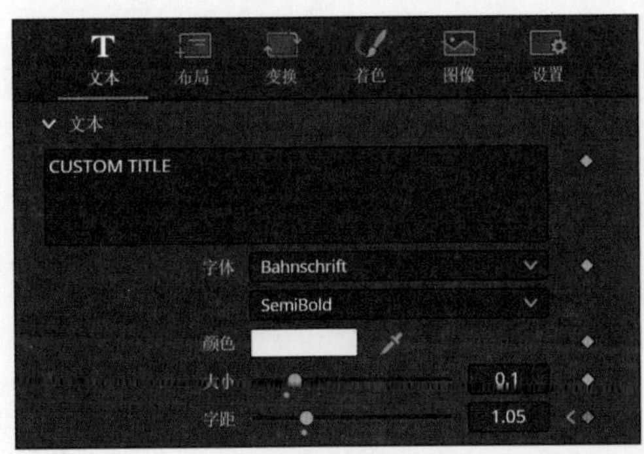

图9-6

图9-7

09 把播放头拖到0帧处，依次将“不透明度”参数设置为1，“X轴”和“Y轴”参数设置为20，“辉光”参数设置为1，“偏移Z轴”参数设置为-3。在回放项目时，文本中的所有字符都会产生相同的动画效果，如图9-8所示。

10 切换到“时间”选项卡，在“顺序”下拉菜单中选择“从左到右”，将“延迟”参数设置为4，如图9-9所示。此时，文本的字符会依次重复所设置的动画效果。

图9-8

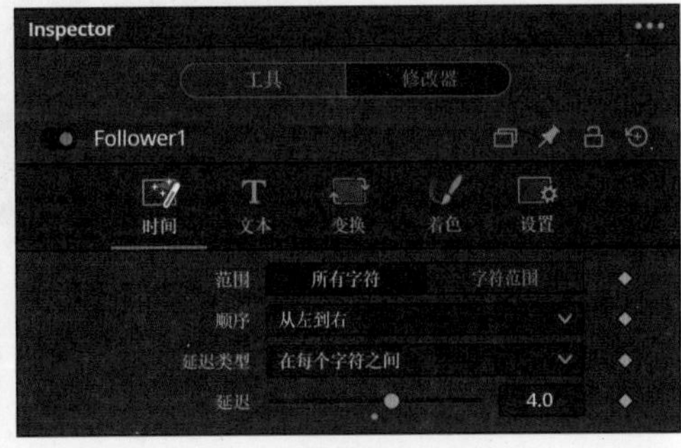

图9-9

11 展开样条线面板，勾选所有复选框后单击⤢按钮，显示所有关键帧，选中所有关键帧后，按【Shift+S】快捷键，把插值设置为圆滑，如图9-10所示。

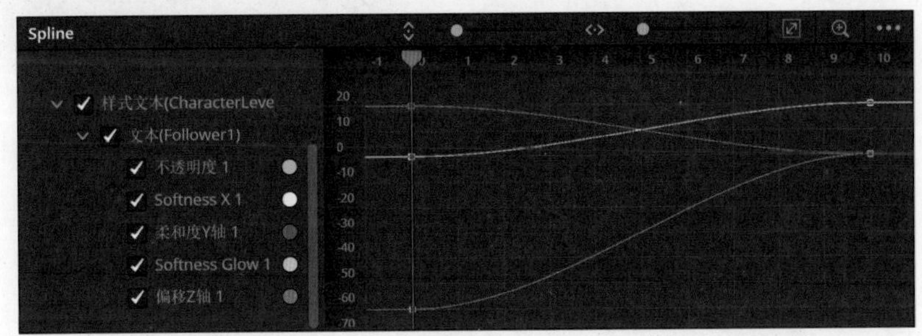

图9-10

12 切换回剪辑页面，按住Alt键复制两个文本片段。在转场缩略图上右击，在弹出的快捷菜单中选择“创建转场预设”命令，并在弹出的窗口中单击OK按钮。在特效库面板中，把新创建的“中心划像Preset”预设拖到标题片段的编辑点上，如图9-11所示。

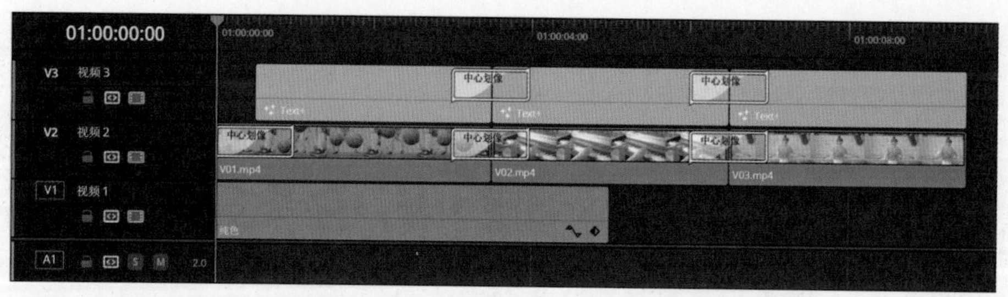

图9-11

13 把播放头拖到第二个文本片段上，然后切换到Fusion页面。在检视器面板中，激活Ab按钮后，选中所有字符。在“修改器”选项卡中展开Character Level Styling1卷展栏，把字符颜色设置为白色；继续选中字符CUSTOM，把颜色设置成粉红色，如图9-12所示。

图9-12

14 展开Follower1卷展栏，在“顺序”下拉菜单中选择“随机但一个接一个”，如图9-13所示。这样可以轻松实现不同的逐字动画效果。

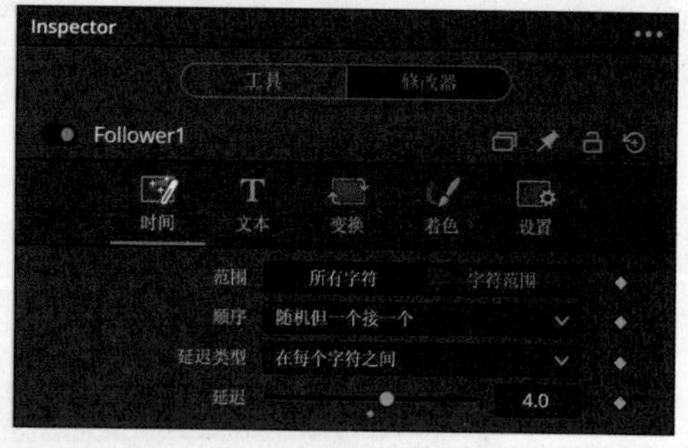

图9-13

15 展开片段面板，选中最后一个文本片段，在“检查器”面板的“顺序”下拉菜单中选择“从里到外”，逐字动画的效果如图9-14所示。

图9-14

16 切换到剪辑页面，按【Ctrl+N】快捷键新建时间线。在特效库面板的列表中单击“生成器”，把“纯色”生成器拖到V1轨道上，在“检查器”面板中将色彩设置为粉红色。在特效库面板的列表中单击“标题”，把“文本”拖到V2轨道上。把媒体池中的V04素材拖到V3轨道，如图9-15所示。

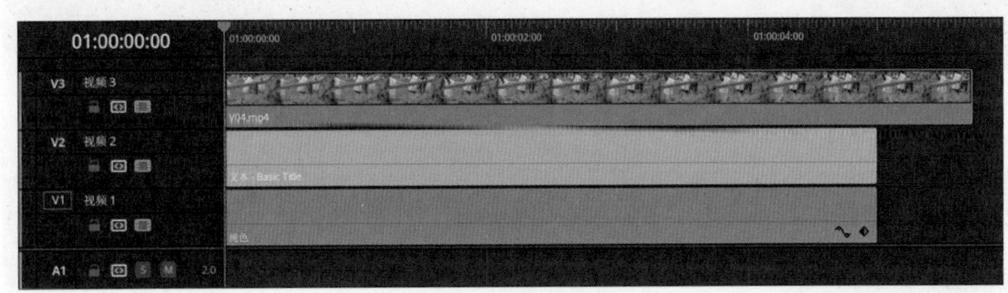

图9-15

17 把播放头拖到4秒15帧处，按【Shift+]】快捷键修剪结尾。选中V3轨道上的片段，在“检查器”面板的“合成模式”下拉菜单中选择“前景”。选中V2轨道上的片段，在文本框中只保留Title，在“字体系列”下拉菜单中选择Arial Black，将“大小”参数设置为1400，在“字体大小写”下拉菜单中选择“全部大写”，如图9-16所示。

18 切换到“设置”选项卡，在“合成模式”下拉菜单中选择Alpha，此时文字区域会变成透明，露出前景的视频，如图9-17所示。接着切换到“标题”选项卡，把播放头拖到20帧处，将“位置X”参数设置为4200后创建关键帧，在最后一帧处将“位置X”参数设置为-2300。

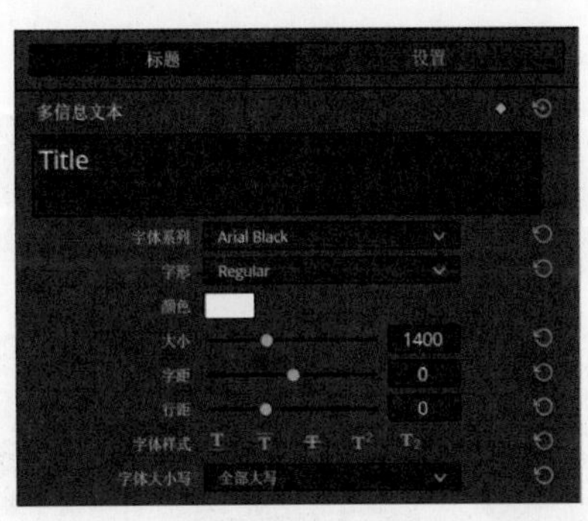

图9-16

图9-17

19 在媒体池中双击切换到Timeline1时间线，然后把Timeline2时间线拖到V2轨道的尾部。拖曳时间线片段左侧的边框，修剪掉15帧的时长。把特效库面板中的“中心划像 Preset”预设拖到片段上，结果如图9-18所示。

20 在特效库面板的列表中单击“特效”，把“调整片段”拖到V4轨道。把调整片段的出点拖到13秒15帧处，如图9-19所示。

提示 Point out

调整片段相当于一个透明的覆盖图层，为这个图层设置的参数或者添加的效果器，可以作用到所有下层轨道。

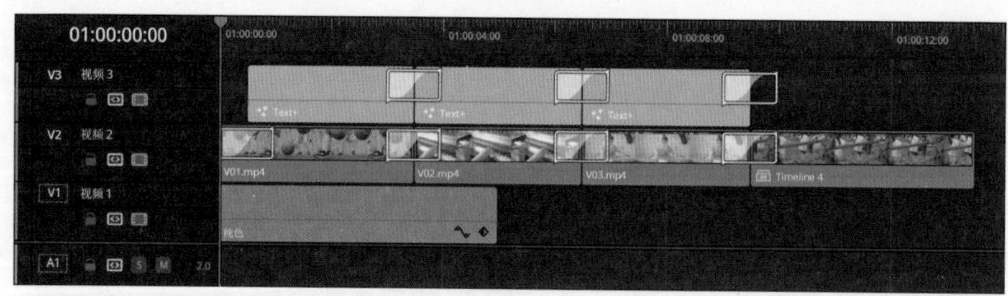

图9-18

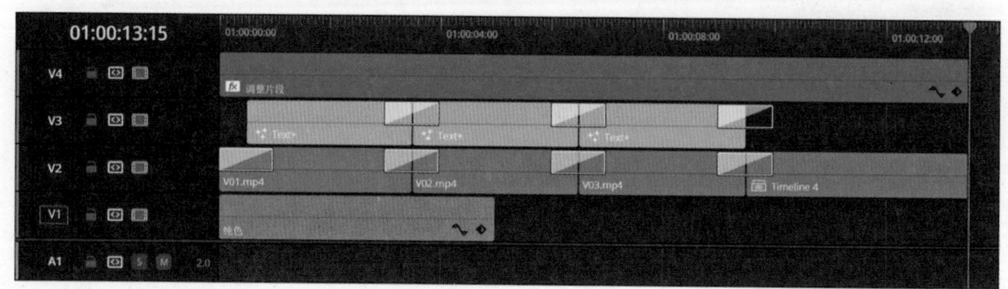

图9-19

21 在特效库面板的列表中单击Open FX，把“色彩空间转换”拖到调整片段上。在“检查器”面板的“输出色彩空间”和“输出Gamma”下拉菜单中选择Rec.709，在“输入色彩空间”下拉菜单中选择ARRIWideGamut3，在“输入Gamma”下拉菜单中选择Sony S-Log，如图9-20所示。在“色调映射”卷展栏中将“适配”参数设置为20。标题文字动画制作完成，最终效果如图9-21所示。

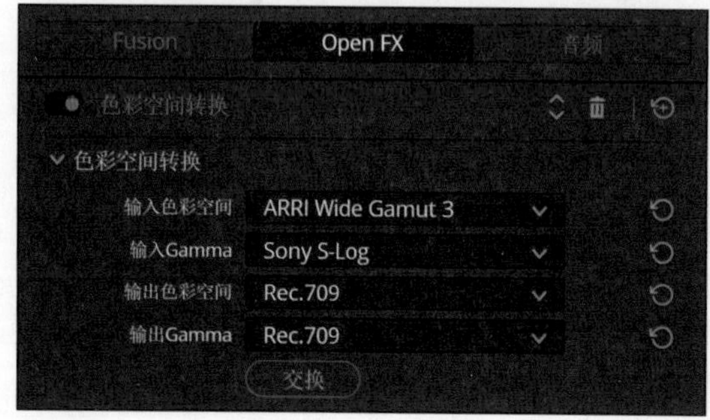

图9-20

图9-21

9.2 发光手写文字特效

本节将制作发光手写文字的效果。要想实现这种较为复杂的标题特效，除了需要借助Fusion的强大功能以外，还需要配合使用各种效果器。

01 运行DaVinci Resolve 19后，切换到剪辑页面。在媒体池的空白处右击，在弹出的快捷菜单中选择“新建 Fusion合成”命令，设置新建合成的时长为5秒后，单击“创建”按钮，如图9-22所示。把新建的合成片段插入时间线，然后切换到Fusion页面。

02 单击工具条上的T按钮创建文本节点，把新建的节点连接到MediaOut1节点。在“检查器”面板的文本框中输入Light，把字体设置为手写体，依次将“大小”参数设置为0.25，颜色设置为红绿蓝=42、124、119，如图9-23所示。

图9-22

图9-23

03 选中Text1节点后，单击工具条上的按钮，创建合并节点Merge1；把工具条上的按钮拖到节点面板的空白处，创建背景节点Backgrourd1，然后把Backgrourd1节点连接到Merge1节点。继续选中Merge1节点，然后按【Ctrl+T】快捷键交换输入，如图9-24所示。

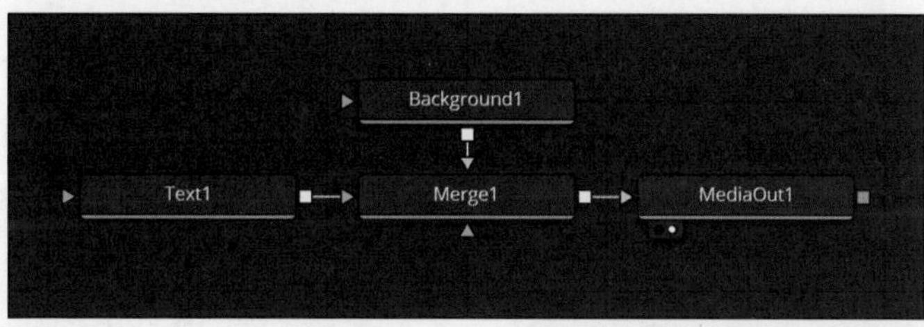

图9-24

04 选中Backgrourd1节点，在“检查器”面板的“类型” 下拉菜单中选择“渐变”，在“渐变类型”下拉菜单中选择Radial。依次将“起始X”参数设置0.5，“结束X”参数设置为1.1，把渐变色盘左侧的色标颜色设置为红绿蓝=0、48、54，右侧色标的颜色设置为红绿蓝=0、10、17，如图9-25所示。

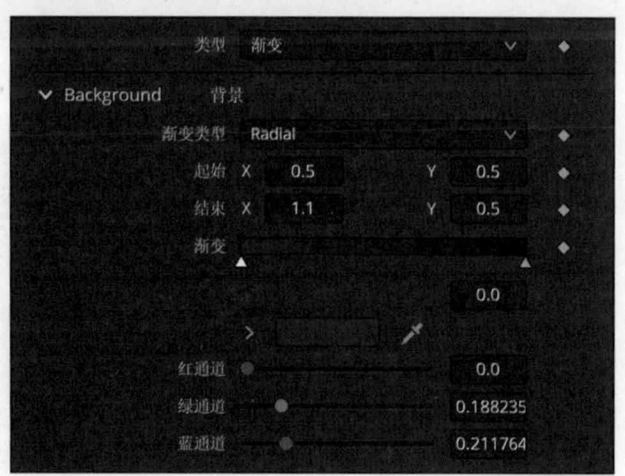

图9-25

05 现在开始制作手写文字的动画。选中文本节点后，按【Shift+空格】快捷键打开选择工具窗口，搜索并添加MaskPaint1节点。在“检查器”面板中单击Mask选项卡，勾选“反向”复选框以显示出文字。激活检视器上方的按钮，按照文字的笔画顺序，用鼠标绘制画笔的运动路径，如图9-26所示。

图9-26

提示 Point out

按住Ctrl键后滚动鼠标中键可以放大检视器的画面。另外，我们绘制的画笔路径必须是连续的线段，中间不能断开。

06 在检视器上方激活按钮，选中线段上的所有控制点后单击按钮切换成曲线，然后精细调整曲线的形状。按Delete键删除多余控制点，或者单击按钮添加新的控制点，如图9-27所示。

07 在“检查器”面板中取消勾选“反向”复选框的，切换到“控制”选项卡，依次将“大小”参数设置为0.006，“柔和度”参数设置为0.001。把播放头拖到50帧处，在第二个“笔刷控制”卷展栏中为“写入”参数并创建关键帧，在0帧处将“写入”参数设置为0，如图9-28所示。然后回放项目，即可看到书写文字的效果。

图9-27

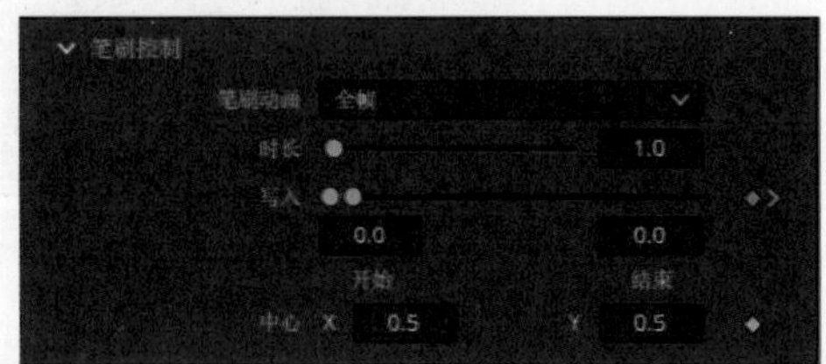

图9-28

08 选中文本节点后按【Shift+空格】快捷键，搜索并添加“投影1”节点，在“检查器”面板中依次将“投影距离”参数设置为0.015，“模糊”参数设置为0.5。选中“投影1”节点后单击工具条上的按钮创建合并节点Merge2，如图9-29所示。

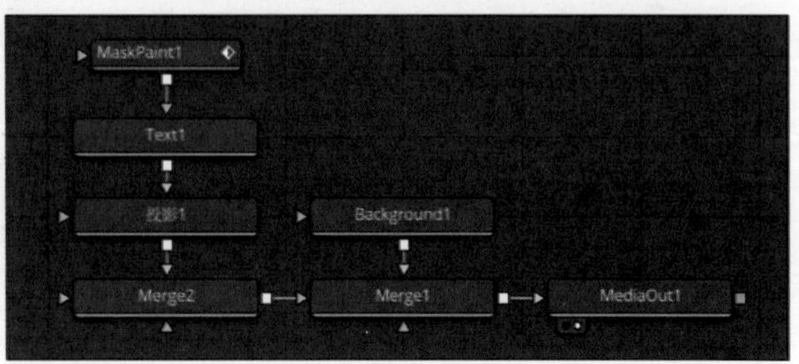

图9-29

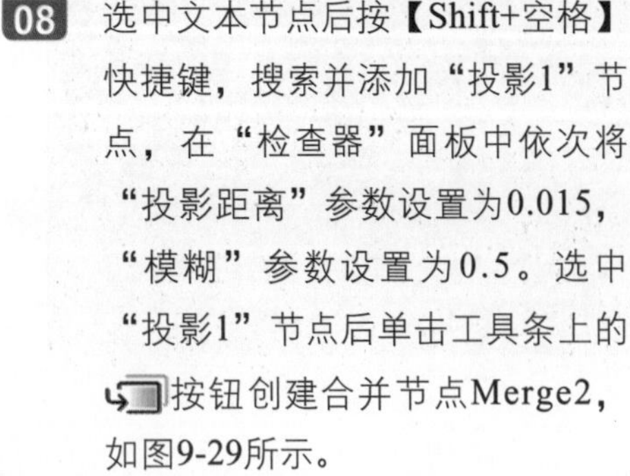

09 接下来制作发光字的效果。复制文本节点，把复制的节点连接到Merge2上。选中复制的文本节点，在“检查器”面板中将文本的颜色修改为白色。在文本框的空白处右击，在弹出的快捷菜单中选择“跟随器”命令。切换到“修改器”选项卡，在“顺序”下拉菜单中选择“从左到右”，将“延迟”参数设置为4，如图9-30所示。切换到“着色”选项卡，在65帧处为“不透明度”参数创建关键帧，在60帧处将“不透明度”参数设置为0。

10 按【Shift+空格】快捷键，搜索并添加3个 Glow节点，如图9-31所示。选中Glow2节点，将“辉光大小”参数设置为65，“Glow辉光”参数设置为0.6，然后单击“阈值”按钮。选中Glow3节点，依次将“辉光大小”参数设置为150，“Glow辉光”参数设置为0.6。

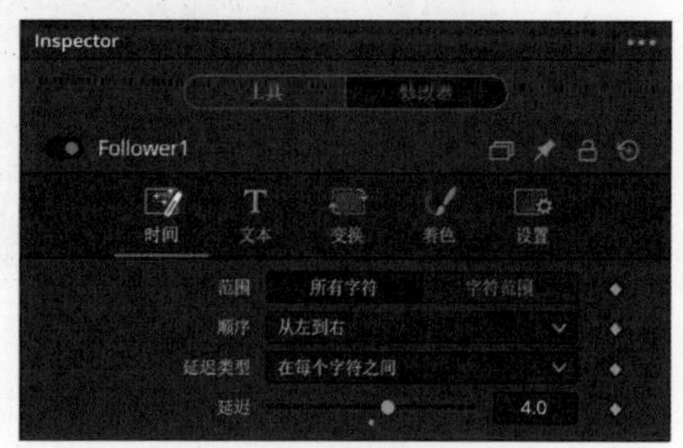

图9-30

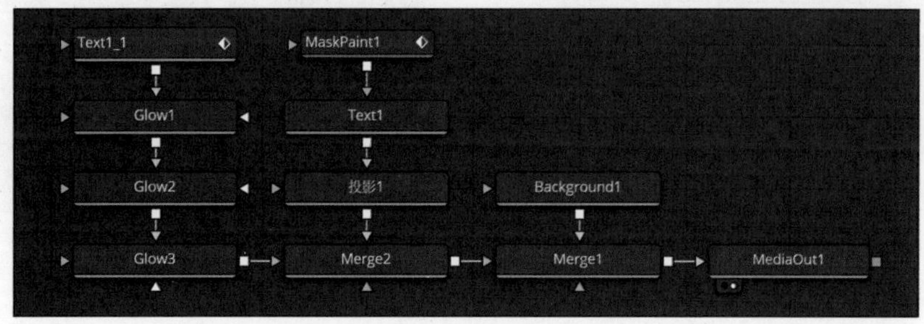

图9-31

11 选中Glow3节点，单击工具条上的按钮，在“检查器”面板中把色盘上的M按钮向红色方向拖曳，即可修改灯光的颜色，如图9-32所示。

12 选中ColorCorrector1节点，按【Shift+空格】快捷键，搜索并添加“添加闪烁1”节点。在“检查器”面板的“闪烁类型”下拉菜单中选择“闪烁亮部”，依次将“范围”参数设置为0.1，“速度”参数设置为0.2，如图9-33所示。

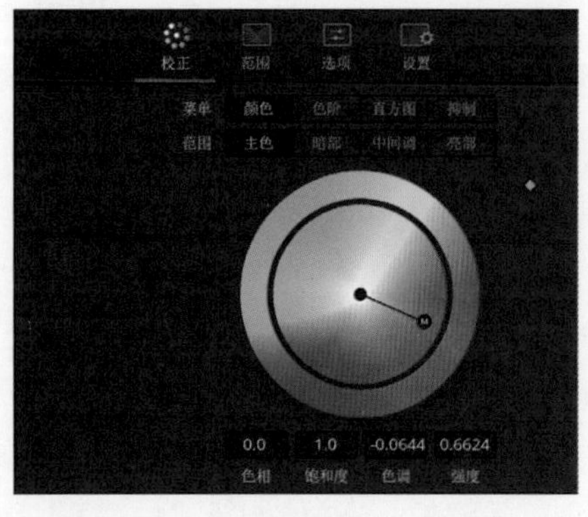

图9-32

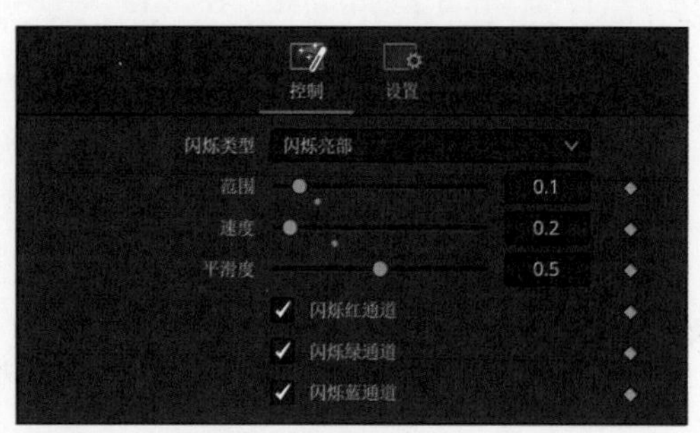

图9-33

13 需要使用视频背景时，可以选中Background1节点，单击工具条上的按钮，创建合并节点Merge3。展开媒体池面板，把V01素材拖到节点面板的空白处，创建Medialn1节点，并连接到Merge3节点，如图9-34所示。

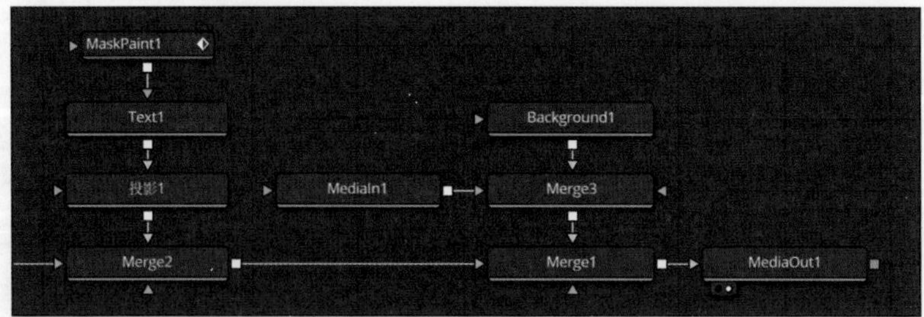

图9-34

14 选中Merge3节点，在“检查器”面板的“应用模式”下拉菜单中选择“正片叠底”。选中Background1节点，将左侧色标的颜色设置为红绿蓝=0、90、 100。选中Text1节点，将颜色设置为白色。最终效果如图9-35所示。

图9-35

9.3 人物遮挡文字特效

本节将利用调色页面的抠像功能以及Fusion页面的跟踪器功能，配合剪辑功能，制作标题文字被遮挡的效果。在制作实例的过程中，还将介绍抠像功能的扩展运用以及Fusion跟踪器的进阶用法。

01 运行DaVinci Resolve 19后，切换到剪辑页面，按【Ctrl+I】导入素材，并将V01素材插入时间线V1轨道。展开特效库面板，在左侧的列表中选择“标题”，把“文本”预设拖到时间线的V2轨道，然后把文本片段的出点拖到4秒处。继续把特效库面板中的“文本”预设拖到V3轨道，把片段的入点拖到2秒15帧处，其出点与第一个视频片段的出点对齐，如图9-36所示。

02 选中V2轨道上的文本片段，在“字形”下拉菜单中选择Bold，在“字体大小写”下拉菜单中选择“全部大小”，将“大小”参数设置为300，如图9-37所示。在0帧处将“位置X”参数设置为-890，“位置Y”参数设置为650后创建关键帧，在4秒处将“位置X”参数设置为2800。

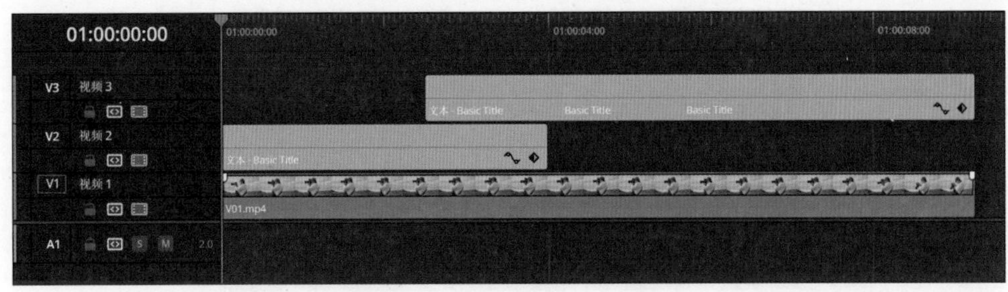

图9-36

03 选中V3轨道上的片段，在文本框中复制多个标题，然后按回车和空格键将其调整为弹幕的样式。在“字形”下拉菜单中选择SemiBold，依次将“大小”参数设置为80，“行距”参数设置为60，如图9-38所示。在2秒15帧处依次将“位置X”参数设置为-1680，“位置Y”参数设置为620后创建关键帧，在最后一帧处将“位置X”参数设置为3080。切换到“设置”选项卡，在“合成”选项组中将“不透明度”参数设置为60。

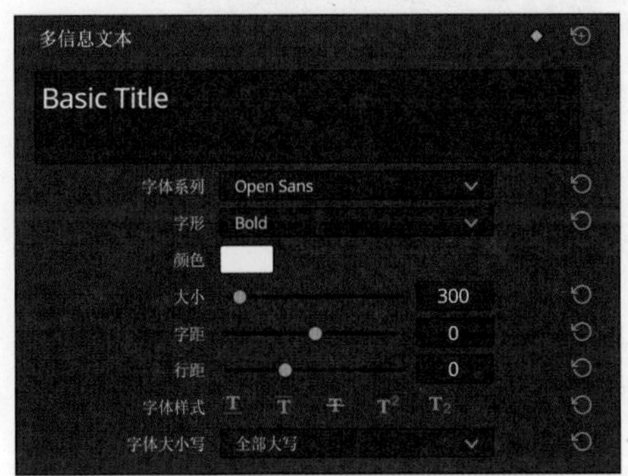

图9-37

多信息文本

Basic Title Basic Title
Basic Title
Basic Title

字体系列 Open Sans
字形 SemiBold
颜色
大小 80
字距 0
行距 60

图9-38

04 模仿弹幕的标题动画设置完成了，接下来开始制作人物遮挡文字的效果。按住Alt键把V1轨道上的片段复制到V4轨道，切换到调色页面，展开特效库面板，把“深度贴图”效果器拖到默认节点上。勾选“调整深度贴图级别”复选框后，取消勾选“深度贴图预览”复选框，将“远端极限”和“近端极限”参数设置为0.5，如图9-39所示。

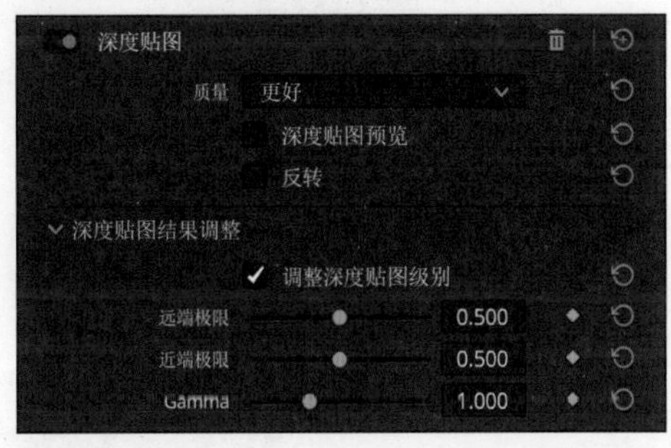

图9-39

05 在节点面板的空白处右击，在弹出的快捷菜单中选择“添加Alpha输出”命令。把节点上的蓝色方块拖到页面右侧的蓝色圆点，单独输出遮罩区域，如图9-40所示。这样就得到了人物遮挡文字的效果。

06 利用调色页面的抠像功能还能实现给人物描边的效果。切换到剪辑页面，把V4轨道上的片段拖到V6轨道上。在特效库面板的列表中，单击“生成器”，然后将“纯色”生成器拖到V5轨道，如图9-41所示。

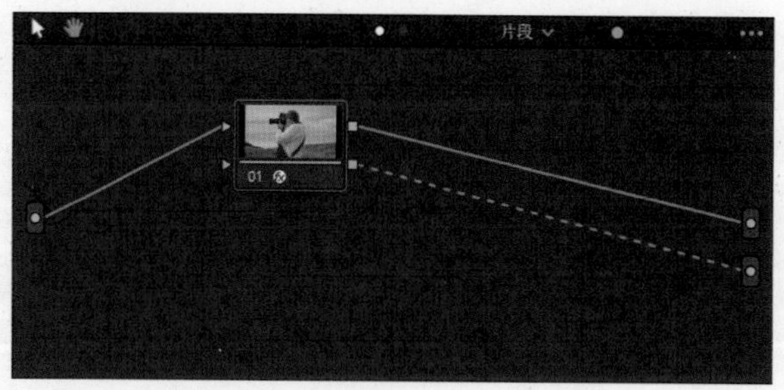

图9-40

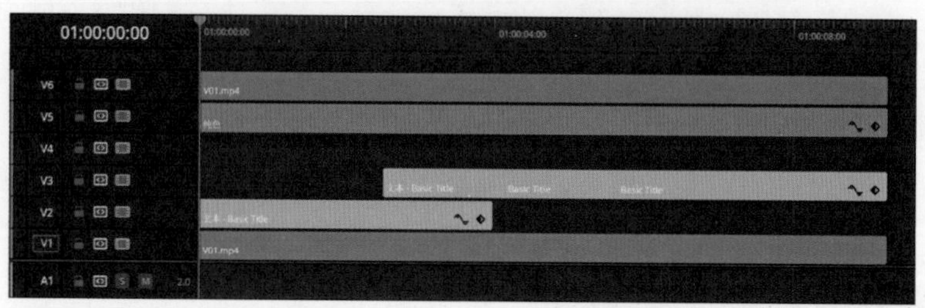

图9-41

07 按住Alt键，把V6轨道上的片段复制到V4轨道，如图9-42所示。选中V5轨道上的片段，在“检查器”面板中单击“设置”选项卡，在“合成模式”下拉菜单中选择“前景”。选中V4轨道上的片段，在“合成模式”下拉菜单中选择Alpha。

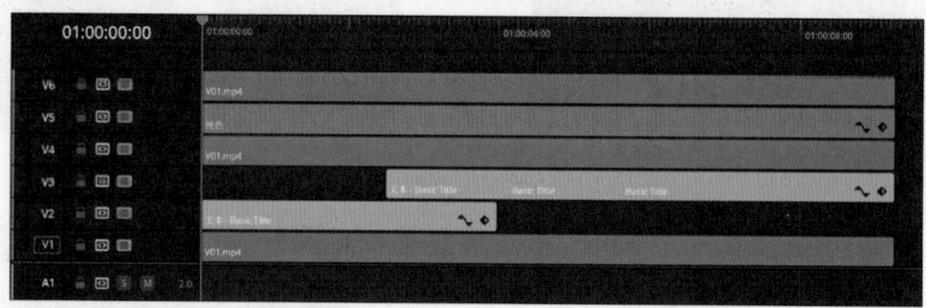

图9-42

08 切换到调色页面，在片段面板中选择第二个片段。在特效库面板的左上角单击“素材库”选项卡，把“Alpha蒙版收缩与扩展”效果器拖到节点面板的输出连线上。把第一个节点的输出通道连接到新建节点，然后连接到Alpha输出节点，如图9-43所示。

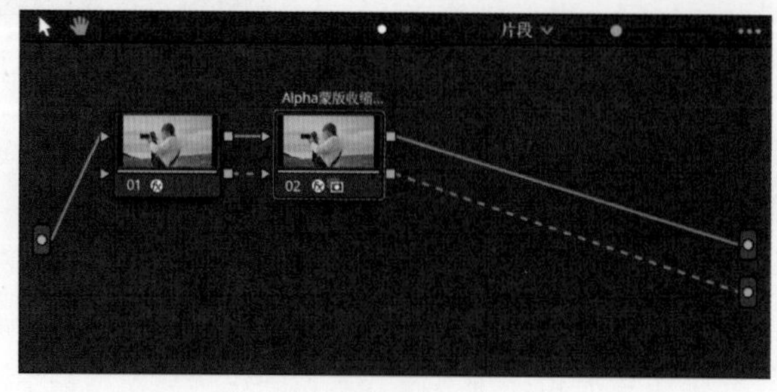

图9-43

09 在特效库面板的“变形操作”下拉菜单中选择“扩展”，将“半径”参数设置为0.5（即描边的宽度）。描边的效果如图9-44所示。

图9-44

10 接下来制作第二种文字遮挡效果。删除时间线上的所有片段，把媒体池面板中的V02素材拖到V1轨道。切换到Fusion页面，选中MediaIn1节点后，按【Shift+空格】快捷键，搜索并添加跟踪器节点Tracker1，在检视器中，把跟踪点对准靠近镜头的岩石，如图9-45所示。

11 在“检查器”面板的“自适应模式”中，单击“每一帧”按钮，然后单击—▶—按钮开始跟踪运算。跟踪结束后，当目标离开画面后，跟踪点会出现十几帧的混乱。把播放头拖到74帧处，然后把跟踪点向画面左侧拖曳，找到另一个跟踪目标，如图9-46所示。

图9-45

图9-46

12 在“检查器”面板中，单击“路径中心”选项下的“跟踪中心（追加）”按钮，再次单击—▶—按钮，继续跟踪运算。运算结束后，展开样条线面板，勾选“位移”复选框，框选102帧之后的所有关键帧后，然后按Delete键将其删除，如图9-47所示。切换到“操作”选项卡，在“操作”下拉菜单中选择“匹配移动”。

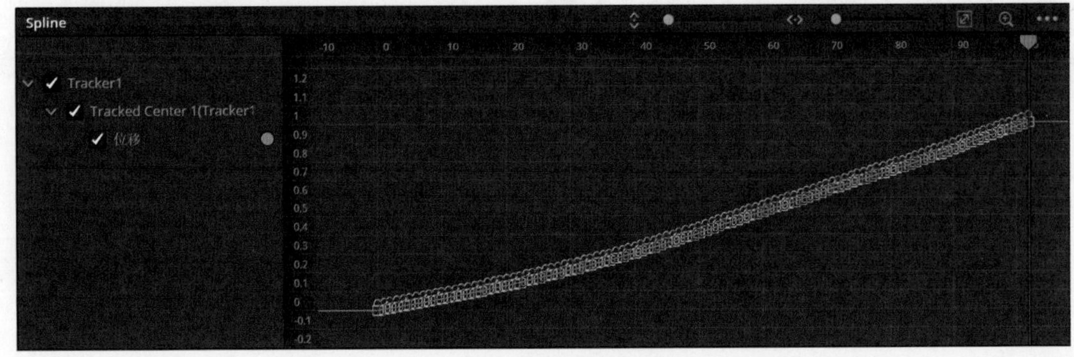

图9-47

13 把工具条上的T按钮拖到节点面板的空白处，然后把文本节点连接到Tracker1节点。在“检查器”面板的文本框中输入BASIC，将“大小”参数设置为0.25。在0帧处把文本移动到如图9-48所示的位置。

14 切换到“着色”选项卡，单击“选择元素”中的3，然后勾选“启用”复选框，如图9-49所示。将不透明度参数设置为0.8，在“柔和度”卷展栏中将“X轴”和“Y轴”参数设置为12，在“位置”卷展栏中依次将“偏移Y”参数设置为-0.03，在“旋转”卷展栏中将“X轴”参数设置为-65，在“倾斜”卷展栏中将“X轴”参数设置为-0.6。

图9-48

图9-49

15 选中Tracker1节点后按【Shift+空格】快捷键，添加跟踪器节点Tracker2。把跟踪点对准如图9-50所示的岩石，在“检查器”面板中单击“每一帧”按钮后开始跟踪运算。当人物遮挡住目标后，跟踪运算会自动停止。把播放头拖到158帧处，重新定位新的跟踪点。在“检查器”面板中单击“跟踪中心（追加）”按钮后继续进行跟踪运算。计算完成后，切换到“操作”选项卡，在“操作”下拉菜单中选择“匹配移动”。

图9-50

提示 Point out

选中Tracker节点后，检视器上会出现绿色的跟踪轨迹，把光标移到轨迹上就会显示出方块代表的关键点，当跟踪轨迹出现个别跳动时，可以拖曳跟踪点手动修正。

16 把工具条上的T按钮拖到节点面板的空白处，把文本节点连接到Tracker2节点。在“检查器”面板的文本框中输入TITLE，将“大小”参数设置为0.22，如图9-51所示。切换到“着色”选项卡，单击“选择元素”中的3，然后勾选“启用”复选框，将不透明度参数设置为0.8，在“柔和度”卷展栏中将“X轴”和“Y轴”参数均设置为20。

17 把播放头拖到170帧处，把文本移动到如图9-52所示的位置。

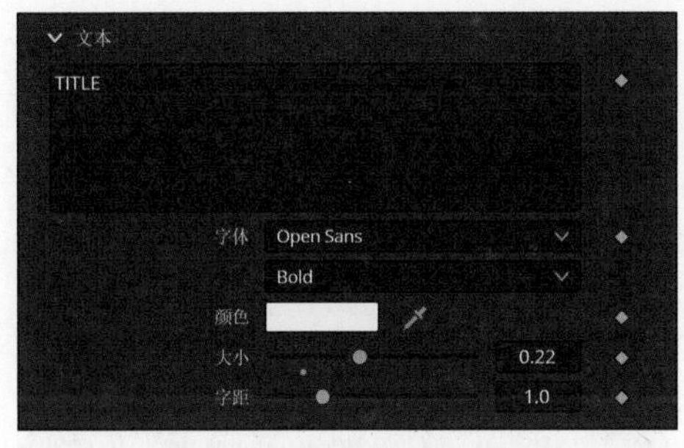

图9-51

图9-52

18 切换到剪辑页面，把媒体池中的V02素材拖到V2轨道上，把入点拖到5秒23帧处。把播放头拖到V2片段上，然后切换到调色页面。单击工具条上的按钮切换到神奇遮罩面板，在人物身上画出标记，然后单击⇄按钮开始跟踪计算。拖曳播放头查看抠像效果。如果有些帧的遮罩没有覆盖人物及其手里拿的帽子，可以在缺失的部位重新画上标记，然后单击⇄按钮重新计算，如图9-53所示。

19 在节点面板的空白处右击，在弹出的快捷菜单中选择“添加Alpha输出”命令。把节点上蓝色的遮罩通道连接到Alpha节点上，切换到页面，即可看到人物遮挡文字的效果，如图9-54所示。

图9-53

图9-54

9.4 粒子文字消散特效

本节将继续发掘Fusion的更多功能，制作具有金属质感的标题文字，并创建文字被风吹散成粒子的动画效果。

01 运行DaVinci Resolve 19后切换到“剪辑”页面。在媒体池的空白处右击，在弹出的快捷菜单中选择“新建Fusion合成”命令，将“时长”设置为6秒，然后单击“创建”按钮。把新建的Fusion合成拖曳到时间线，然后切换到Fusion页面，单击工具条上的T按钮，创建文本节点Text1，把Text1节点和MediaOut1节点连接到一起。

02 在“检查器”面板的文本框中输入PARTICLE，依次将“大小”参数设置为0.2，颜色设置为红绿蓝=170、255、40，如图9-55所示。

03 切换到“着色”选项卡，在“选择元素”中单击2，勾选“启用”复选框，将“厚度”参数设置为0.015，如图9-56所示。继续在“选择元素”中单击3，勾选“启用”复选框，将“X轴”和“Y轴”参数均设置为10。

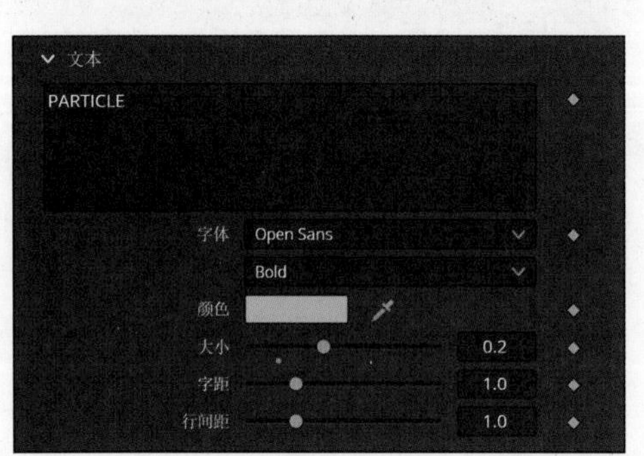

图9-55

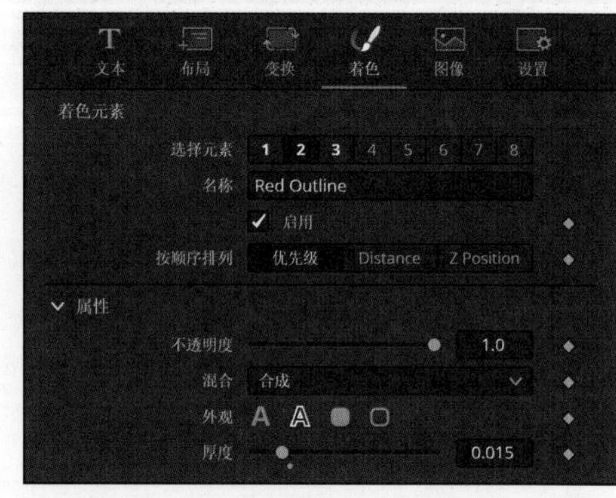

图9-56

04 按【Shift+空格】快捷键，在选择工具窗口中搜索并添加Blur1节点，继续按【Shift+空格】快捷键，搜索并添加ErodeDilate1节点。在“检查器”面板的“过滤器”中单击“高斯”，然后将“数量”参数设置为-0.006，如图9-57所示。

05 搜索并添加CreateBumpMap1节点。在“检查器”面板的Filter Size中单击5，依次将Clamp Normal.Z参数设置为0.5，Height Scale参数设置为100，如图9-58所示。

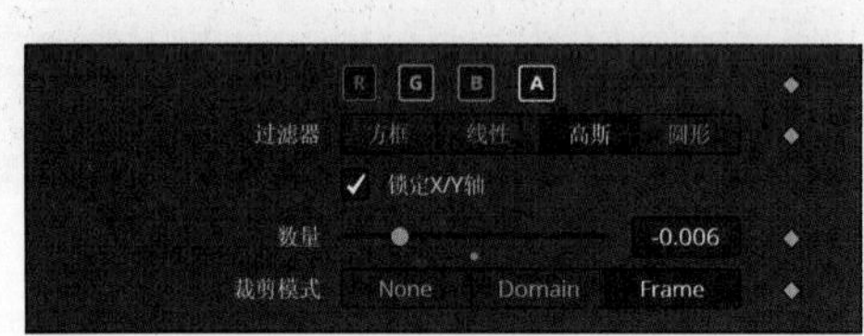

图9-57

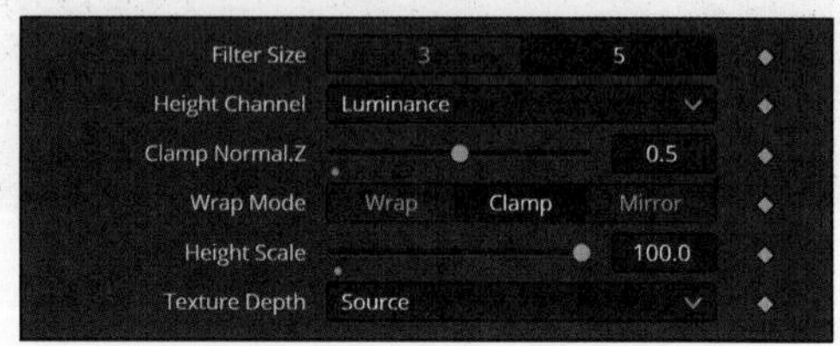

图9-58

06 单击工具条上的按钮，创建合并节点Merge1，然后把Blur1节点和Merge1节点连接到一起，如图9-59所示。选中Merge1节点，在“检查器”面板的“应用模式”下拉菜单中选择“滤色”，在“运算”下拉菜单中选择In。

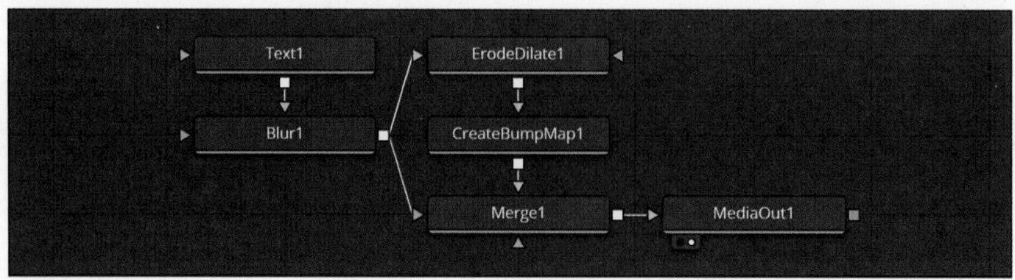

图9-59

07 按【Shift+空格】快捷键，搜索并添加ChannelBooleans1节点，在“检查器”面板的“到红通道”“到绿通道”和“到蓝通道”下拉菜单中选择“黑色”，如图9-60所示。单击“辅助”选项卡，勾选“启用额外通道”复选框，在“到X轴法线”下拉菜单中选择“红通道前景”，在“到Y轴法线”下拉菜单中选择“绿通道前景”，在“到Z轴法线”下拉菜单中选择“蓝通道前景”。

08 按【Shift+空格】快捷键，搜索并添加Shader1节点。在“检查器”面板中将“赤道角度”参数设置为128，“极线高度”参数设置为-25，如图9-61所示。

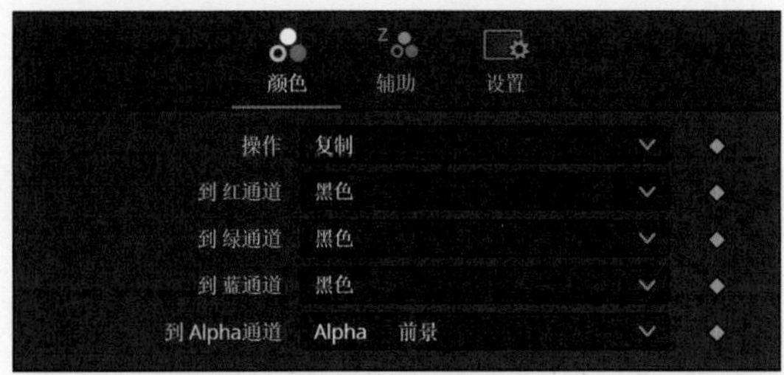

图9-60

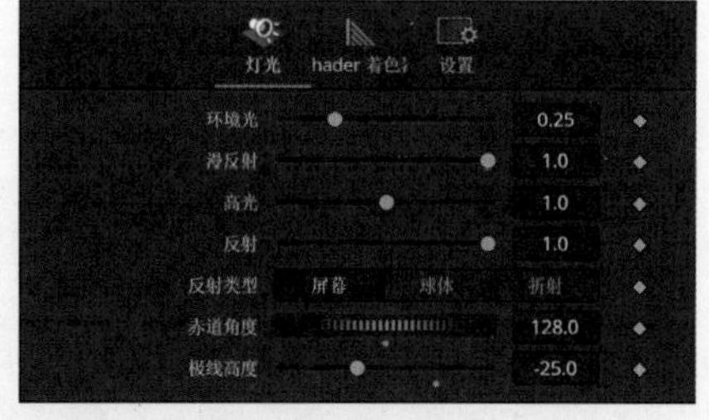

图9-61

09 确认Shader1节点被选中，单击工具条上的按钮和按钮创建背景节点 Background1和与之连接的合并节点Merge2。继续选中Merge2节点，然后按【Ctrl+T】快捷键交换输入。选中Background1节点，将颜色设置为红绿蓝=30、30、30。金属文字的效果如图9-62所示。

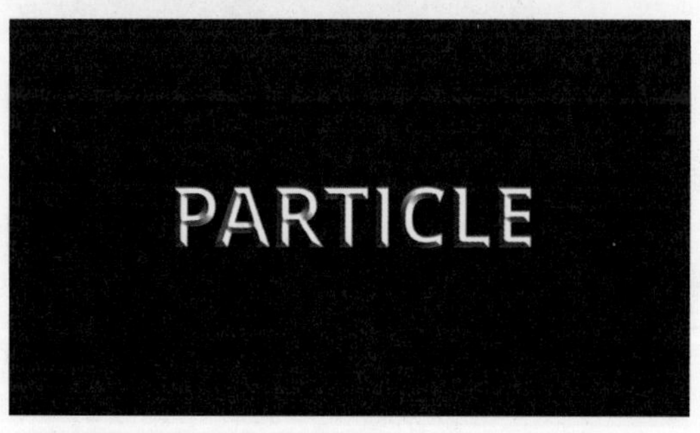

图9-62

10 接下来，开始制作风吹粒子效果。在节点面板中框选除Text1和MediaOut1以外的所有节点，如图9-63所示。按【Ctrl+G】快捷键把选中的节点放到一个组中。

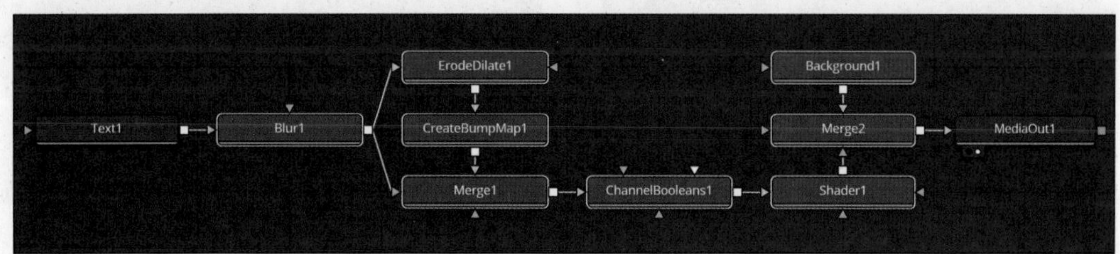

图9-63

11 选中Text1节点，单击工具条上的按钮创建矩形蒙版，如图9-64所示。在“检查器”面板中勾选“反向”复选框，依次将“柔边”参数设置为0.03，“宽度”和“高度”参数设置为1。把播放头拖到30帧处，将“中心X”参数设置为-0.3后创建关键帧。在120帧处将“中心X”参数设置为0.35。

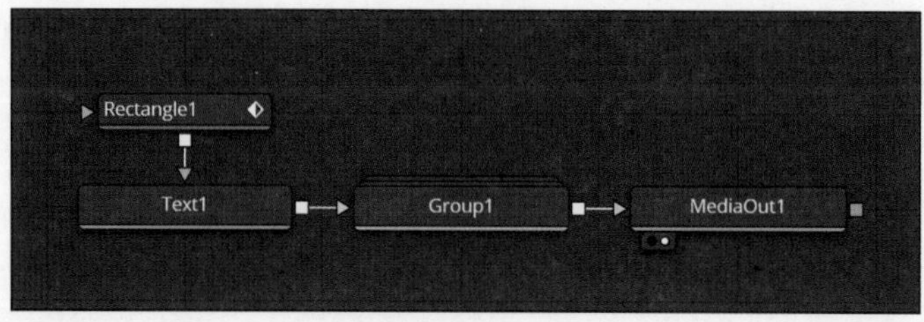

图9-64

12 选中Group1节点，创建合并节点Merge3。接下来，单击工具条上的 和 按钮，分别创建粒子发射器节点pEmitter1和粒子渲染器节点pRender1，把pRender1和Merge3节点连接到一起，如图9-65所示。

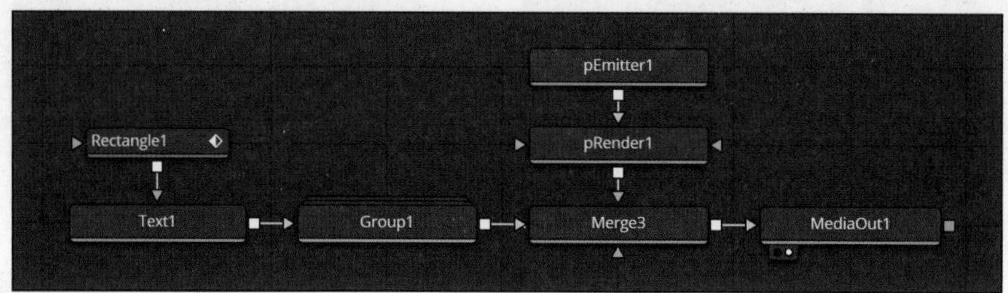

图9-65

13 选中pEmitter1节点，在“检查器”面板中切换到“区域”选项卡，在“区域”下拉菜单中选择Bitmap，如图9-66所示。把节点面板中的Text1节点拖到“区域位图”文本框中。

14 切换到“样式”选项卡，在“样式”下拉菜单中选择Blob，将“Noise”参数设置为0.5。展开Size Controls卷展栏，将Size和Size Variance参数设置为0.25。切换到“控制”选项卡，在“发射器”卷展栏中依次将“数量”参数设置为60，“寿命”参数设置为50，如图9-67所示。在“速度”卷展栏中依次将“速度”参数设置为0.1，“速度变化”参数设置为0.05，“角度”参数设置为15，“角度Z轴”参数设置为60。

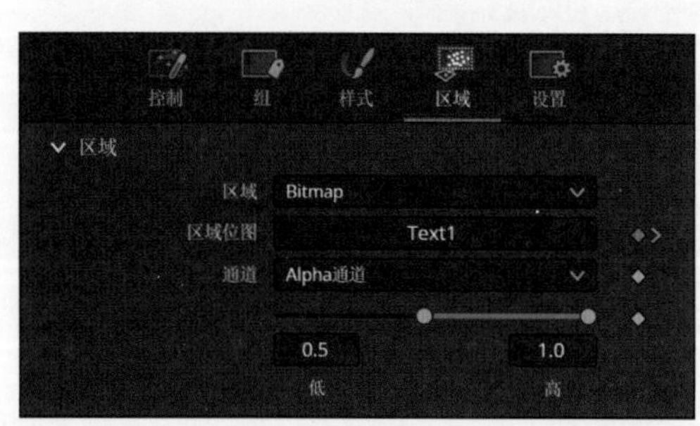

图9-66

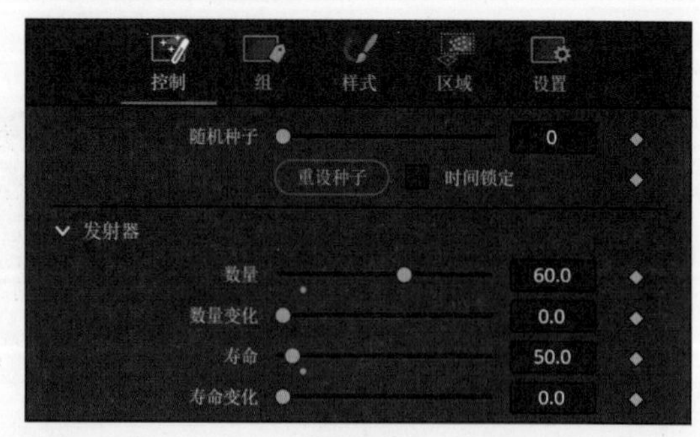

图9-67

15 按【Shift+空格】快捷键，搜索并添加pTurbulence1节点。在“检查器”面板中将“X轴强度”“Y轴强度”和“Z轴强度”参数设置为0.3，如图9-68所示。

16 断开Text1和pEmitter1节点的连接，选中Text1节点后按【Ctrl+C】快捷键复制节点，在节点面板的空白处右击，在弹出的快捷菜单中选择“粘贴实例”命令。接下来把复制的文本节点Instance-Text1和pEmitter1节点连接到一起，如图9-69所示。

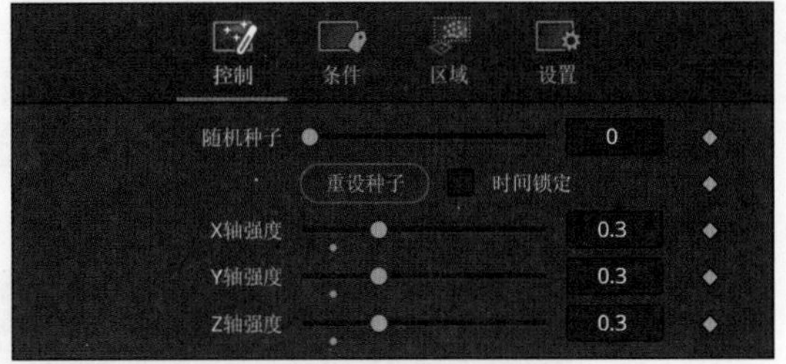

图9-68

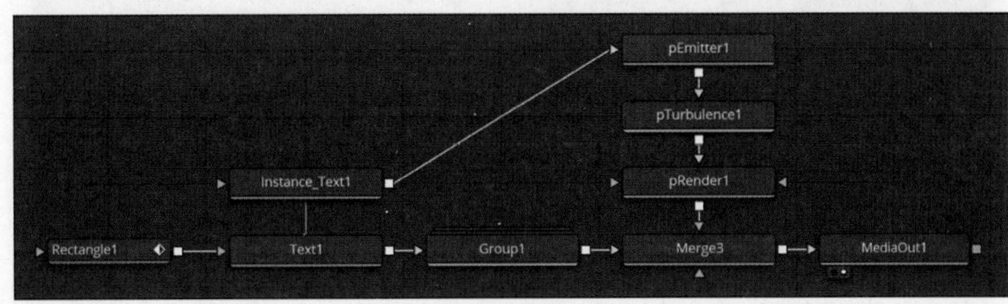

图9-69

17 取消所有节点的选择后，按【Shift+空格】快捷键，搜索并添加TimeSpeed1节点。继续按【Shift+空格】快捷键，搜索并添加ChannelBooleans2节点。接下来，把ChannelBooleans2节点连接到Instance_Text1节点上，把Rectangle1节点连接到ChannelBooleans2和TimeSpeed1节点，如图9-70所示。

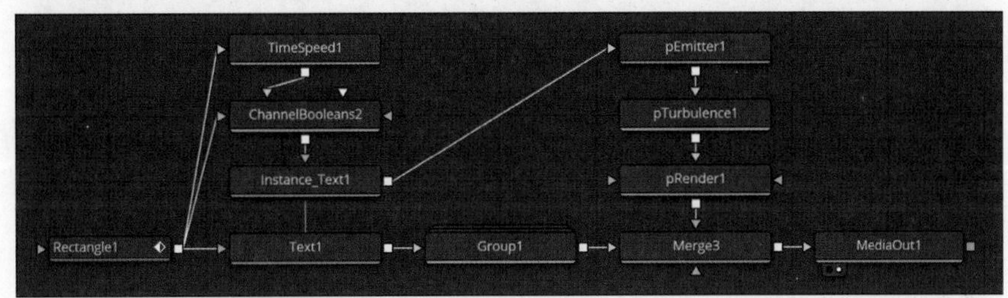

图9-70

18 选中TimeSpeed1节点，将“延迟”参数设置为15。选中ChannelBooleans2节点，在“操作”下拉菜单中选择“相减”，如图9-71所示。风吹粒子效果就制作完成了，效果如图9-72所示。

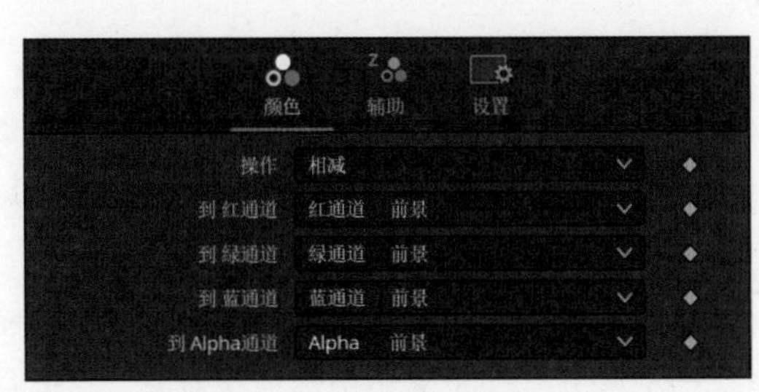

图9-71

图9-72

19 最后，制作金属文字入场的效果。切换到剪辑页面，在特效库面板的列表中单击“生成器”，把“纯色”生成器拖到Fusion合成片段的右侧。把纯色片段的出点拖到7秒15帧处，在“检查器”面板中将颜色设置为红绿蓝=30、30、30，然后按【Ctrl+Shift+,】快捷键交换片段，如图9-73所示。

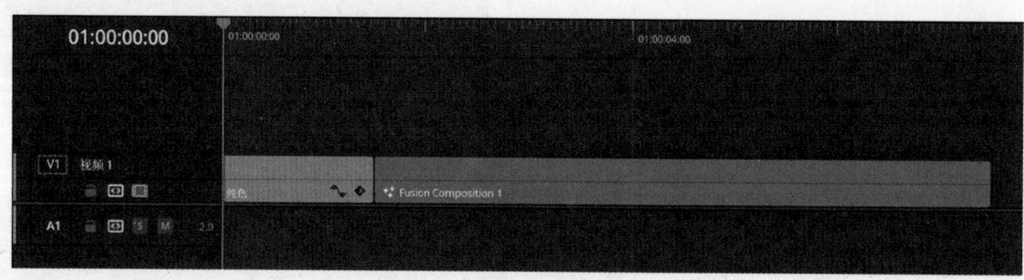

图9-73

20 在特效库面板的列表中单击“标题”，把“Text+”拖到V2轨道，然后把出点拖到7秒15帧处。在“检查器”面板的文本框中输入PARTICLE，在“字体样式”下拉菜单中选择Bold，将“大小”参数设置为0.2。框选V1轨道上的两个片段，按住Alt键将其复制到V3轨道，如图9-74所示。

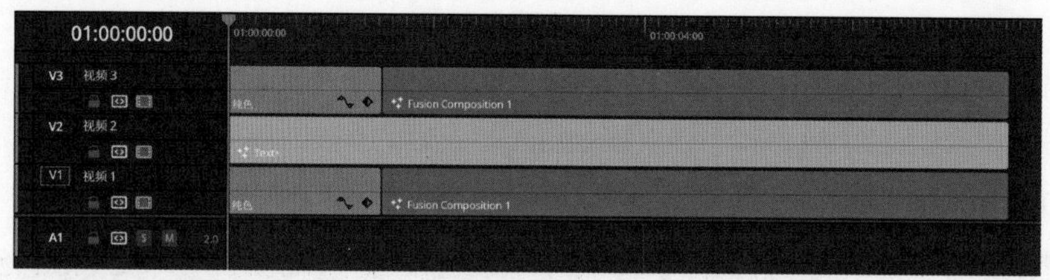

图9-74

21 在特效库面板的列表中单击“视频转场”，把“烧毁转场”拖到V3轨道的两个片段之间。在时间线面板上拖曳转场缩略图的边框，把转场时长设置为3秒，如图9-75所示。

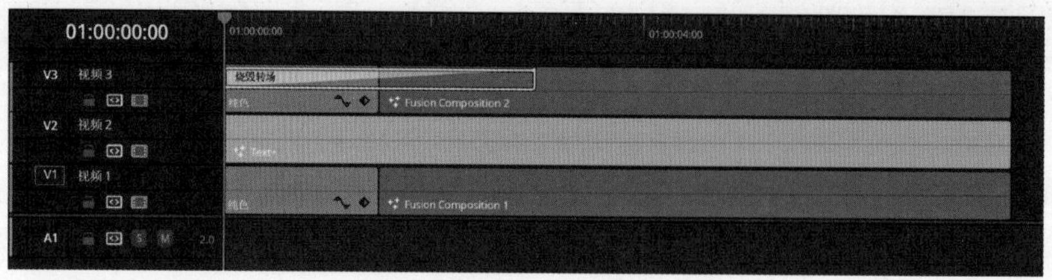

图9-75

22 在“检查器”面板的“运动”下拉菜单中选择“热区”，将“热区的数量”参数设置为8；在“边缘”卷展栏中将“大小”参数设置为4，如图9-76所示。在“外观”卷展栏中依次将“燃烧”和“辉光的散布”参数设置为1，“燃烧处的饱和度”参数设置为0，“灰烬”参数设置为0.5。

23 框选V3轨道上的所有片段和转场，在任意一个选中的片段上右击，在弹出的快捷菜单中选择“新建复合片段”命令。在“检查器”面板的“合成模式”下拉菜单中选择“前景”，选中V2轨道上的文本片段，在“合成模式”下拉菜单中选择Alpha，合成的效果如图9-77所示。

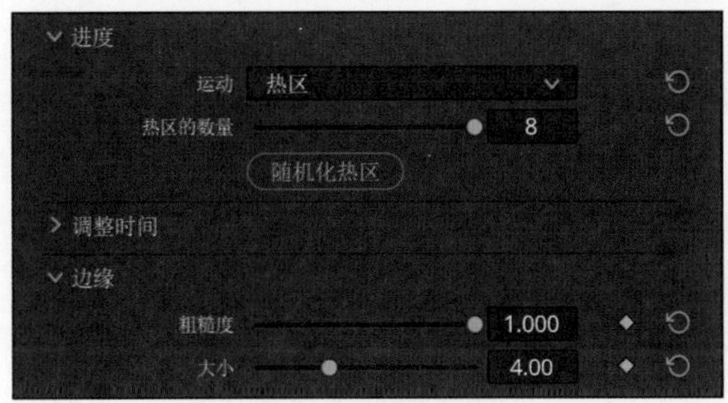

图9-76

图9-77

9.5 制作炫光水墨转场

炫光和水墨转场效果在各种类型的视频作品中都有着非常广泛的应用，本节通过一个实例介绍在DaVinci Resolve 19中制作这两种转场效果的方法。

01 运行DaVinci Resolve 19后，切换到剪辑页面，按【Ctrl+I】快捷键导入素材。把媒体池中的V01素材插入时间线面板的V1轨道，把T02素材插入V2轨道。按住Alt键，把V1轨道上的片段复制到V3轨道，继续把T01素材插入V4轨道，如图9-78所示。

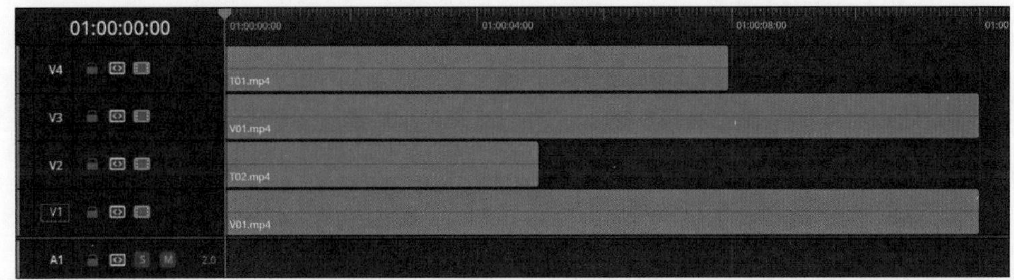

图9-78

02 把V2轨道上的片段入点拖到1秒15帧处，把V3和V4轨道上的片段出点拖到6秒15帧处，把V1轨道上的片段出点拖到9秒处，如图9-79所示。

图9-79

03 选中V4轨道上的片段，在“检查器”面板的“合成模式”下拉菜单中选择“滤色”。在特效库面板左侧的列表中选择Open FX，把“铅笔素描”效果器拖到V3轨道的片段上。在“检查器”面板中切换到“特效”选项卡，依次将“色调调整幅度”参数设置为0.5，“更多高光”参数设置为0.01，如图9-80所示。这样就能得到水墨在白色背景上展开，显示出黑白素材的效果。

04 框选V3和V4轨道上的片段，在片段上右击，在弹出的快捷菜单中选择“新建复合片段”命令，然后在弹出的窗口中单击“创建”按钮。选中V3轨道上的复合片段，在“检查器”面板的“合成模式”下拉菜单中选择“前景”。继续选中V2轨道上的片段，在“检查器”面板的“合成模式”下拉菜单中选择“亮度”。这样就能得到水墨第二次展开后，黑白素材变成彩色的效果，如图9-81所示。

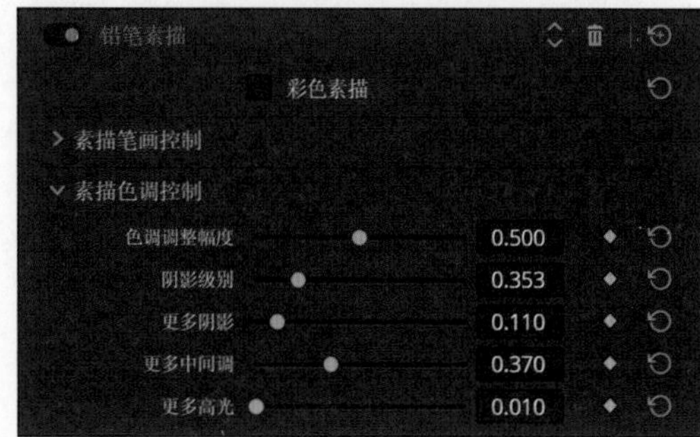

图9-80

图9-81

05 在特效库面板左侧的列表中选择“生成器”，把Paper效果器拖到V4轨道上，然后把出点拖到9秒处。在“检查器”面板中将“饱和度”参数设置为0.75。切换到“设置”选项卡，在“合成模式”下拉菜单中选择“线性加深”，将“不透明度”参数设置为50，如图9-82所示。

06 把媒体池中的L01素材拖到V5轨道上，把出点拖到9秒处。在“检查器”面板的“合成模式”下拉菜单中选择“滤色”，将“不透明度”参数设置为60，如图9-83所示。

图9-82

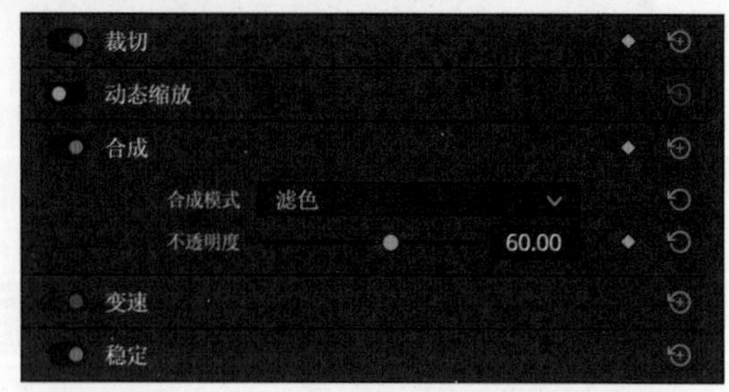

图9-83

07 按【Ctrl+C】和【Ctrl+V】快捷键，在媒体池中复制两个Compound Clip1片段，把复制的片段分别重命名为Compound Clip2和Compound Clip3。继续复制两个Timeline1时间线，把复制的时间线分别重新命名为Timeline2和Timeline3。

08 双击切换到Timeline2时间线，把时间线拖到0帧处，在媒体池里选中V02素材后按F11键替换素材，如图9-84所示。

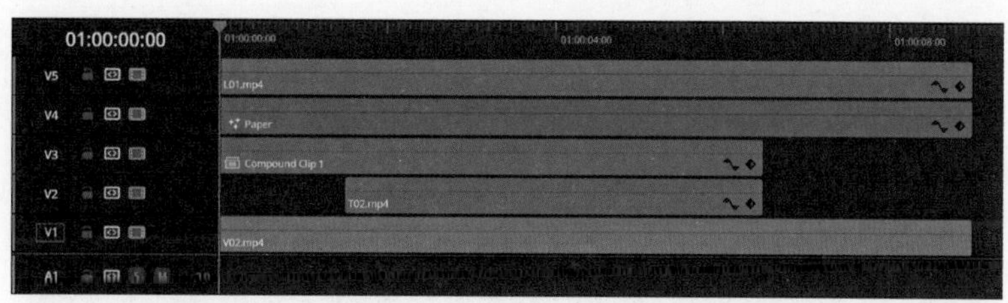

图9-84

09 在时间线面板的左侧单击V3轨道的名称，让其显示成V1，继续在媒体池里选中Compound Clip2后按F11键替换片段。激活轨道V5的名称，在媒体池里选中L02素材后按F11键替换，如图9-85所示。

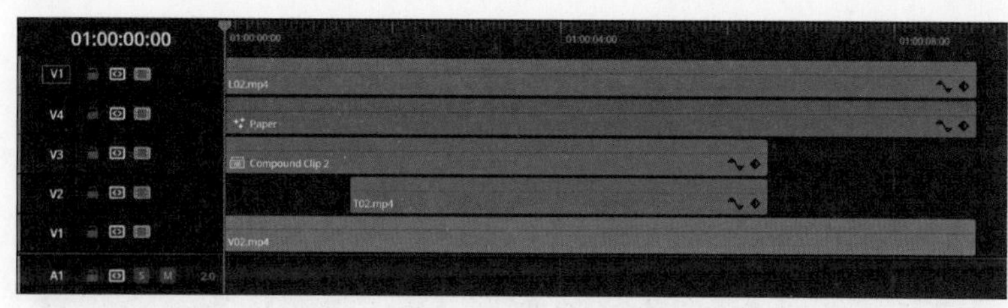

图9-85

10 在V3轨道的片段上右击，在弹出的快捷菜单中选择“在时间线上打开”命令，把V1轨道上的片段替换成媒体池中的V02素材，如图9-86所示。选中V2轨道上的片段，在“检查器”面板中单击水平翻转按钮。

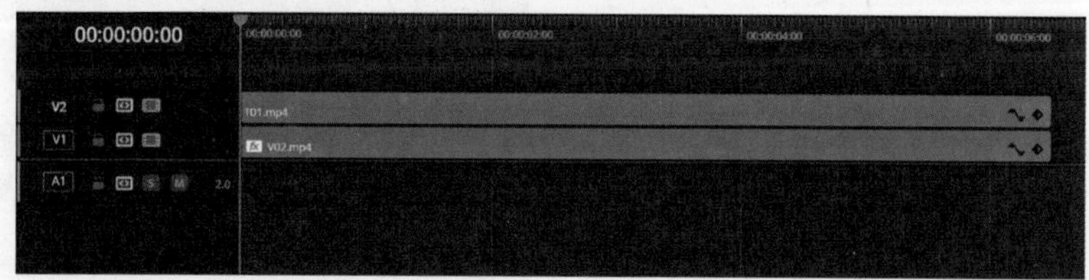

图9-86

11 在媒体池中双击切换到Timeline3时间线，使用前面的方法替换素材。替换后的效果如图9-87所示。

图9-87

12 按【Ctrl+N】快捷键新建一个时间线，然后把媒体池中的Timeline1、Timeline2和Timeline3插入新建的时间线上。继续把媒体池中的T03素材拖到V2轨道上，把入点拖到7秒20帧处，如图9-88所示。

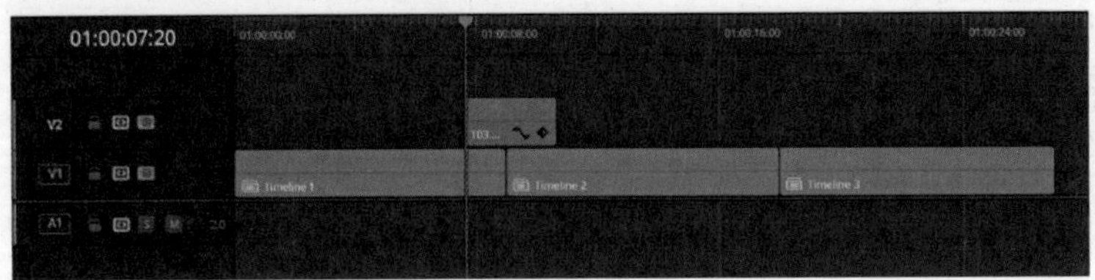

图9-88

13 接下来在“检查器”面板的“合成模式”下拉菜单中选择“滤色”，即可得到炫光转场的效果。按住Alt键复制V2轨道上的片段，把复制片段的入点拖到16秒20帧处。继续在特效库面板左侧的列表中选择“特效”，把“调整片段”拖到V3轨道上，把出点拖到27秒处，如图9-89所示。

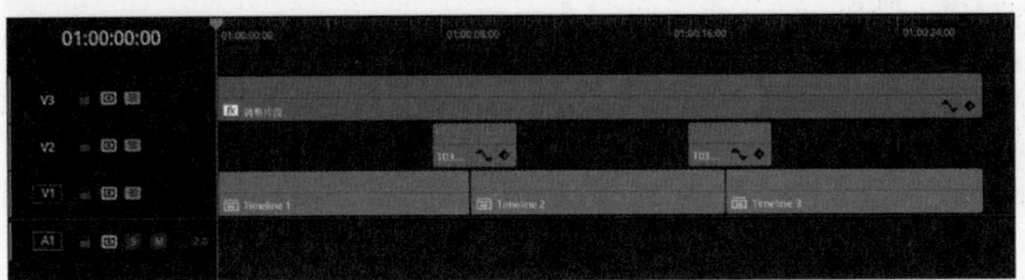

图9-89

14 在特效库面板左侧的列表中选择Open FX，然后把“镜头反射”效果器拖到调整片段上。在“检查器”面板中切换到“特效”选项卡，在“预设”下拉菜单中选择“散景”，如图9-90所示。

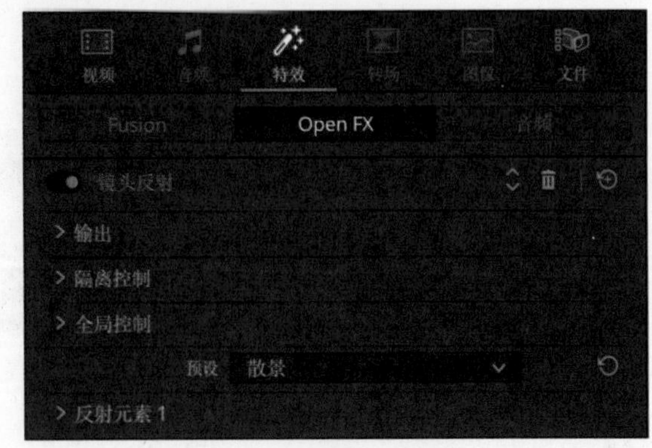

图9-90

15 在特效库面板左侧的列表中选择“标题”，把Fade On Lower Third预设拖到V4轨道上，然后把出点拖到9秒处。按住Alt键复制两个标题片段，结果如图9-91所示。

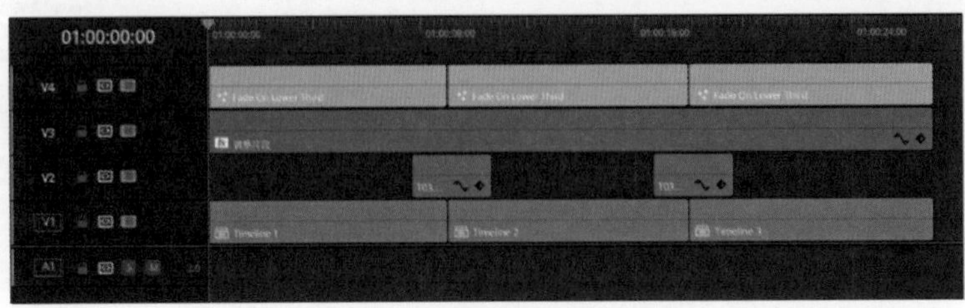

图9-91

16 最后，选中V4轨道上的第二个片段，在“检查器”面板中把Position X参数设置为0.7。最终效果如图9-92所示。

图9-92

9.6 制作安装预设模板

DaVinci Resolve 19中提供了很多标题、转场和特效预设，利用这些预设可以非常有效地制作各种常用效果。除了软件自带的预设以外，网络上还有很多第三方提供的预设资源。我们甚至可以把自己制作的特效保存为预设模板，方便下次重复利用。本节介绍在DaVinci Resolve 19中制作和安装预设模板的方法。

01 大部分的预设模板都是利用Fusion功能制作的。这里以制作标题动画的预设模板为例。运行DaVinci Resolve 19后，切换到剪辑页面，在特效库面板左侧的列表中选择“标题”，把“Text+”插入时间线。

02 切换到F us ion 页面，选中Template节点后，在“检查器”面板的文本框中输入TIPS，将“字体”设置为Bebas Neue，字体样式为Bold，颜色设置为红色，“大小”设置为0.11，如图9-93所示。切换到“布局”选项卡，将“中心X”参数设置为0.36。

03 单击工具条上的按钮创建多重合并节点MultiMerge1，把工具条上的按钮拖到节点面板的空白处，创建Text1节点，然后将它连接到多重合并节点MultiMerge1。在“检查器”面板的文本框中输入两段文字DaVinci Resolve和Studio 19，依次将字体设置为Bebas Neue，字体样式设置为“Regular”，“大小”参数设置为0.06，“行间距”参数设置为0.8，如图9-94所示。继续在“水平锚点”中单击按钮。

04 在节点面板的空白处单击，取消所有节点的选择。接下来按【Shift+空格】快捷键，搜索并添加sRectangle1节点。继续按【Shift+空格】快捷键，搜索并添加sRender1节点，然后把节点连接到多重合并节点MultiMerge1上，如图9-95所示。

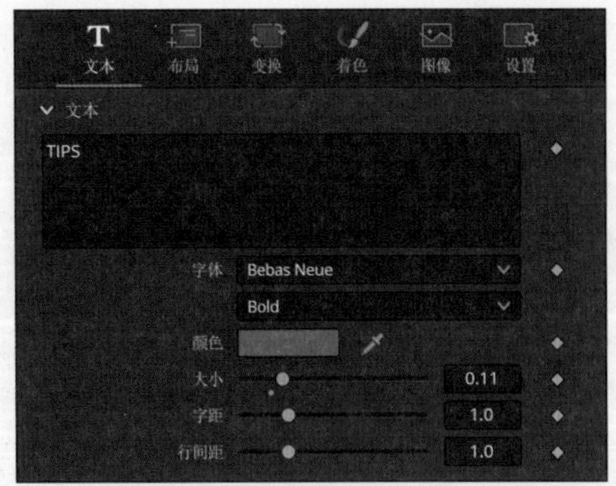

图9-93

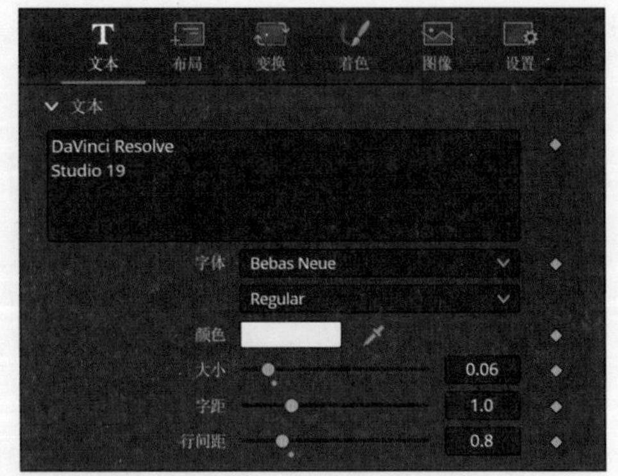

图9-94

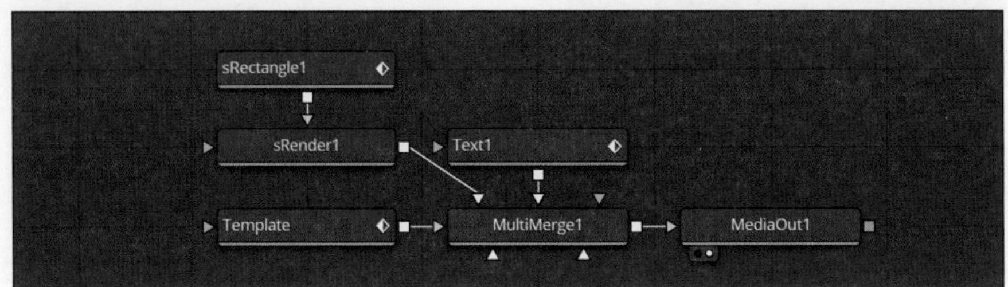

图9-95

05 选中sRectangle1节点，在“检查器”面板中取消勾选“实体”复选框，将“边框宽度”参数设置为0.003，然后单击“边框样式”中的▌按钮，将“高度”参数设置为0.1，如图9-96所示。

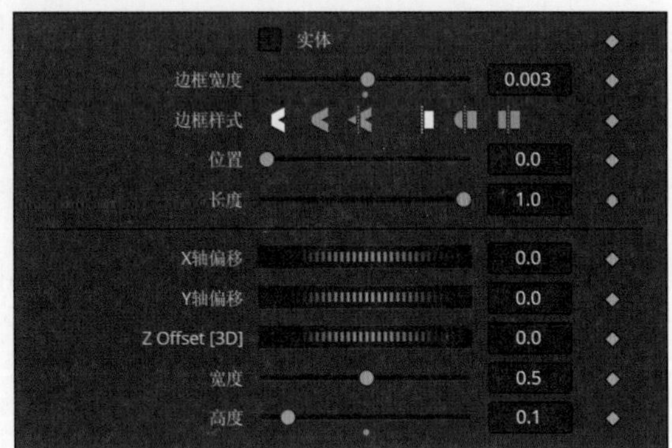

图9-96

06 创建sRectangle2和sRender2节点，将其连接到多重合并节点MultiMerge1，如图9-97所示。选中 sRectangle2节点，依次将“宽度”参数设置为0.003，“高度”参数设置为0.07，“X轴偏移”参数设置为-0.04。标题样式就设置完成了。

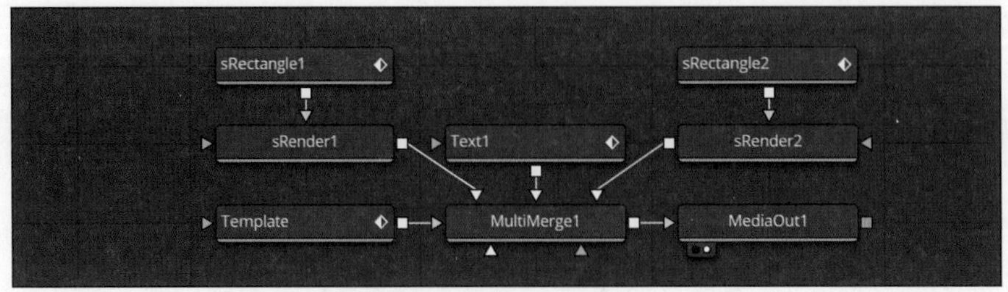

图9-97

07 接下来开始制作标题动画。选中sRectangle1节点，在30帧处为“长度”参数创建关键帧，把播放头拖到0帧处，将“长度”参数设置为0，这样就能得到矩形边框的路径动画，如图9-98所示。

08 选中sRectangle2节点，在15帧处为“高度”参数创建关键帧，在0帧处将“高度”参数设置为0。选中Template节点，切换到“布局”选项卡，在30帧处为“中心”参数创建关键帧，在10帧处将“中心X”参数设置为0.52。选中Text1节点，在30帧处为“中心”参数创建关键帧，在10帧处将“中心X”参数设置为0.252。当前的动画效果如图9-99所示。

图9-98

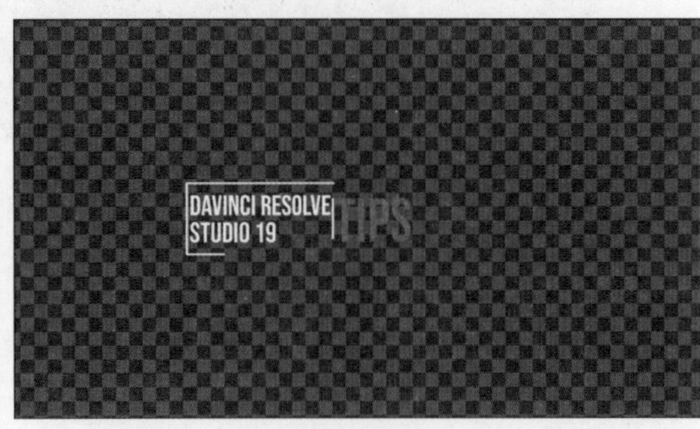

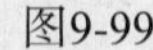

图9-99

09 确认Text1节点被选中，然后单击工具条上的□按钮添加矩形遮罩，在“检查器”面板中勾选“反向”复选框，将“中心 X”参数设置为0.215。选中Template节点后单击工具条上的□按钮添加矩形遮罩，勾选“反向”复选框，将“中心X”参数设置为 0.705，如图9-100所示。

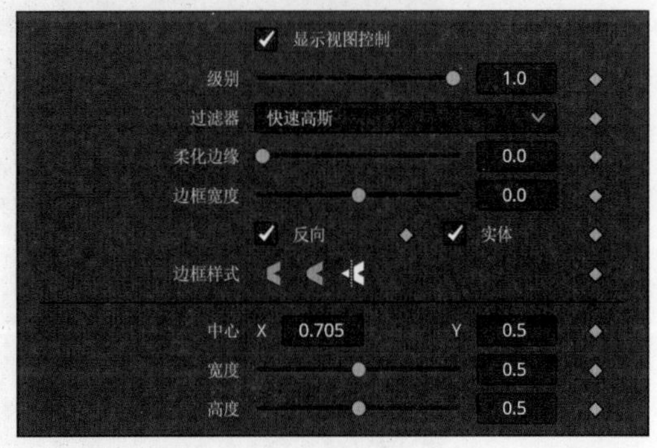

图9-100

10 展开关键帧面板，展开Template选项，选中两个关键帧后按住Ctrl键，把第一个关键帧拖到120帧处，然后按V键反转关键帧的参数。使用相同的方法复制其余动画的关键帧，如图9-101所示。这样就得到了退场动画的效果。

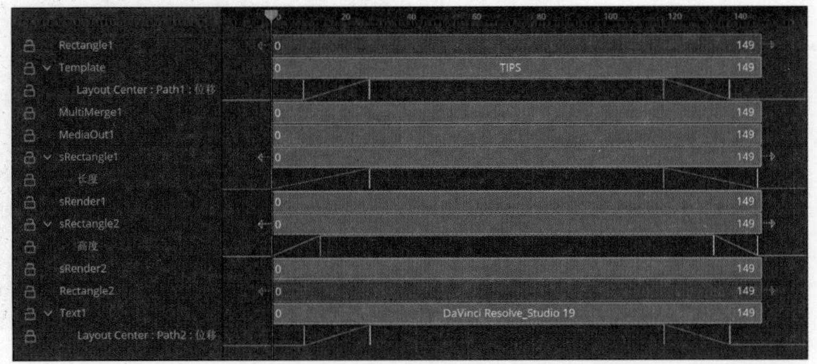

图9-101

11 展开样条线面板，勾选所有复选框后单击面板上的按钮，显示所有关键帧。框选所有选项左侧的两个关键帧，单击面板下方的按钮。选中剩余的关键帧后再次单击按钮，结果如图9-102所示。标题动画就全部设置完成了。

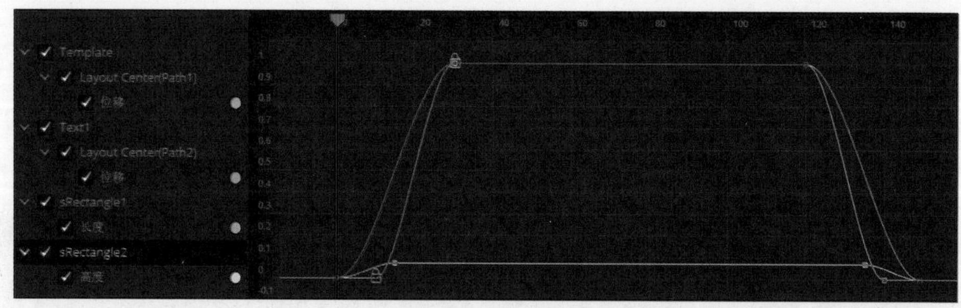

图9-102

12 接下来开始制作预设模板。在节点面板中框选除MediaOut1以外的所有节点，在任意一个节点上右击，在弹出的快捷菜单中选择“宏/创建宏”命令。在打开的窗口中可以看到项目中的所有节点，以及节点包含的所有参数选项，如图9-103所示。

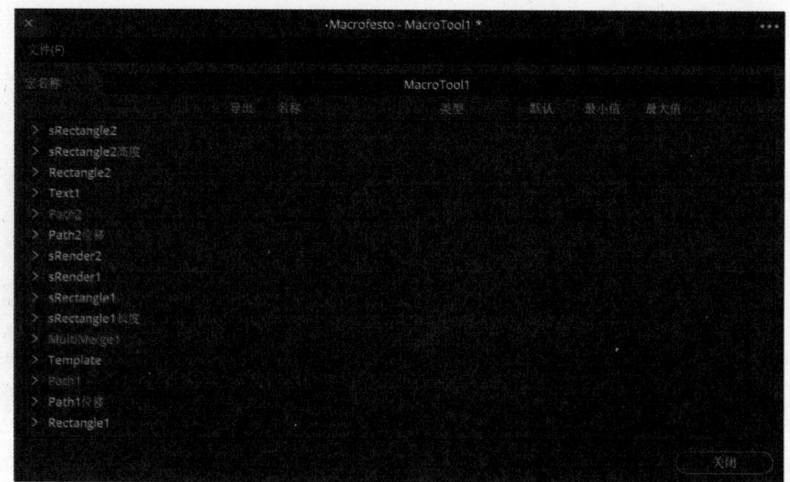

图9-103

13 展开Text1/Text卷展栏，勾选Styled Text、Font、Style等复选框。在后面保存的预设模板中就可以修改文本的内容、字体、字体样式等选项，如图9-104所示。

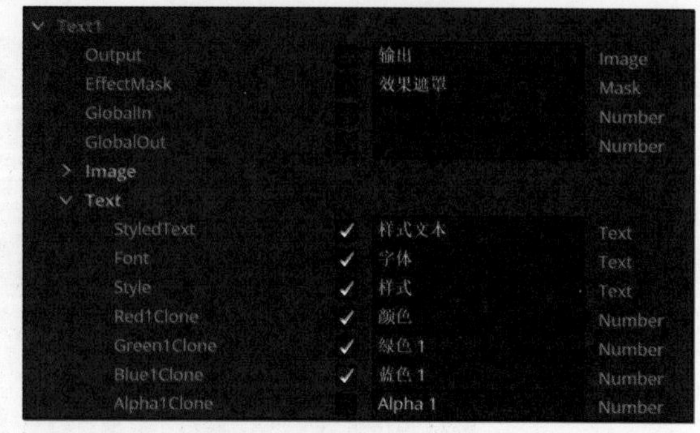

图9-104

14 根据需要选择预设模板中可供调整的参数选项，可以修改参数的节点名称会以橙红色显示。确认所有参数选择完成后，在“宏名称”中为预设模板命名，如图9-105所示。

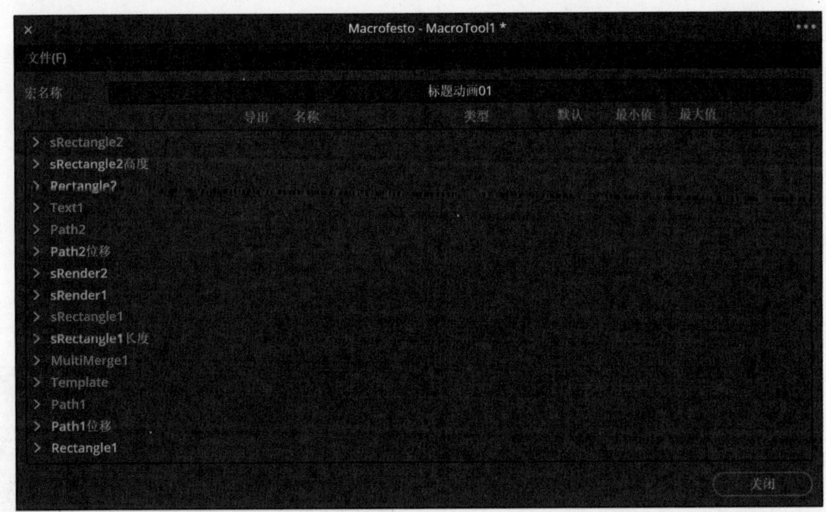

图9-105

15 在窗口中执行“文件”菜单中的“另存为”命令，在打开的窗口中先进入上一级的Fusion文件夹，然后进入Templates文件夹。在Templates文件夹中新建一个文件夹，并命名为Edit，如图9-106所示。

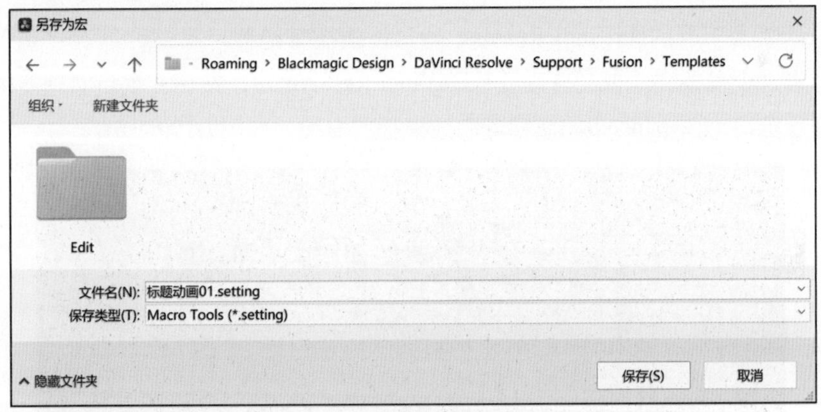

图9-106

16 继续在Edit文件夹里新建文件夹，并命名为Titles。这个文件夹就是DaVinci Resolve 19默认调取的自定义预设模板路径。为了方便寻找自定义模板，我们还可以在Titles文件夹里创建子文件夹，用来放置不同类型的自定义模板，如图9-107所示。

提示 Point out

如果我们制作的是转场模板，就在Edit文件夹中创建名为Transitions的文件夹，特效模板的文件夹名称是Effects，生成器模板的文件夹名称是Generators。注意文件名的字母大小写也要正确。

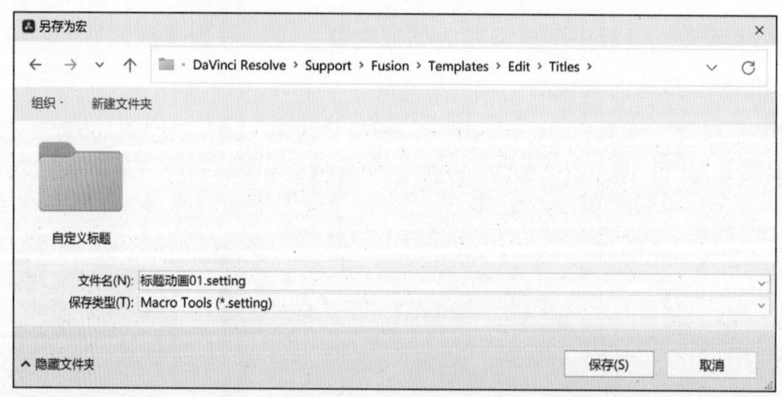

图9-107

17 单击“保存”按钮后，自定义模板就制作完成了。重新运行DaVinci Resolve 19后新建一个项目，在快编或剪辑页面中展开特效库面板，在“标题”选项中选中刚刚创建的子文件夹，就能看到自定义的预设模板，如图9-108所示。

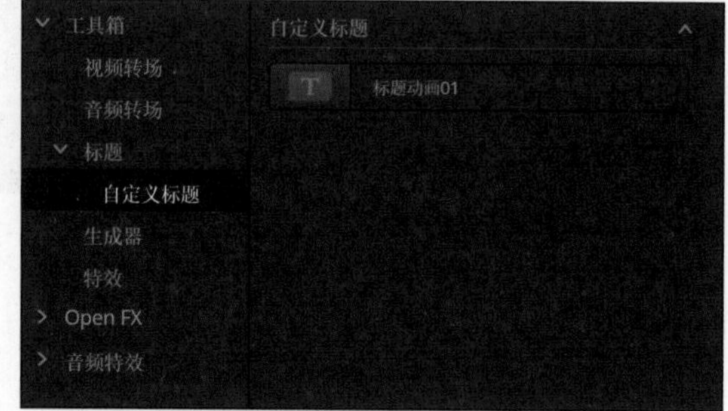

图9-108

18 我们从网络上下载的DaVinci Resolve 19预设模板有两种，第一种是以“.drfx”为后缀文件。双击这个模板文件就会自动启动DaVinci Resolve 19，然后在项目管理器中弹出安装模板的提示窗口，单击Install按钮即可完成模板的安装，如图9-109所示。

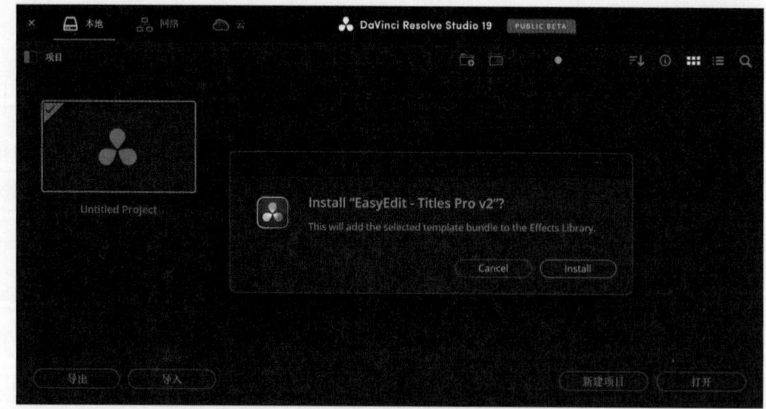

图9-109

19 第二种是我们前面保存的后缀为“.setting”的文件，其安装的方法是根据模板类型，把文件复制到“C:\Users\用户名\AppData\Roaming\Blackmagic Design\DaVinci Resolve\Support\ Fusion\Templates\Edit”文件夹的对应子文件夹中。

9.7 让视频具有电影感

要想让自己的作品看起来更有电影感，从后期处理的角度来说，我们可以从视频的宽高比、整体色调、对比度和特效几个方面入手。本节介绍利用调色工具、效果器和变速功能模拟电影感的方法。

01 运行DaVinci Resolve 19后，切换到剪辑页面，按【Ctrl+I】快捷键导入素材，把媒体池中的V01素材插入时间线。切换到调色页面，按【Alt+S】快捷键创建一个串行节点。在色轮面板上拖曳“亮度”色轮下方的旋钮，把所有参数设置为0.96。依次将“色彩增强”和“阴影”参数设置为 10，“中间调细节”参数设置为50，如图9-110所示。

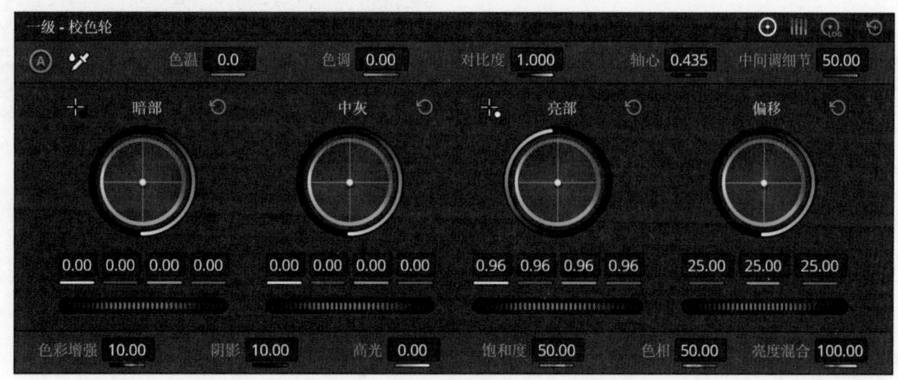

图9-110

02 切换到HDR调色面板，将Highlight色轮下方的X参数设置为0.05，设置色轮左侧的滑条，把Min范围参数设置为1.8，如图9-111所示。

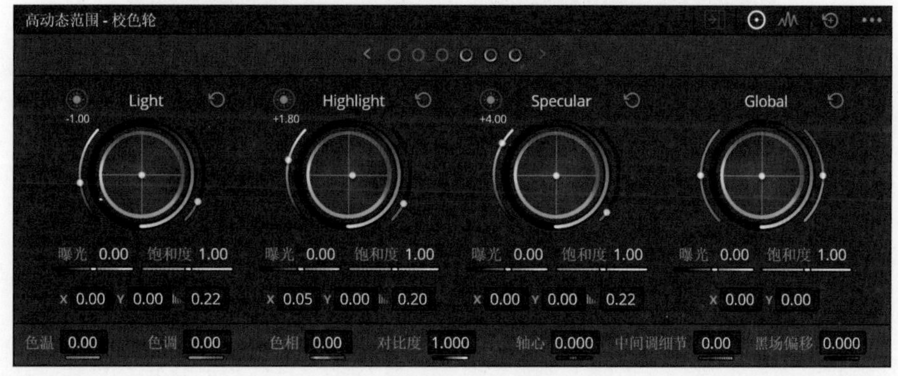

图9-111

03 切换到RGB混合器面板，在“红色输出”通道中依次将绿色色条的参数设置为1，蓝色色条的参数设置为-1，如图9-112所示。

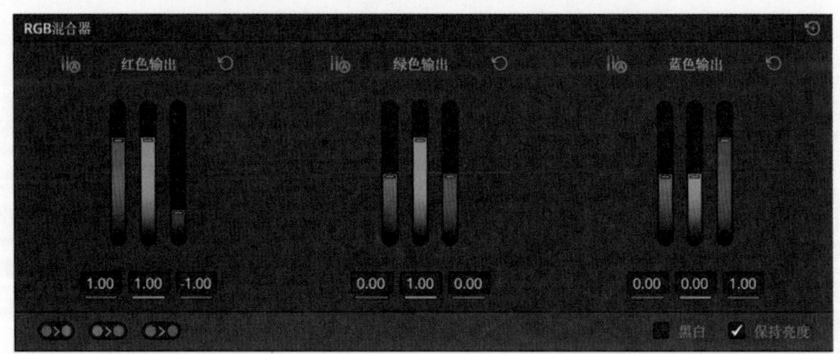

图9-112

04 再次按【Alt+S】快捷键创建串行节点，展开特效库面板，把“胶片外观创作器”效果器拖到新建的节点上。在“预设”下拉菜单中选择“电影感”，即可得到模拟胶片质感的效果以及遮幅黑边。接下来，将“色彩混合”和“效果混合”参数设置为0.5，如图9-113所示。

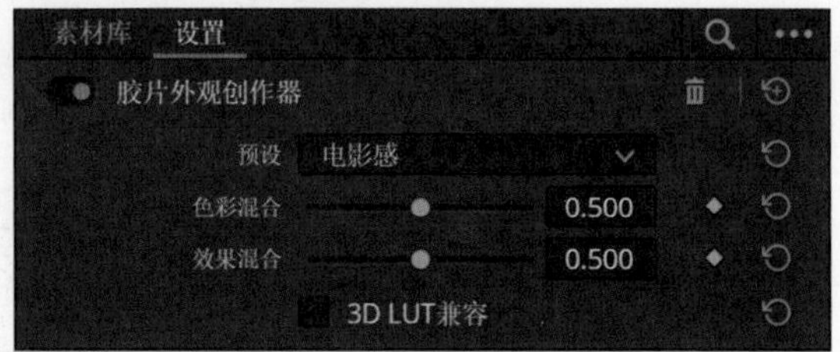

图9-113

05 胶片外观创作器是DaVinci Resolve 1919中新增加的效果器，它把一些调色参数和胶片模拟类的效果器参数整合到了一起。在“胶片光晕”卷展栏中，取消勾选“启用胶片光晕”复选框。继续在“泛光”卷展栏中，取消勾选“启用泛光”复选框。在“色彩设置”卷展栏中，依次将“曝光”参数设置为-0.5，“对比度”参数设置为1.3，“色调”参数设置为-150，“减色法饱和度”参数设置为 1.5。当前画面的效果如图9-114所示。

图9-114

06 切换到剪辑页面，在“检查器”面板中开启“动态缩放开关”。在检视器左下角的下拉菜单中激活“动态缩放”按钮，按照图9-115所示调整绿色矩形的尺寸。在“检查器”面板中展开“变速”卷展栏，将“速度%”参数设置为400，然后在检查器的左下角关闭“动态缩放”按钮。对于这种镜头匀速前进或后退的素材，只要设置画面大小变化的动画，就能得到类似希区柯克变焦的效果，从而增强画面的表现力。

图9-115

07 把素材库中的V02素材插入时间线。切换到调色页面，展开片段面板后选中第二个片段，用鼠标中键单击第一个片段，套用所有调色设置，如图9-116所示。

图9-116

08 切换到剪辑页面，选中第二个片段后按【Ctrl+D】快捷键开启变速控制模式。把播放头拖到21秒10帧处，单击片段缩略图下方的▼按钮，在弹出的菜单中执行“添加速度点”命令。拖曳片段缩略图上方的滑块，把滑杆左侧区域的速度设置为1504%，如图9-117所示。

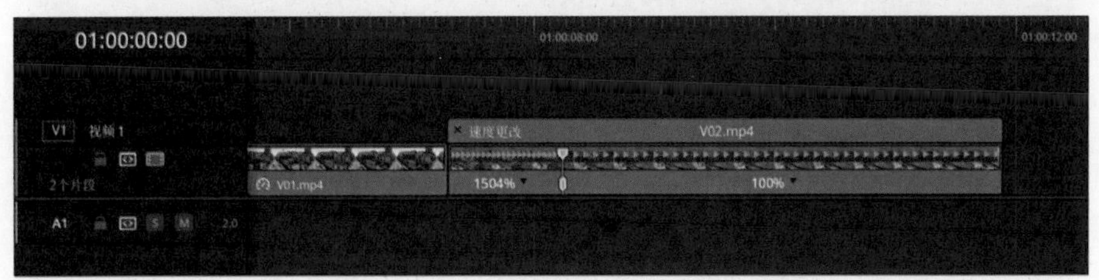

图9-117

09 在片段缩略图上右击，在弹出的快捷菜单中选择“变速曲线”命令，单击曲线面板左上角的▼按钮，取消勾选“重新调整变速”复选框。选中线段上的关键帧后单击⌒按钮，拖曳关键帧两侧的圆形手柄，把线段调整成曲线，如图9-118所示。

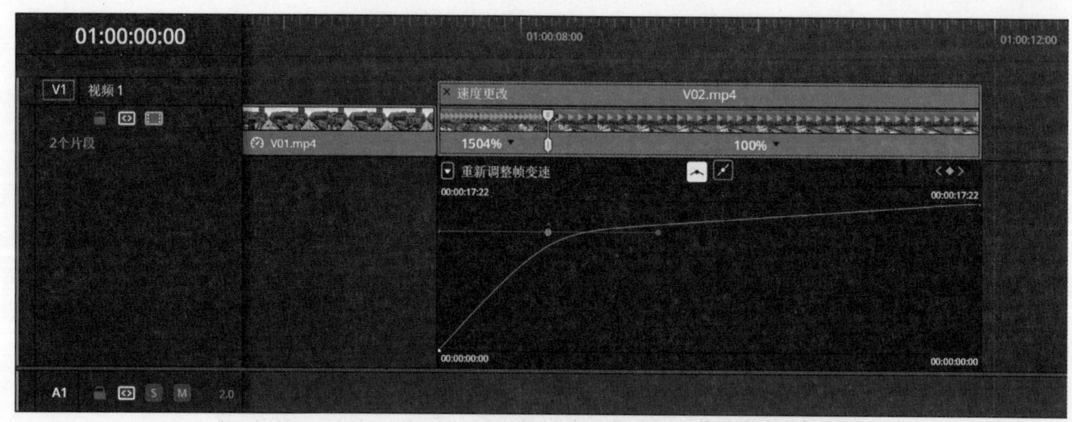

图9-118

10 最后把播放头拖到第二个片段的入点处，在“检查器”面板中设置“缩放”参数为1.25，“位置X”参数为200。为“缩放”参数创建关键帧后把播放头拖到最后一帧处，设置“缩放”参数为1.45，如图9-119所示。具有电影感的视频就制作完成了，最终效果如图9-120所示。

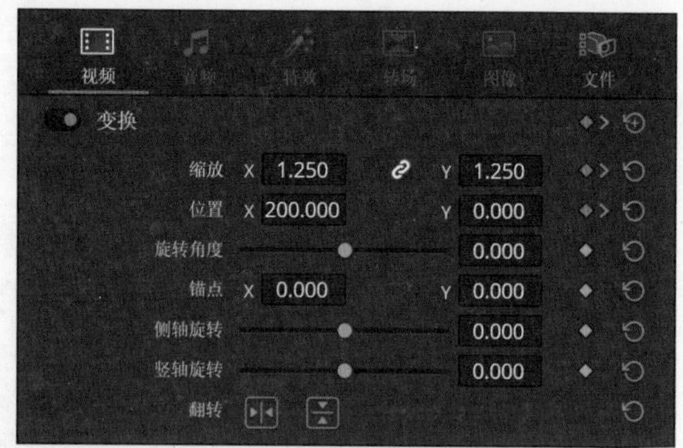

图9-119

图9-120

DAVINCI RESOLVE 19

达芬奇

视频剪辑与调色

第 10 章

实战演练：经典案例上手实操

在本书的最后一章中，我们将制作几个要素齐全的视频实例，以帮助读者更加全面、系统地理解DaVinci Resolve 19的工作流程和制作思路。

10.1 图文排版展示视频

图文排版类的视频通常短小精悍，以平滑切换的分屏动画作为主要表现方式，同时配合具有节奏感的背景音乐和标题字幕动画。使用常规的关键帧动画制作这种视频，需要花费很多时间和精力来调整每段素材的尺寸和动画插值。本节将在Fusion页面中利用视频拼贴画效果器更高效地制作这种类型的视频。

01 运行DaVinci Resolve 19后新建项目，切换到剪辑页面，按【Ctrl+I】快捷键导入素材。选中媒体池中的A01素材，按F9键将其插入音频轨道上。继续把媒体池中的P01素材插入视频轨道，把图片片段的出点拖到12秒处，如图10-1所示。

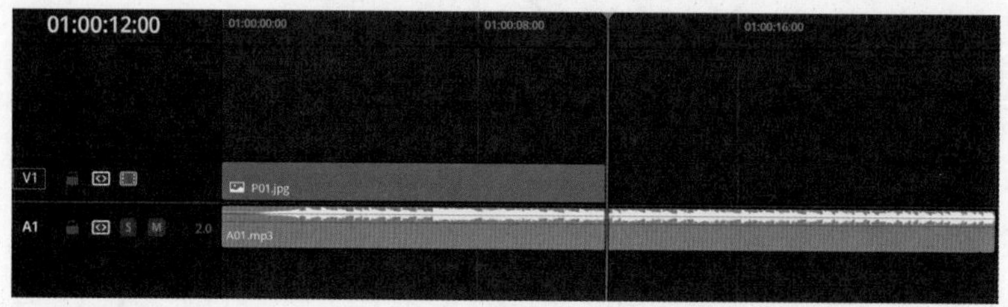

图10-1

02 切换到Fusion页面，选中MediaIn1节点后单击工具条上的按钮，创建多重合并节点MultiMerge1。继续单击工具条上的按钮，创建与多重合并节点MultiMerge1连接的背景节点Background1，在“检查器”面板中将背景节点Background1的颜色设置为白色。选中多重合并节点MultiMerge1，按【Ctrl+T】快捷键交换输入端口，如图10-2所示。

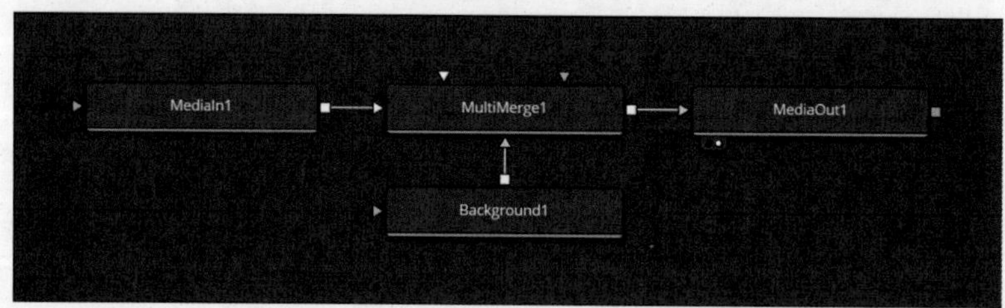

图10-2

03 选中MediaIn1节点后按【Shift+空格】快捷键，搜索并添加“视频拼贴画1”节点。在“检查器”面板的“工作流程”下拉菜单中选择“创建贴片”；在“边距和间距”卷展栏中依次将“左/右边距”和“顶/底边距”参数设置为0，“水平间距”参数设置为0.03，“垂直间距”参数设置为0.05，如图10-3所示。

04 单击“检查器”面板上方的“贴片”按钮，展开“所有片段的缓动与模糊”卷展栏，在“运动和大小的缓动”下拉菜单中选择“缓入与缓出”，将两个“缓动数量”参数设置为1，如图10-4所示。

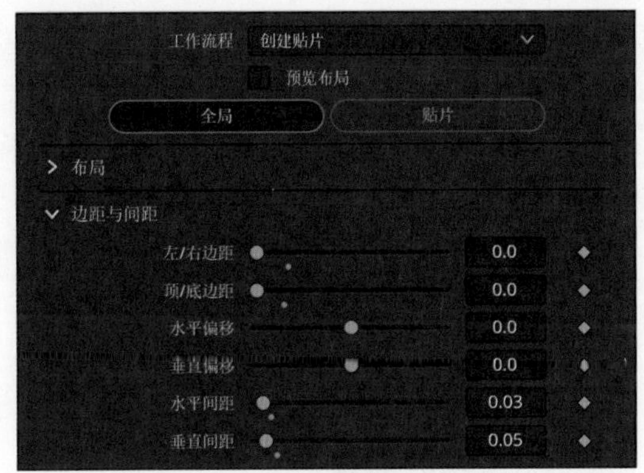

图10-3

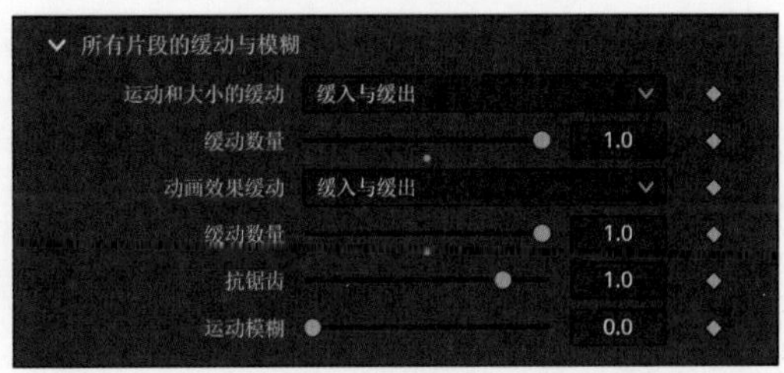

图10-4

05 展开“自定义大小/形状”卷展栏，将“结束列”和“结束行”参数设置为2。展开“贴片动画”卷展栏，在“飞行动画”下拉菜单中选择“向上飞行”，在“收缩动画”下拉菜单中选择“收缩高度”。把播放头拖到60帧处，为“飞行进程”和“收缩进程”参数创建关键帧，如图10-5所示。在0帧处将“飞行进程”参数设置为-1；在120帧处依次将“飞行进程”参数设置为0.5，“收缩进程”参数设置为1。这样就能得到图片从下方进入镜头，再从上方挤压退场的动画。

06 把媒体池中的P02素材拖到节点面板的空白处，创建节点MediaIn2，然后将其连接到多重合并节点MultiMerge1。先选中“视频拼贴画1”节点，按【Ctrl+C】快捷键进行复制；再选中MediaIn2节点，按【Ctrl+V】快捷键粘贴节点，如图10-6所示。

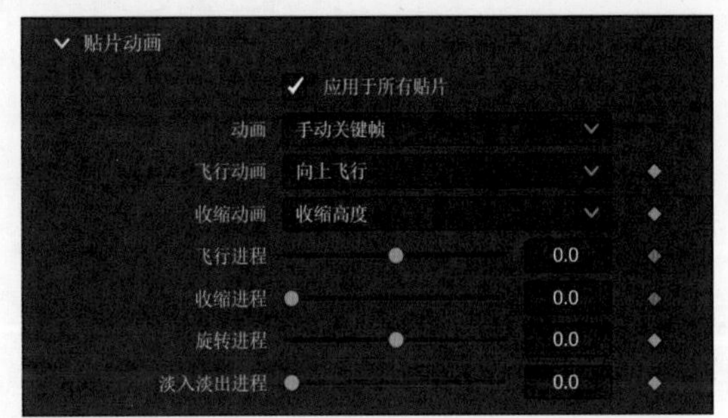

图10-5

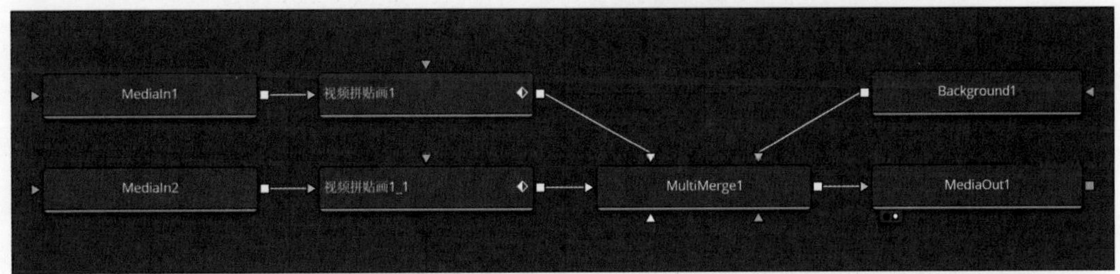

图10-6

07 选中“视频拼贴画1_1”节点，在“检查器”面板中双击“飞行进程”和“收缩进程”的参数名称，把这两个参数恢复成默认值；在“收缩动画”下拉菜单中选择“收缩宽度”。把播放头拖到120帧处，为“飞行进程”参数创建关键帧；在60帧处将“飞行进程”参数设置为-1，这样两个素材的动画就被完美地衔接在一起，如图10-7所示。

08 我们继续为第二幅图片设置更多动画。把播放头拖到120帧处，在“自定义大小/形状”卷展栏中为“结束列”参数创建关键帧，在180帧处将“结束列”参数设置为1。继续为“起始行”参数创建关键帧，在240帧处将“起始行”参数设置为2。图片先沿着宽度方向缩小，再沿着高度方向缩小，如图10-8所示。

图10-7

图10-8

09 把播放头拖到239帧处，为“飞行动画”参数创建关键帧。在240帧处，在“飞行动画”下拉菜单中选择“向左飞行”，然后为“飞行进程”和“收缩进程”参数创建关键帧，如图10-9所示。把播放头拖到300帧处，在“自定义大小/形状”卷展栏中将“起始行”参数设置为1，在“贴片动画”卷展栏中依次将“飞行进程”参数设置为0.25，“收缩进程”参数设置为1。

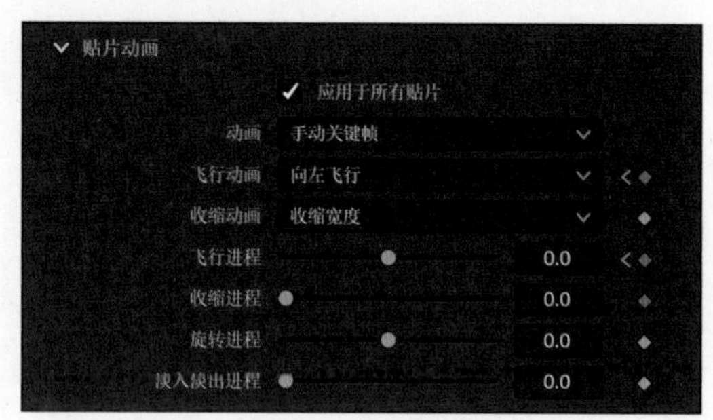

图10-9

10 把媒体池中的P03素材拖到节点面板的空白处，创建节点MediaIn3，然后将其连接到多重合并节点MultiMerge1。先选中“视频拼贴画1_1”节点，按【Ctrl+C】快捷键进行复制；再选中MediaIn3节点，按【Ctrl+V】快捷键粘贴节点，如图10-10所示。

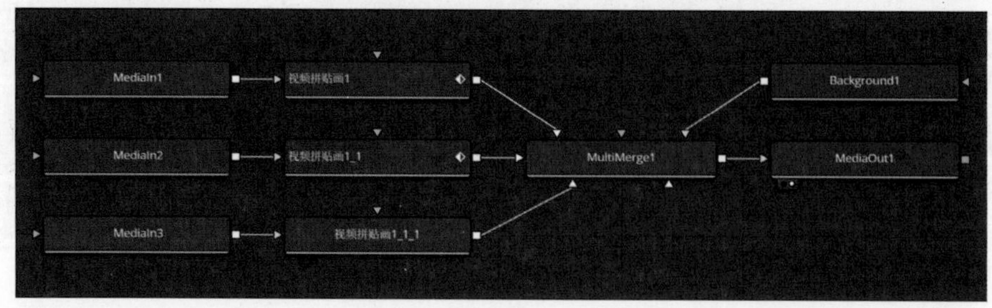

图10-10

11 在“自定义大小/形状”卷展栏中双击“结束列”和“开始行”的参数名称，使其恢复默认值，然后将“起始列”和“结束列”参数设置为2。继续在“贴片动画”卷展栏中双击“飞行动画”“飞行进程”和“收缩进程”的参数名称，使其恢复默认值。

12 在“飞行动画”下拉菜单中选择“向左飞行”，在“搜索动画”下拉菜单中选择“收缩”。把播放头拖到180帧，为“飞行进程”参数创建关键帧，在120帧处将“飞行进程”参数设置为-0.5，当前的效果如图10-11所示。

13 把播放头拖到180帧处，在“自定义大小/形状”卷展栏中为“起始行”参数创建关键帧。在240帧处将“起始行”参数设置为2，然后为“起始列”参数创建关键帧。在300帧处将“起始列”和“起始行”参数设置为1，如图10-12所示。

图10-11

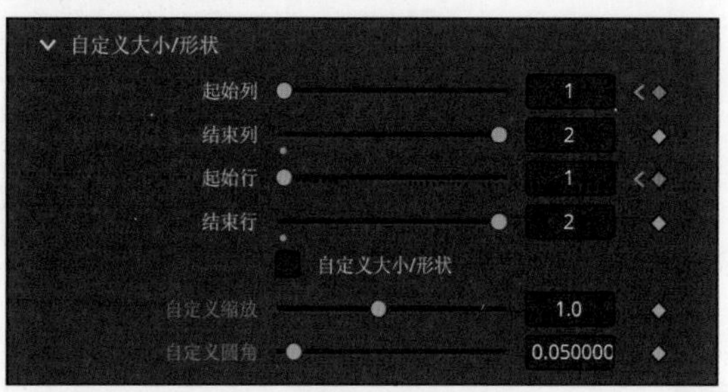

图10-12

14 在“贴片动画”卷展栏中为“收缩进程”参数创建关键帧，在330帧处为“淡入淡出进程”参数创建关键帧，在331帧处将“淡入淡出进程”参数设置为1，在最后一帧处将“收缩进程”参数设置为1。

15 把媒体池中的P04素材拖到节点面板的空白处，创建节点MediaIn4，然后将其连接到多重合并节点MultiMerge1上。先选中“视频拼贴画1”节点，按【Ctrl+C】快捷键进行复制；再选中MediaIn4节点，按【Ctrl+V】快捷键粘贴节点。复制的节点名称不方便查找，我们可以逐个选中复制的节点后按F2键，给节点按照序号重新命名，如图10-13所示。选中“视频拼贴画4”节点，在“贴片动画”卷展栏中双击“飞行进程”和“收缩进程”的参数名称，使其恢复默认值。

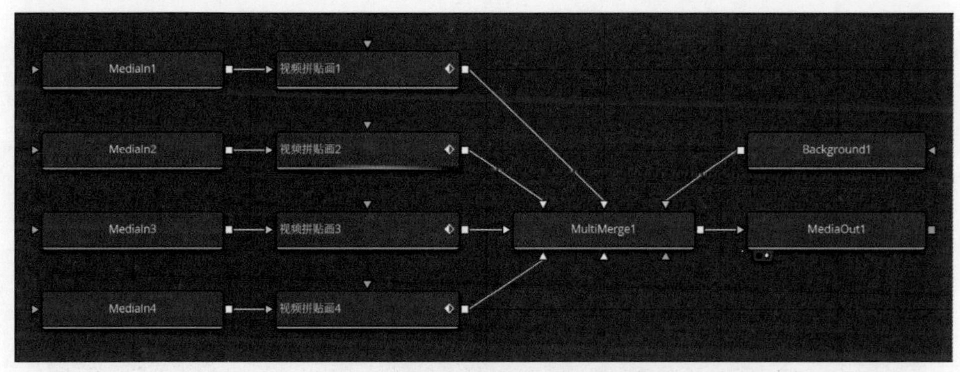

图10-13

16 在“自定义大小/形状”卷展栏中依次将“起始列”“起始行”和“结束行”参数设置为1，“结束列”参数设置为2。把播放头拖到240帧处，在“贴片动画”卷展栏中为“飞行进程”

和“收缩进程”参数创建关键帧。在180帧处将“飞行进程”参数设置为0.5。在300帧处依次将“飞行进程”参数设置为0.25，“收缩进程”参数设置为1。当前的效果如图10-14所示。

图10-14

17 在一个片段中设置太多分屏动画不利于修改和调整，因此把一个片段中的分屏动画拆分在多个片段里制作。下面插入新片段，在新片段上继续制作分屏动画。切换到剪辑页面，把V1轨道上的片段向上拖曳到V2轨道上。把媒体池中的P05素材拖曳到V1轨道，把入点调整到10秒15帧处，出点与音频片段对齐，如图10-15所示。

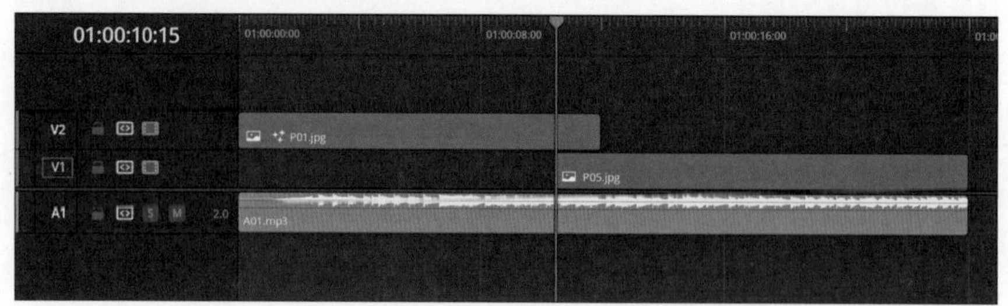

图10-15

18 把播放头拖到0帧处，切换到Fusion页面，先选中“视频拼贴画1”、MultiMerge1和Background1节点，按【Ctrl+C】快捷键进行复制；再展开片段面板后切换到第二个片段，按【Ctrl＋V】快捷键粘贴节点。断开MediaIn1和MediaOut1节点的连接，然后把MediaIn1节点连接到“视频拼贴画1”节点，把MultiMerge1节点连接到MediaOut1节点，如图10-16所示。

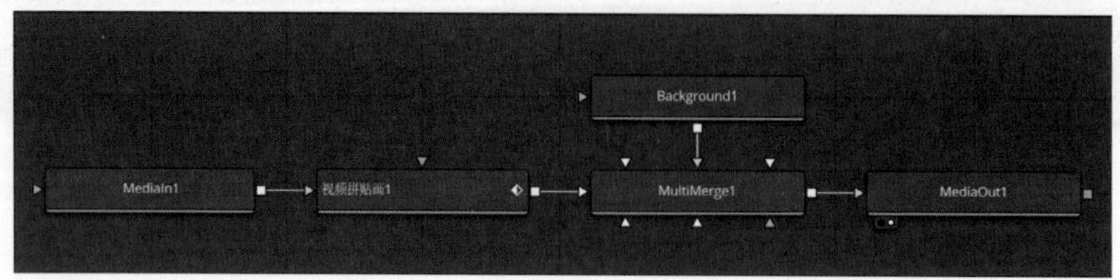

图10-16

19 选中“视频拼贴画1”节点，在“检查器”面板中单击“全局”按钮，依次将“列”参数设置为3，“行”参数设置为1。在“边距与间距”卷展栏中将“左/右边距”参数设置为0.01，“水平间距”参数设置为0.06。单击“切片”按钮，在“切片动画”卷展栏中双击“飞行进程”和“收缩进程”的参数名称，把参数恢复成默认值，在“收缩动画”下拉菜单中选择“收缩”。在“自定义大小/形状”卷展栏中把所有参数设置为1。分屏的效果如图10-17所示。

20 在60帧处为“收缩进程”和“所有片段的缓动与模糊”卷展栏中的两个“缓动数量”参数创建关键帧。在0帧处将“收缩进程”参数设置为1。在40帧处将“收缩进程”参数设置为-0.2。在59帧处将两个“缓动数量”参数设置为0.5，如图10-18所示。在110帧处为“飞行进程”参数创建关键帧。在150帧处将“飞行进程”参数设置为1。

图10-17

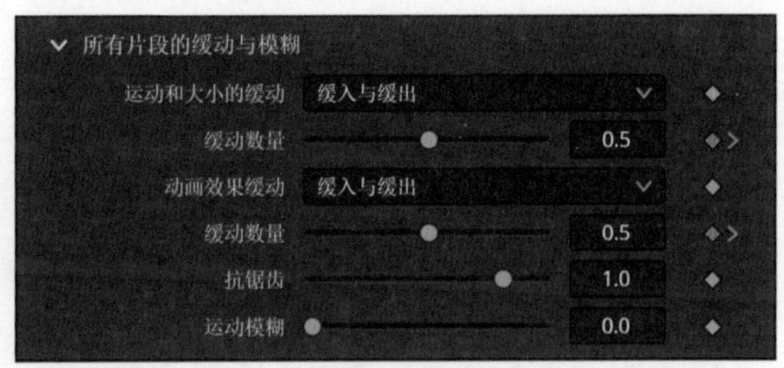

图10-18

21 把媒体池中的P06和P07素材拖到节点面板的空白处，然后将其连接到多重合并节点。先选中“视频拼贴画1”节点，按【Ctrl+C】快捷键进行复制；再分别选中MediaIn2和MediaIn3节点后按【Ctrl+V】快捷键粘贴节点，如图10-19所示。

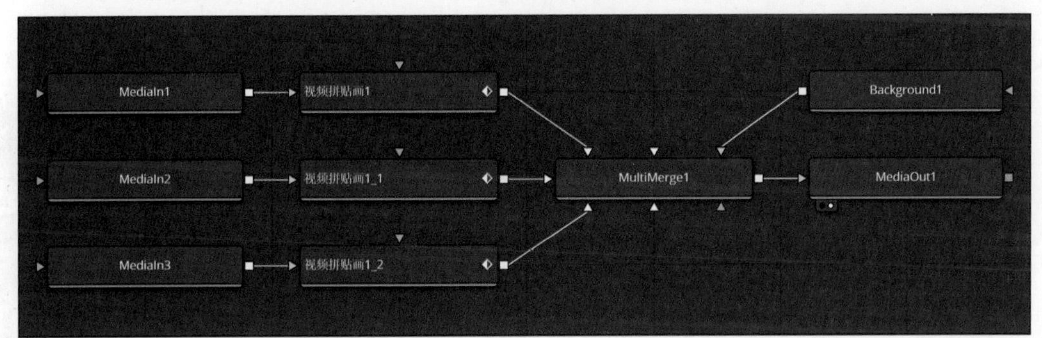

图10-19

22 选中“视频拼贴画1_1”节点，在“检查器”面板的“活动的贴片”下拉菜单中选择Tile2，在“贴片动画”卷展栏的“飞行动画”下拉菜单中选择“向下飞行”。选中“视频拼贴画1_2”节点，在“活动的贴片”下拉菜单中选择Tile3。展开“缩放内容”卷展栏，将“平移”参数设置为-0.12。在“贴片方式”卷展栏中将“贴片不透明度”参数设置为0。结果如图10-20所示。

图10-20

23 展开关键帧面板后展开“视频拼贴画1_1”卷展栏，框选左侧的7个关键帧后把第一个关键帧拖到10帧处。展开“视频拼贴画1_2”卷展栏，框选左侧的7个关键帧后把第一个关键帧拖到20帧处，如图10-21所示。

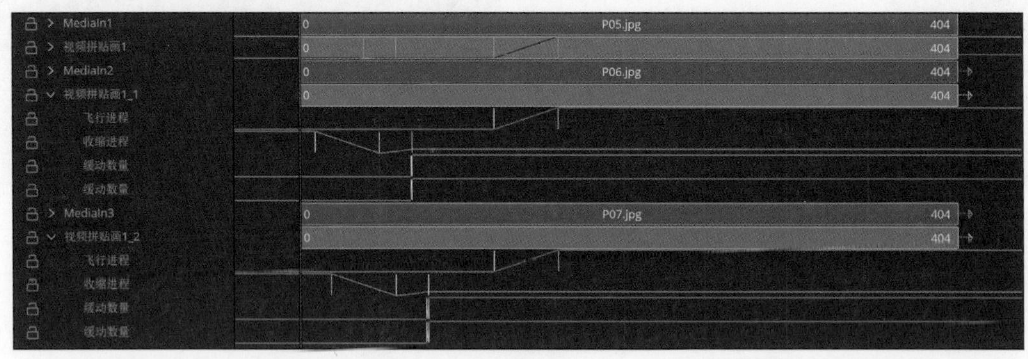

图10-21

24 选中MultiMerge1节点后单击工具条上的按钮，再次创建多重合并节点MultiMerge2。把媒体池中的P08素材拖到节点面板的空白处，创建节点MediaIn4，然后将其连接到新建的多重合并节点MultiMerge2。先选中“视频拼贴画1”节点，按【Ctrl+C】快捷键进行复制；再选中MediaIn4节点，按【Ctrl+V】快捷键粘贴节点。在“检查器”面板中单击“全局”按钮，依次将“行”参数设置为2，“左/右边距”参数设置为0，“水平间距”参数设置为0.05，如图10-22所示。

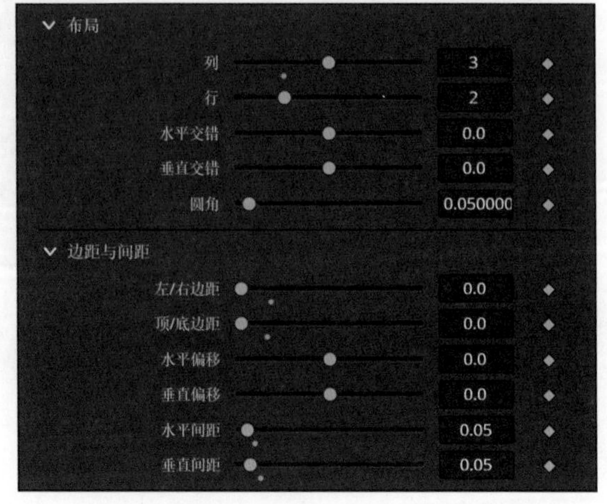

图10-22

25 单击“切片”按钮，双击所有带关键帧的参数名称，使其恢复默认值。在“自定义大小/形状”卷展栏中依次将“结束列”参数设置为3，“结束行”参数设置为2。在170帧处为“收缩进程”参数创建关键帧。在115帧处将“收缩进程”参数设置为1。在140帧处为“淡入淡出进程”参数创建关键帧。在130帧处将“淡入淡出进程”参数设置为1。

26 在170帧处为“自定义大小/形状”卷展栏中的“起始行”参数创建关键帧。在230帧处将“起始行”参数设置为2，然后为“起始列”参数创建关键帧。在290帧处将“起始列”参数设置为2。结果如图10-23所示。

图10-23

27 在“贴片动画”卷展栏中为“飞行进程”参数创建关键帧。在350帧处将“飞行进程”参数设置为-0.5。在“所有片段的缓动与模糊”卷展栏中将两个“缓动数量”参数设置为1。

28 把媒体池中的P09素材拖到节点面板的空白处，创建节点MediaIn5，然后将其连接到多重合并节点MultiMerge2。先选中“视频拼贴画1_3”节点，按【Ctrl+C】快捷键进行复制；再选中MediaIn5节点，按【Ctrl+V】快捷键粘贴节点，如图10-24所示。

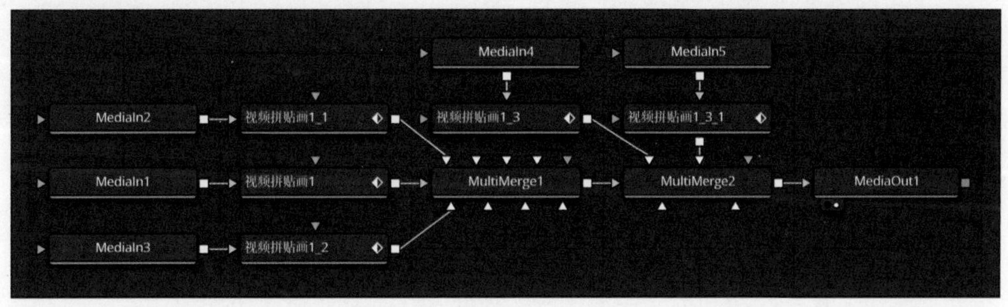

图10-24

29 在“检查器”面板中双击所有带关键帧的参数名称，使其恢复默认值。在230帧处为“飞行进程”参数创建关键帧。在170帧处将“飞行进程”参数设置为0.5。在290帧处为“飞行进程”参数添加一个关键帧。在350帧处将“飞行进程”参数设置为0.5。在“自定义大小/形状”卷展栏中将“结束行”参数设置为1。在230帧处为“结束列”参数创建关键帧。在290帧处将“结束列”参数设置为2。结果如图10-25所示。

图10-25

30 把媒体池中的P10素材拖到节点面板的空白处，创建节点MediaIn6，然后将其连接到多重合并节点MultiMerge2。先选中“视频拼贴画1_3_1”节点，按【Ctrl+C】快捷键进行复制；再选中MediaIn6节点，按【Ctrl+V】快捷键粘贴节点。

31 在“检查器”面板中双击所有带关键帧的参数名称，使其恢复默认值，在“活动的贴片”下拉菜单中选择Title3。在“贴片动画”卷展栏的“飞行动画”下拉菜单中选择“向左飞行”。在290帧处为“飞行进程”和“飞行动画”参数创建关键帧，在230帧处将“飞行进程”参数设置为-0.33，结果如图10-26所示。继续把播放头拖到291帧处，在“飞行动画”下拉菜单中选择“向上飞行”，在350帧处将“飞行进程”参数设置为0.5。

32 把媒体池中的P11素材拖到节点面板的空白处，创建节点MediaIn7，然后将其连接到多重合并节点MultiMerge2。先选中“视频拼贴画1_3_1_1”节点，按【Ctrl+C】快捷键进行复制；再选中MediaIn7节点，按【Ctrl+V】快捷键粘贴节点。把播放头拖到290帧处，在“活动的贴片”下拉菜单中选择Title4，在“贴片动画”卷展栏的“飞行动画”下拉菜单中选择“向右飞行”。在291帧处在“飞行动画”下拉菜单中选择“向下飞行”。结果如图10-27所示。

图10-26　　　　图10-27

33 分屏动画全部制作完成后，开始创建标题动画。删除Background1节点，选中MultiMerge1节点后按【Ctrl+T】快捷键进行复制。选中MediaIn4节点，单击工具条上的T按钮和按钮创建文本节点Text1以及与之连接的合并节点Merge1，如图10-28所示。

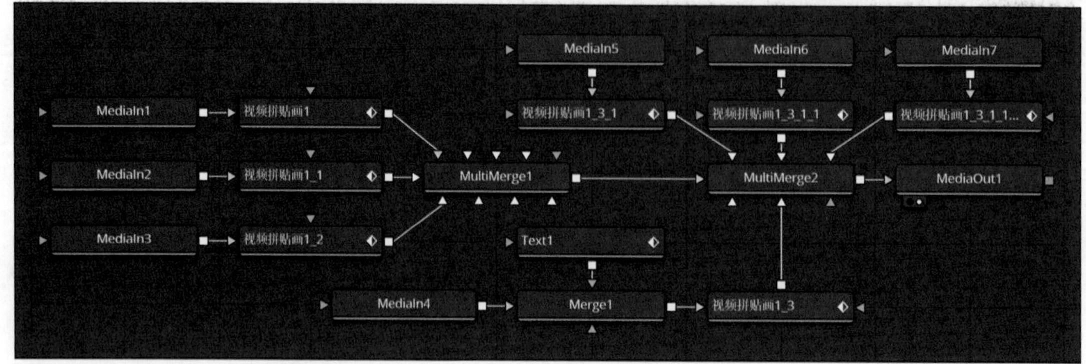

图10-28

34 在“检查器”面板的文本框中输入标题文本，将“字距”参数设置为1.1。把播放头拖到165帧处，为“书写”参数创建关键帧；在145帧处将“书写”的“结束”参数设置为0。这样标题文字会跟随图片素材一起缩放和运动，如图10-29所示。

35 在片段面板中切换到第一个片段，选中MediaIn2节点后单击工具条上的T按钮和按钮创建文本节点和与之连接的合并节点。在“检查器”面板的文本框中输入标题文本，将“字距”参数设置为1.1。把播放头拖到110帧处，为“书写”参数创建关键帧；在90帧处将“书写”的“结束”参数设置为0，效果如图10-30所示。

图10-29

图10-30

36 切换到剪辑页面，选中V1和V2轨道上的片段后向上拖曳，增加一个轨道。在特效库面板左侧的列表中单击“生成器”，把“纯色”拖到V1轨道上。把纯色片段的颜色设置为白色，然后把出点和音频片段对齐，如图10-31所示。

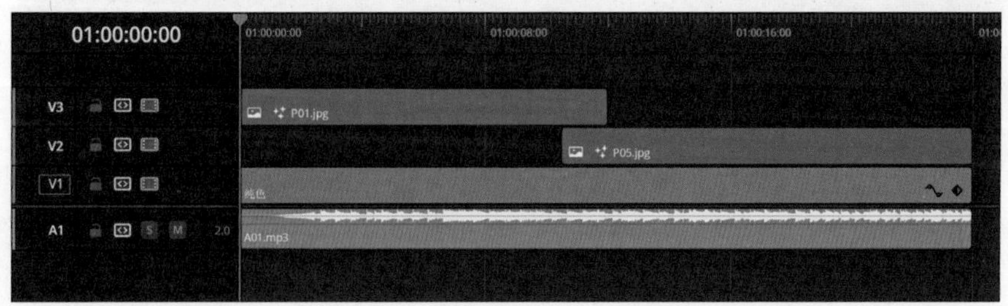

图10-31

37 在特效库面板左侧的列表中单击“标题”，把“Text+”拖到V3轨道的20秒20帧处，把出点和音频片段对齐，如图10-32所示。

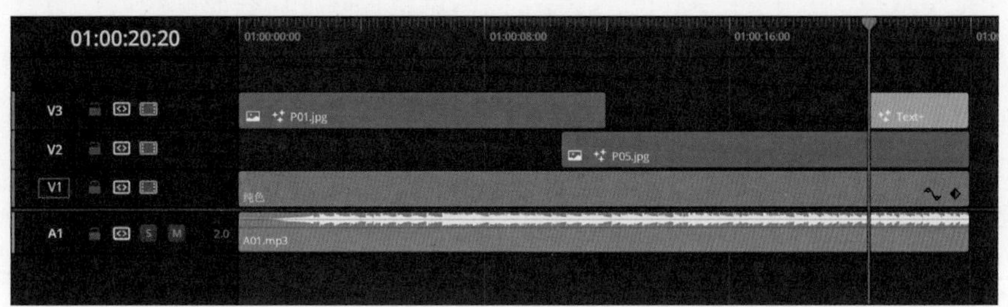

图10-32

38 把播放头拖到22 秒20 帧处，将“字距”参数设置为1.1 后为“字距”和“大小”参数创建关键帧。在20秒20帧处依次将“字距”参数设置为1，“大小”参数设置为 0.07，颜色设置为红绿蓝=25、25、25，如图10-33所示。

图10-33

39 切换到“着色”选项卡，在21 秒20 帧处为“不透明度”参数创建关键帧，在“柔和度”卷展栏中为“X轴”和“Y轴”参数创建关键帧。在20秒20帧处依次将“不透明度”参数设置为0，“X轴”和“Y轴”参数设置为10。

40 在特效库面板左侧的列表中单击“特效”，把“调整片段”拖到V4轨道上，将出点和音频片段对齐，如图10-34所示。

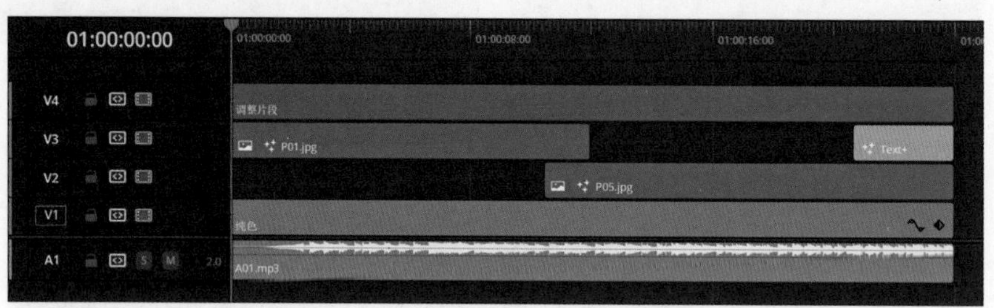

图10-34

41 在特效库面板左侧的列表中单击Open FX，把“胶片外观创作器”拖到调整片段上。在“检查器”面板中将“色彩混合”和“效果混合”参数设置为0.5，展开“胶片光晕”卷展栏，将“数量”参数设置为0.02。展开“色彩设置”卷展栏，将“白平衡”参数依次设置为 9000，“色调”参数设置为-75，“褪色（Fade）”参数设置为0.5，“丰富度（Richness）”参数设置为1.5，如图10-35所示。

42 把特效库面板中的“暗角”效果器拖到调整片段上，在“检查器”面板中将“大小”和“柔化”参数设置为1。展开“全局混合”卷展栏，将“混合”参数设置为0.8，如图10-36所示。

43 接下来把特效库面板中的“锐化”效果器拖到调整片段上。在时间线面板的音频片段上右击，在弹出的快捷菜单中选择“新建复合片段”命令，恢复音频的正确波形。切换到Fairlight页面，在音频片段上右击，在弹出的快捷菜单中选择“归一化音频电平”命令，在弹出的窗口中将“目标响度”参数设置为-15LKFS，然后单击“归一化”按钮，如图10-37所示。

44 切换到交付页面，在“渲染设置”面板中单击“浏览”按钮，选择视频文件的保存路径和文件名，在“格式”下拉菜单中选择MP4，如图10-38所示。在“质量”选项组中单击“限制在”单选按钮，然后把参数设置为8000。单击面板下方的“添加到渲染队列”按钮，最后单击“渲染队列”面板中的“渲染所有”按钮，输出视频。

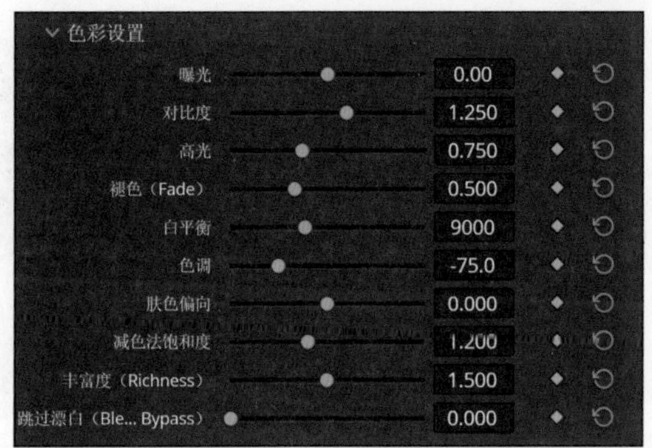

图10-35

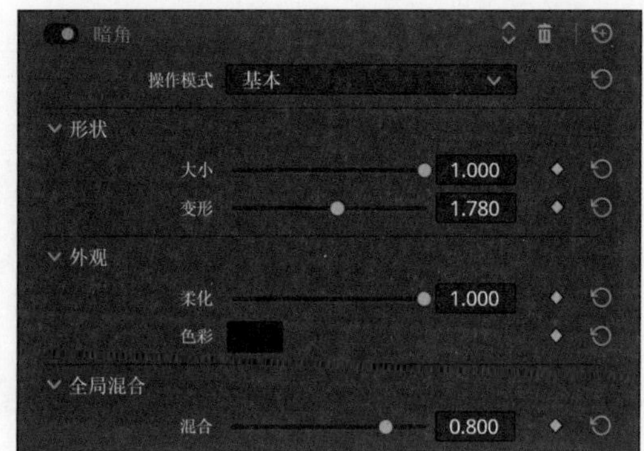

图10-36

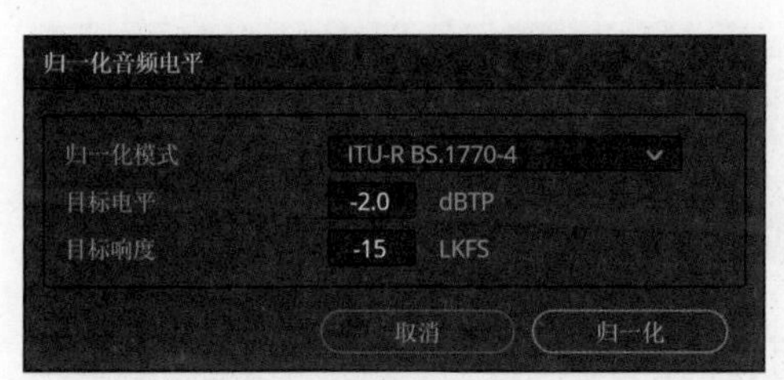

图10-37

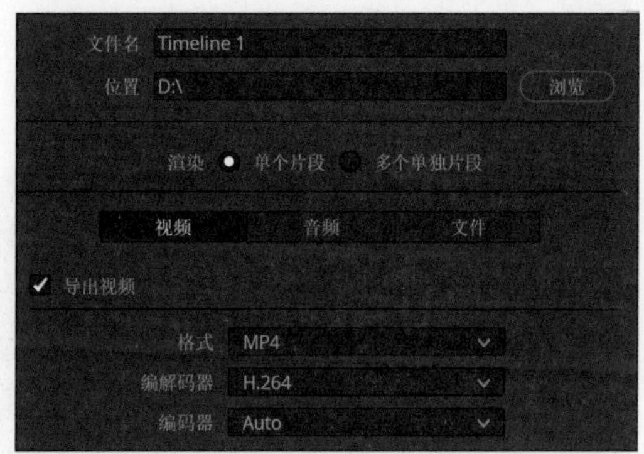

图10-38

10.2 历史怀旧片头视频

本节综合运用DaVinci Resolve 19的动态缩放、合成模式以及效果器和转场等功能，制作一个具有怀旧质感的片头视频。本实例中使用的很多技术只要稍加变化，就能运用到宣传、历史等题材的视频中。

01 运行DaVinci Resolve 19后新建项目，切换到剪辑页面，按【Ctrl+I】快捷键导入素材。按【Ctrl+,】快捷键打开偏好设置窗口，切换到“用户”选项卡后单击“剪辑”选项，依次将“标准生成器时长”和“标注静帧时长”设置为135帧，将“标准转场时长”设置为12帧，如图10-39所示。

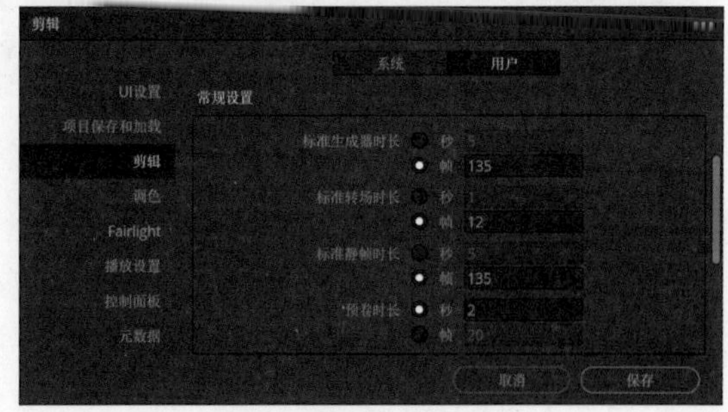

图10-39

02 把媒体池中的P01素材插入时间线，切换到Fusion页面，选中MediaIn1节点后单击工具条上的按钮创建矩形遮罩。在"检查器"面板中依次将"宽度"参数设置为0.2，"高度"参数设置为1，"中心X"参数设置为0.1，如图10-40所示。

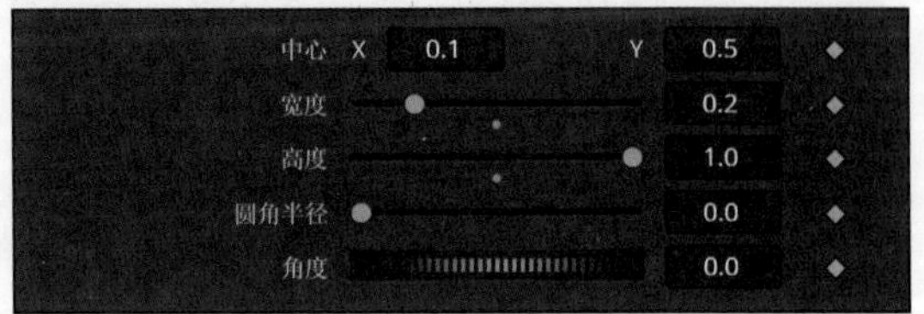

图10-40

03 选中MediaIn1节点后单击工具条上的按钮，创建变换节点Transform1在0帧处依次将"中心X"参数设置为0.48，"中心Y"参数设置为-0.5，然后创建关键帧。在50帧处将"中心 Y"参数设置为0.5。在65帧处插入关键帧。在75帧处将"中心X"参数设置为0.5。

04 展开样条线面板，勾选Transform1复选框后选中前两个关键帧，在关键帧上右击，在弹出的快捷菜单中选择"缓和/In-out Cubic"命令。继续选中后两个关键帧再右击，在弹出的快捷菜单中选择"缓和/In-out Cubic"命令。结果如图10-41所示。

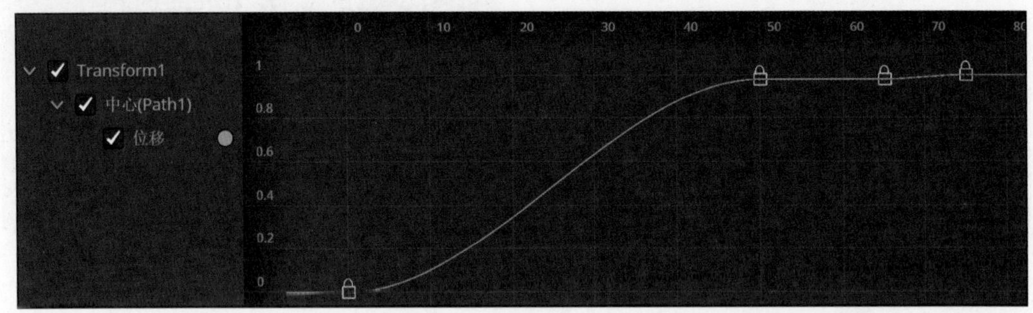

图10-41

05 继续单击工具条上的按钮创建多重合并节点MultiMerge1。先框选Rectangle1、MediaIn1和Transform1节点，按【Ctrl+C】快捷键进行复制；再在节点面板的空白处单击，按【Ctrl+V】快捷键粘贴节点，然后把Transform1_1节点连接到多重合并节点MultiMerge1，如图10-42所示。

图10-42

06 选中Rectangle1_1节点，将"中心X"参数设置为0.3。选中Transform1_1节点，分别在 0帧、50帧和65帧处将"中心X"参数设置为0.51，然后勾选"反转变换"复选框，如图10-43所示。

07 继续按【Ctrl+V】快捷键粘贴三组节点，然后将其全部连接到多重合并节点MultiMerge1。选中Rectangle1_2节点，将"中心X"参数设置为0.5。选中Transform1_2节点，在0帧、

50帧处将“中心X”参数设置为0.5。展开样条线面板，在Transform1_2中删除后两个关键帧。当前的效果如图10-44所示。

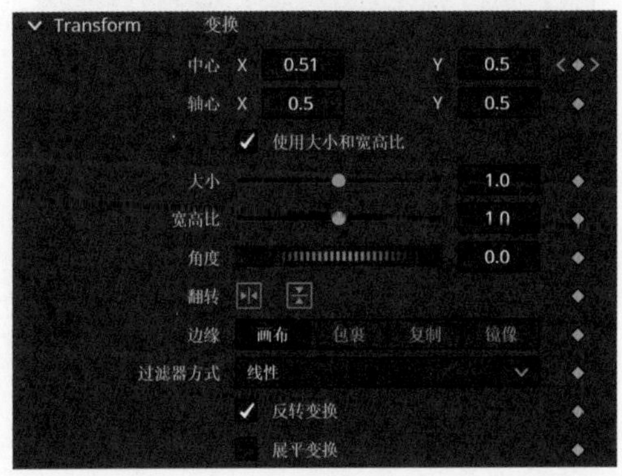

图10-43

图10-44

08 选中Rectangle1_3节点，将“中心X”参数设置为0.7。选中Transform1_3节点，勾选“反转变换”复选框，在0帧、50帧和65帧处将“中心X”参数设置为0.49。选中 Rectangle1_4节点，将“中心X”参数设置为0.9。选中Transform1_4节点，在0帧、 50帧和65帧处将“中心X”参数设置为0.52。结果如图10-45所示。

09 切换到剪辑页面，把播放头拖到1秒15帧处，在“检查器”面板中开启“动态缩放”开关，然后为“不透明度”参数创建关键帧，在0帧处将“不透明度”参数设置为0，如图10-46所示。

图10-45

图10-46

10 按【Ctrl+N】快捷键新建时间线，把媒体池中的P02素材插入新建的时间线，在“检查器”面板的“合成模式”下拉菜单中选择“亮度”，将“不透明度”参数设置为25。

11 在特效库面板左侧的列表中选择“生成器”，把“纯色”生成器拖到V2轨道上，将纯色的色彩设置为红绿蓝=140、178、157。切换到“设置”选项卡，在“合成模式”下拉菜单中选择“色彩”，将“不透明度”参数设置为40，如图10-47所示。

12 把特效库面板中的“灰渐变”生成器拖到V3轨道上，在“检查器”面板中依次将“旋转角度”参数设置为90，“缩放X”参数设置为0.6，“缩放Y”参数设置为1.8，如图10-48所示。在“合成模式”下拉菜单中选择“亮度”，将“不透明度”参数设置为30。

图10-47

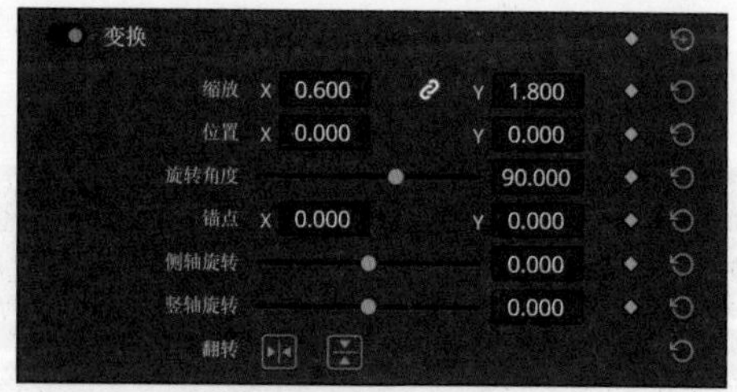

图10-48

13 在媒体池的空白处右击，在弹出的快捷菜单中选择“新建Fusion合成”命令，然后把新建的片段拖到V4轨道上。切换到Fusion页面，按【Shift+空格】快捷键搜索并添加sRectangle1节点，继续按【Shift+空格】快捷键，搜索并添加sMerge1和sRender1节点，最后把sRender1节点连接到MediaOut1节点，如图10-49所示。

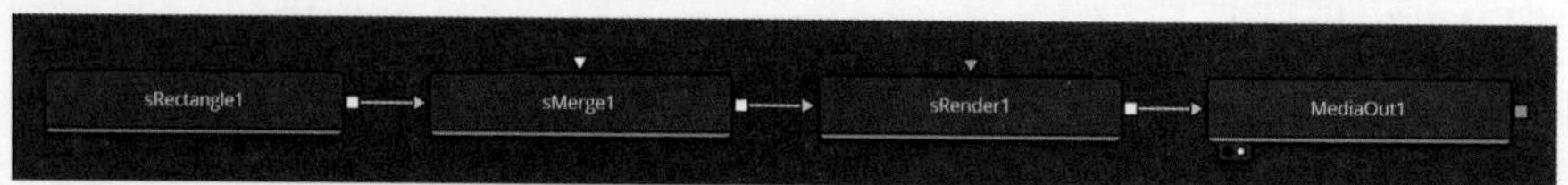

图10-49

14 选中sRectangle1节点，在“检查器”面板中依次将“宽度”参数设置为0.095，“高度”参数设置为0.345，“X轴偏移”参数设置为-0.365，“Y轴偏移”参数设置为0.05。在65帧处为“Y轴偏移”参数创建关键帧，在90帧处将“Y轴偏移”参数设置为0。展开样条线面板，选中两个关键帧后右击，在弹出的快捷菜单中选择“缓和/In-out Cubic”命令，结果如图10-50所示。

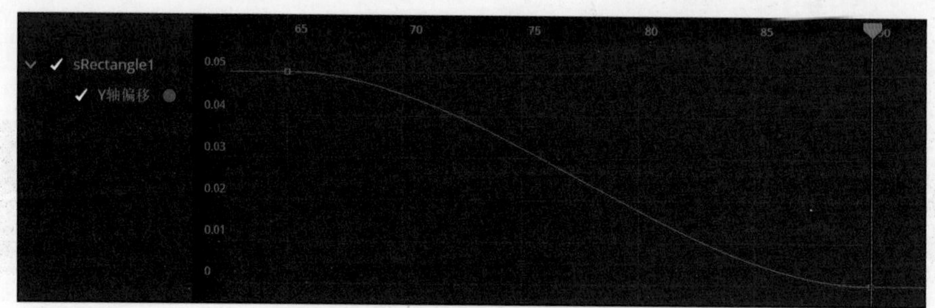

图10-50

15 复制sRectangle1节点，把复制的节点连接到sMerge1节点。在“检查器”面板中将复制节点的“X轴偏移”参数设置为-0.26，在65帧处将“Y轴偏移”参数设置为-0.04，在 90帧处将“Y轴偏移”参数设置为0.045。结果如图10-51所示。

16 继续复制四个sRectangle节点，然后将其全部连接到sMerge1节点上。在“检查器”面板中逐个调整复制节点的“X轴偏移”和“Y轴偏移”参数，制作更多遮罩动画，如图10-52所示。

17 切换到剪辑页面，把媒体池中的P02素材拖到V5轨道上，在“检查器”面板的“合成模式”下拉菜单中选择“前景”。选中V4轨道上的片段，在“合成模式”下拉菜单中选择Alpha。结果如图10-53所示。

图10-51

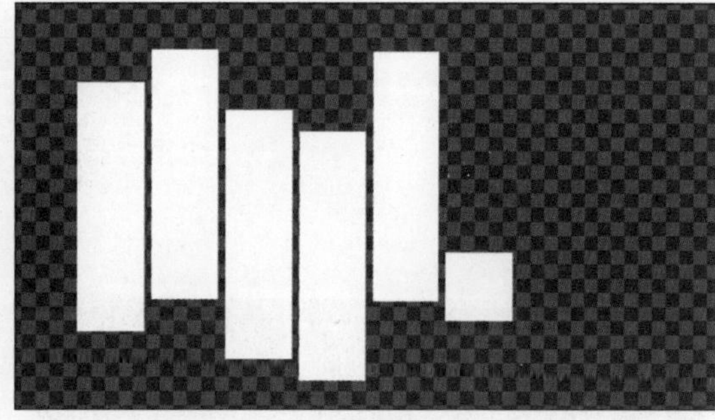

图10-52

18 按住Alt键把V4轨道上的片段复制到V6轨道上，切换到Fusion页面，依次选中所有sRectangle节点，取消勾选“实体”复选框，将“边框宽度”参数设置为0.002。结果如图10-54所示。

图10-53

图10-54

19 接下来创建更多的装饰形状。选中sMerge1节点后按【Shift+空格】快捷键，搜索并添加sMerge2节点。创建一个sRectangle2节点，并将其连接到sMerge2节点，如图10-55所示。

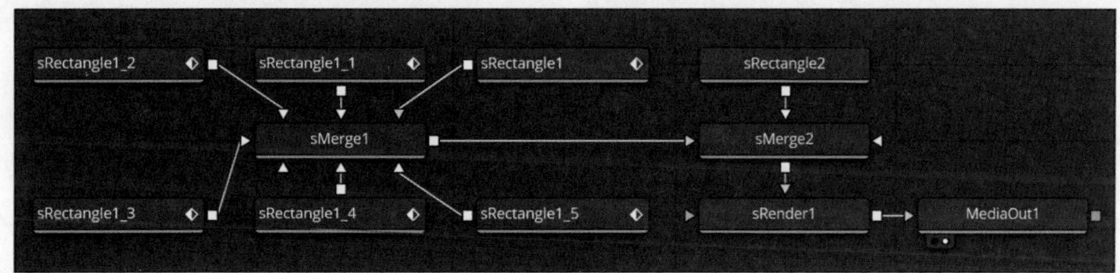

图10-55

20 在“检查器”面板中切换到“样式”选项卡，将颜色设置为红绿蓝=140、178、157。切换到“控制”选项卡，依次将“宽度”参数设置为0.015，“高度”参数设置为0.075，“X轴偏移”参数设置为0.125。把播放头拖到65帧处，将“Y轴偏移”参数设置为0.18后创建关键帧，在90帧处将“Y轴偏移”参数设置为-0.014，如图10-56所示。展开样条线面板，选中sRectangle2的两个关键帧后，在任意一个关键帧上右击，在弹出的快捷菜单中选择“缓和/In-out Cubic”命令。

21 复制sRectangle2节点，然后将复制的节点连接到sMerge2节点，在“检查器”面板中将“X轴偏移”参数设置为-0.435，在65帧处将“Y轴偏移”参数设置为-0.085，在90帧处将“Y轴偏移”参数设置为0.135。结果如图10-57所示。

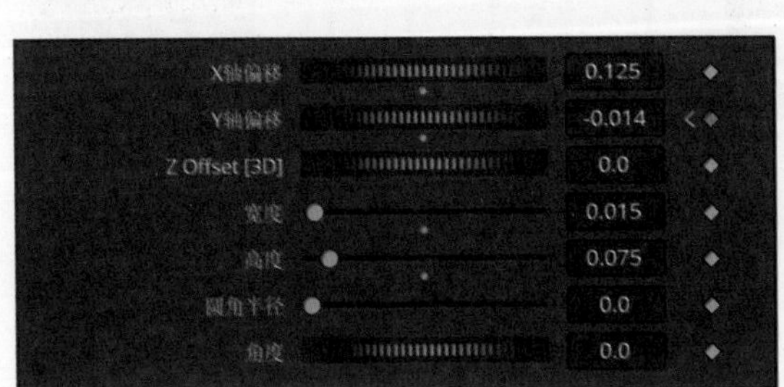

图10-56

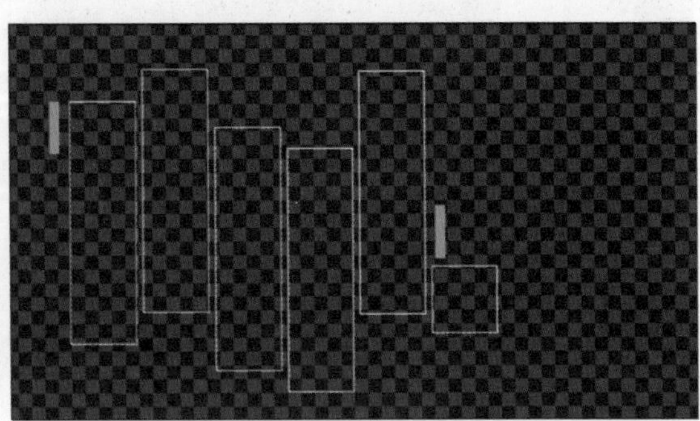

图10-57

22 按【Shift+空格】快捷键搜索并添加sRectangle3节点，然后将其连接到sMerge2节点。在“检查器”面板中依次将“宽度”参数设置为0.002，“高度”参数设置为0.17，“X轴偏移”参数设置为0.3，“Y轴偏移”参数设置为-0.2，如图10-58所示。

23 复制sRectangle3节点后将其连接到sMerge2节点。在“检查器”面板中依次将“角度”参数设置为90，“X轴偏移”参数设置为0.42，“Y轴偏移”参数设置为0.22，如图10-59所示。

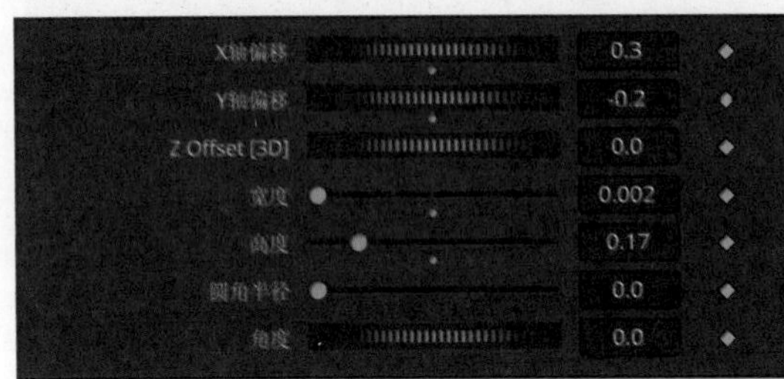

图10-58

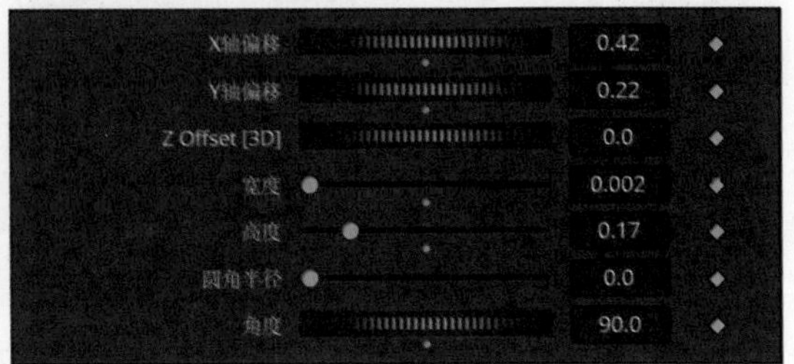

图10-59

24 按【Shift+空格】快捷键创建sEllipse1节点，并将其连接到sMerge2节点。在“检查器”面板中取消勾选“实体”复选框，依次将“边框宽度”参数设置为0.002，“宽度”和“高度”参数设置为0.015，“X轴偏移”参数设置为0.3，“Y轴偏移”参数设置为-0.1，如图10-60所示。

25 选中sRender1节点后单击工具条上的按钮，创建多重合并节点，继续把工具条上的T按钮拖到节点面板的空白处，创建三个文本节点，然后把文本节点连接到多重合并节点。分别输入装饰文本后调整文本的位置和尺寸，结果如图10-61所示。切换到剪辑页面，在“检查器”面板中将“不透明度”参数设置为50。

26 在媒体池中复制Timeline2时间线，把复制的时间线命名为Timeline3。双击切换到Timeline3时间线，选中媒体池中的P03素材后按F11键替换片段。激活V5轨道的名称，再次按F11键替换片段，如图10-62所示。选中“纯色”片段，把色彩修改为红绿蓝=235、203、152。

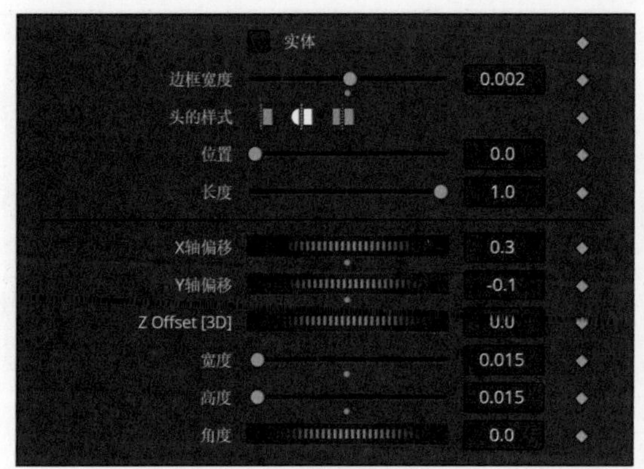

图10-60

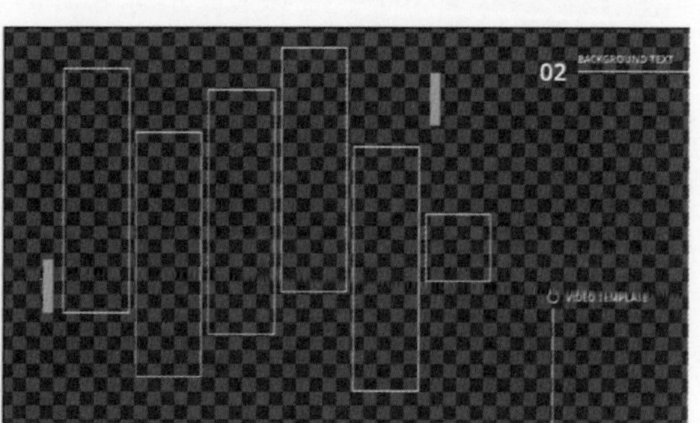

图10-61

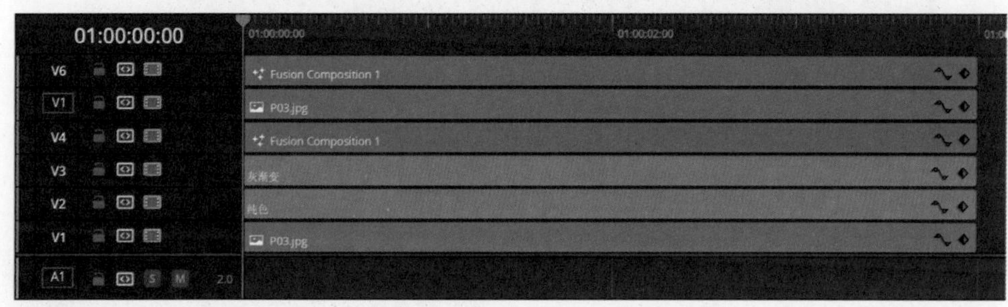

图10-62

27 分别选中V4和V6轨道上的片段，在“检查器”面板中单击“变换”选项组中的按钮水平翻转。切换到Fusion页面，选中一个文本节点后切换到“布局”选项卡，将“旋转”卷展栏中的“Y轴”参数设置为180。使用相同的方法旋转其余两个文本，然后修改实体矩形的颜色，结果如图10-63所示。

28 在媒体池中复制Timeline2时间线，然后命名为Timeline4。使用前面的方法替换素材后修改纯色片段的颜色，结果如图10-64所示。

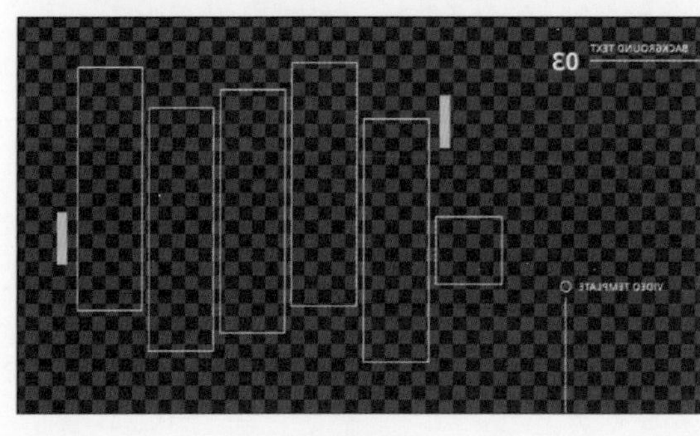

图10-63

图10-64

29 在媒体池中复制Timeline3时间线，然后命名为Timeline5，继续替换素材后修改纯色片段的颜色，结果如图10-65所示。

30 在媒体池中双击切换到Timeline1时间线，然后把A01素材插入音频轨道上，继续把媒体池里的Timeline2~Timeline5时间线依次插入V1轨道，如图10-66所示。在时间线上框选新插入的时间线片段，在“检查器”面板中开启“动态缩放”开关。

图10-65

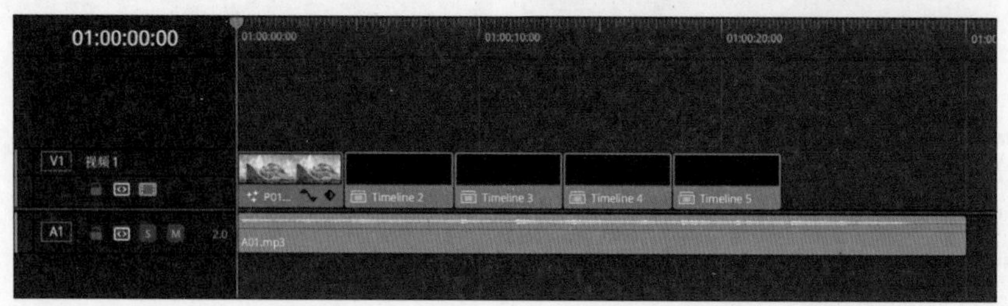

图10-66

31 继续把Timeline5时间线插入V1轨道的尾部，把播放头拖到新插入片段的出点处，在片段上右击，在弹出的快捷菜单中选择“更改片段速度”命令，在打开的对话框中勾选“冻结帧”复选框后单击“更改”按钮，如图10-67所示。

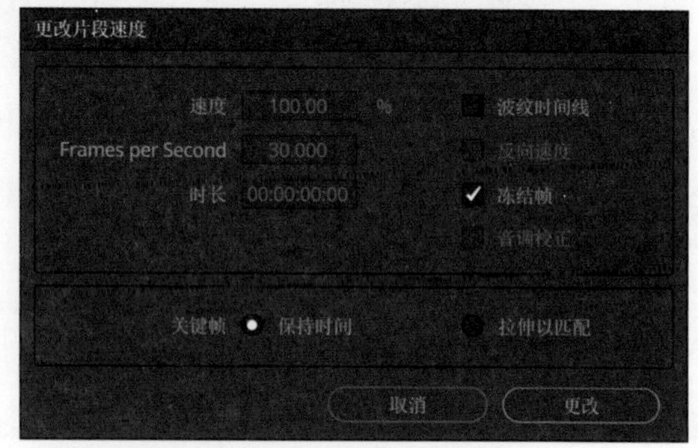

图10-67

32 按住Alt键，把V1轨道上的第一个片段拖到V2轨道上，把复制片段的入点拖到21秒15帧处，把出点和音频片段的出点对齐，如图10-68所示。在“检查器”面板的“合成”卷展栏中单击按钮恢复默认值。

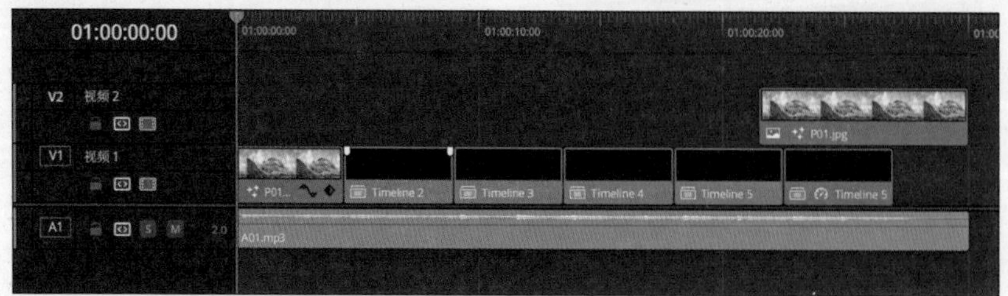

图10-68

33 把播放头拖到V2轨道的片段上，然后切换到Fusion页面。把媒体池中的P06素材依次拖到各个MediaIn节点，在弹出的窗口中单击“确定”按钮。切换回剪辑页面，结果如图10-69所示。

图10-69

34 在特效库面板左侧的列表中选择“标题”，把“Text+”拖到V2轨道上，把入点拖到4秒15帧处。在“检查器”面板中输入标题文本，依次将字体样式设置为Bold，“大小”参数设置为0.06，在“水平锚点”中单击□按钮，如图10-70所示。

35 切换到“布局”选项卡，依次将“中心X”参数设置为0.65，“中心Y”参数设置为0.7。切换到“检查器”面板最上方的“设置”选项卡，开启“动态缩放”开关。

36 切换到Fusion页面，在文本框的空白处右击，在弹出的快捷菜单中选择“跟随器”命令。切换到“修改器”选项卡，在“顺序”下拉菜单中选择“随机但一个接一个”，将“延迟”参数设置为2，如图10-71所示。

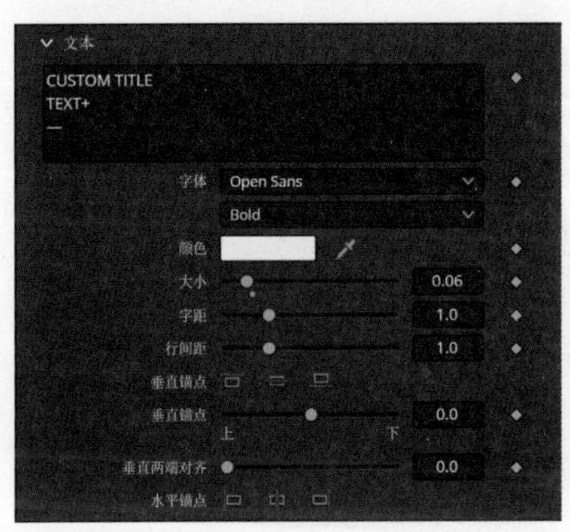

图10-70

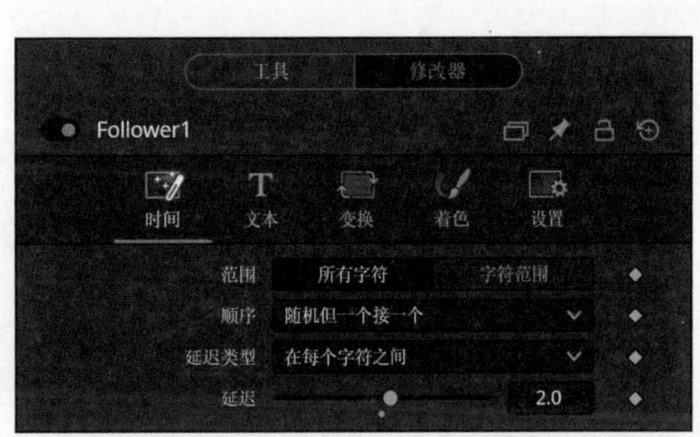

图10-71

37 切换到“着色”选项卡，在36 帧处为“不透明度”和“柔和度”卷展栏中的“X轴”“Y轴”参数以及“位置”卷展栏中的“偏移Y”参数创建关键帧。在20帧处依次将“不透明度”参数设置为0，“X轴”“Y轴”参数设置为8，“偏移Y”参数设置为-0.95。标题的效果如图10-72所示。

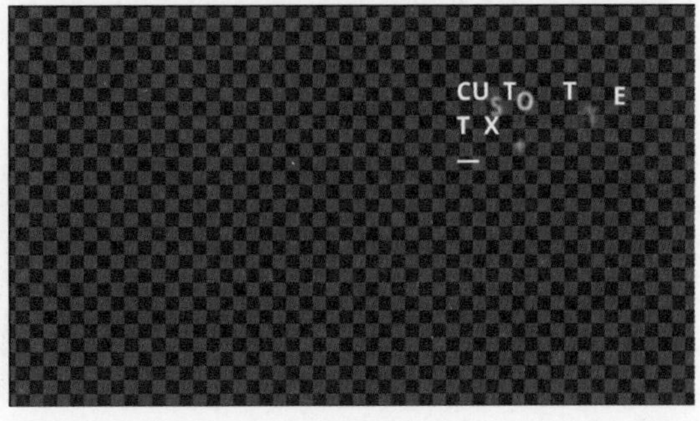

图10-72

38 单击工具条上的 T 按钮和 按钮创建文本节点Text1和合并节点Merge1，如图 10-73所示。在文本框中输入标题文本，将“大小”参数设置为0.022。在文本框的空白处右击，在弹出的快捷菜单中选择“跟随器”命令。切换到“布局”选项卡，依次将“中心X”参数设置为0.785，“中心Y”参数设置为0.55。

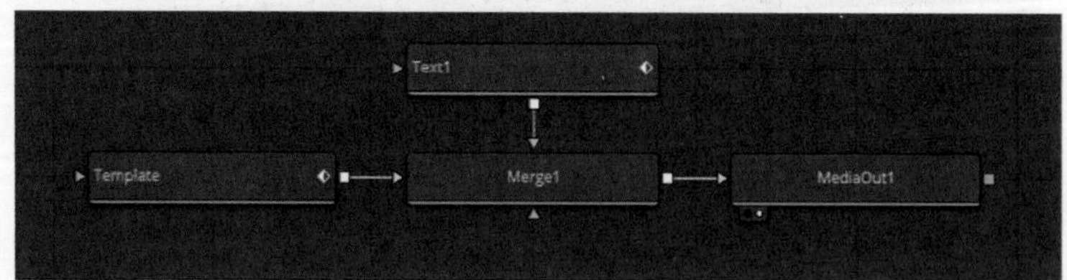

图10-73

39 切换到“修改器”选项卡，在“顺序”下拉菜单中选择“从左到右”，将“延迟”参数设置为1。切换到“着色”选项卡，在30帧处为“不透明度”和“柔和度”卷展栏中的“X轴”“Y轴”参数创建关键帧。在20帧处依次将“不透明度”参数设置为0，“X轴”和“Y轴”参数设置为8。标题的效果如图10-74所示。

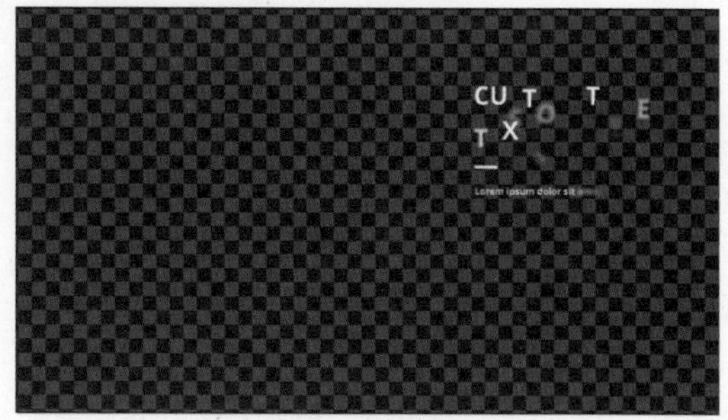

图10-74

40 切换到剪辑页面，把V2轨道上的片段向上拖到V3轨道上，然后按住Alt键向右复制标题片段，如图10-75所示。

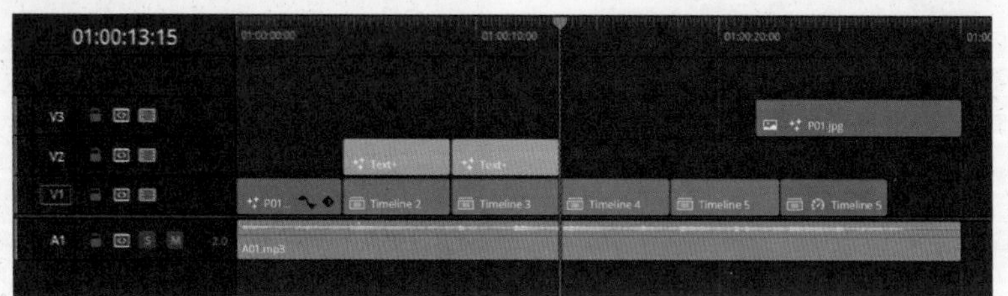

图10-75

41 把播放头拖到复制的标题片段上，切换到Fusion页面，选中Merge1节点后单击工具条上的按钮创建变换节点Transform1，如图10-76所示。选中Transform1节点，在“检查器”面板中将“中心X”参数设置为-0.085。

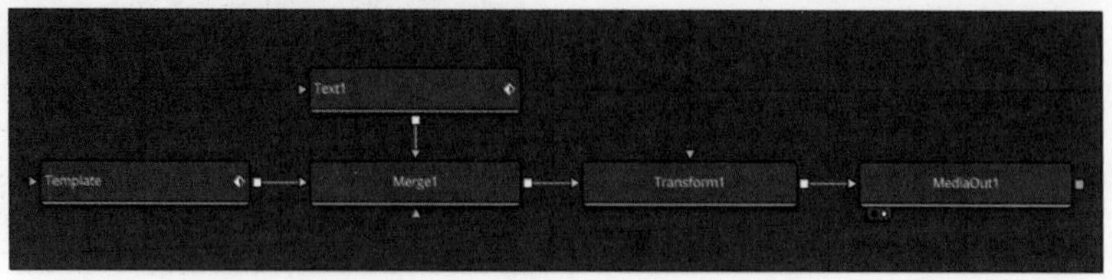

图10-76

42 切换到剪辑页面，选中V2轨道上的两个文本片段后按住Alt键向右侧复制。继续将特效库面板中的Digital Glitch预设拖到V4轨道上，把入点拖到24秒处，出点与音频片段的出点对齐，如图10-77所示。

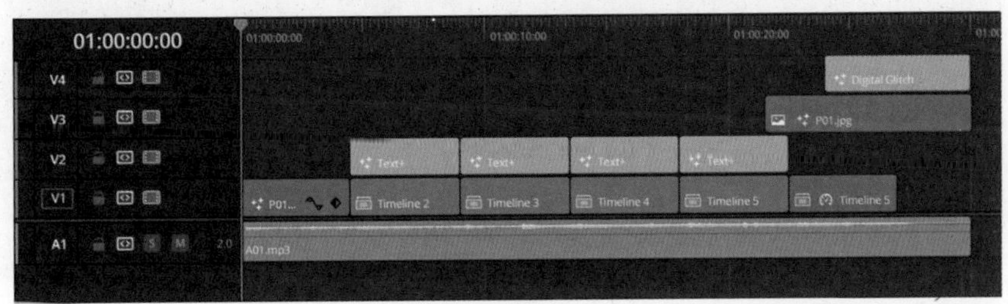

图10-77

43 接下来开始制作转场效果。在特效库面板左侧的列表中选择“生成器”，把“纯色”生成器拖到V3轨道上。把纯色片段的入点拖到4秒3帧处，把出点拖到4秒27帧处，如图10-78所示。在“检查器”面板中将色彩设置为红绿蓝=235、203、152。

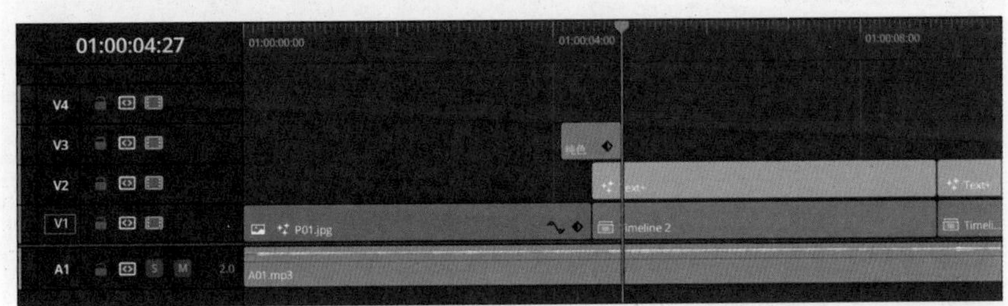

图10-78

44 选中纯色片段，在特效库面板左侧列表中选择“视频转场”，在“滑动”预设上右击，在弹出的快捷菜单中选择“添加到所选的编辑点和片段”命令。在时间线上选中左侧的转场缩略图，在“检查器”面板的“缓入缓出”下拉菜单中选择“缓入”。选中右侧的转场缩略图，在“缓入缓出”下拉菜单中选择“缓出”，如图10-79所示。

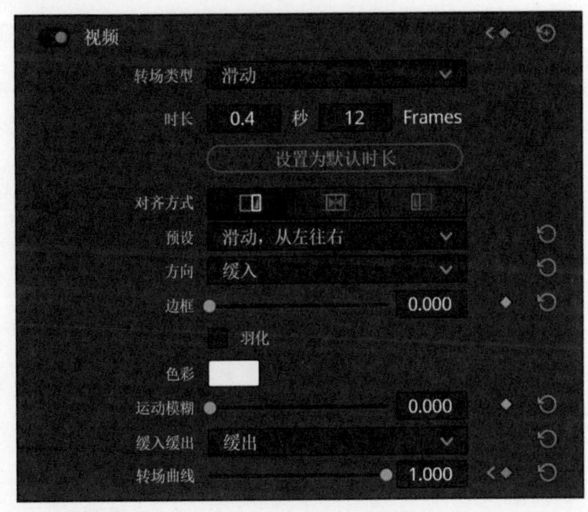

图10-79

45 按住Alt键把纯色片段向上复制到V4和V5轨道上，把V4轨道上的片段色彩设置为红绿蓝=208、127、100，把V5轨道上的片段色彩设置为红绿蓝=140、178、157。在V4轨道上选中纯色片段左侧的边框，让其变成绿色显示，按【Shift+,】快捷键向左移动5帧；选中片段右侧的边框，按【Shift+.】快捷键向右移动5帧。

46 在V3轨道上选中纯色片段左侧的边框，按两次【Shift+,】快捷键向左移动10帧；选中片段右侧的边框，按两次【Shift+.】快捷键向右移动10帧，如图10-80所示。

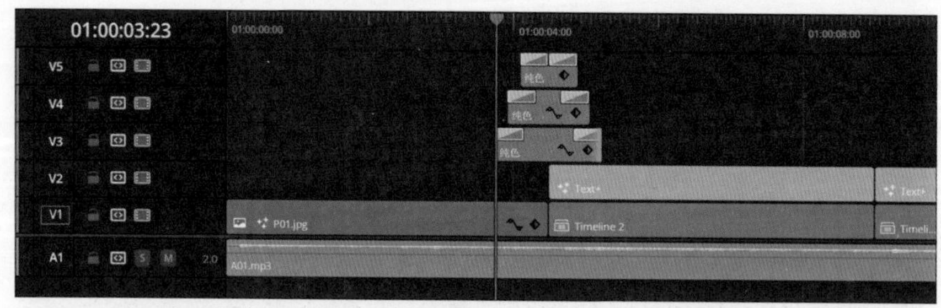

图10-80

47 在V4轨道上选中两个转场缩略图，在“检查器”面板中将“时长”设置为14帧。在V3轨道上选中两个转场缩略图，在“检查器”面板中将“时长”设置为16帧。选中所有纯色片段后复制三组转场。结果如图10-81所示。

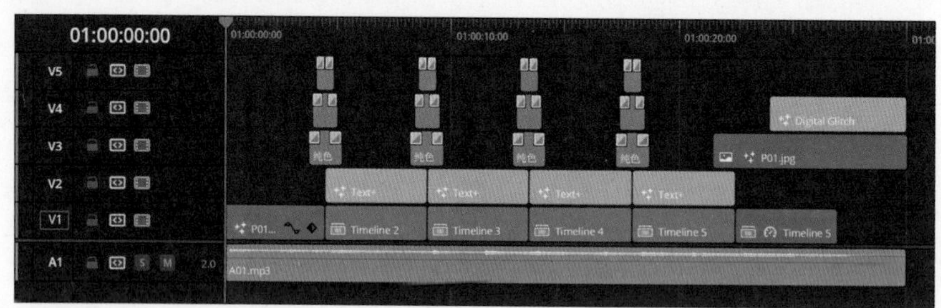

图10-81

48 按住Alt键选中第二组转场上的所有转场缩略图，在“检查器”面板的“预设”下拉菜单中选择“滑动，从右往左”。按住Alt键选中第三组转场上的所有转场缩略图，在“检查器”面板的“预设”下拉菜单中选择“三角形右侧”。按住Alt键选中第四组转场的所有转场缩略图，在“检查器”面板的“预设”下拉菜单中选择“三角形左侧”。

49 在特效库面板左侧的列表中单击“特效”，把“调整片段”拖到V6轨道上，把出点和音频片段对齐。在特效库面板左侧的列表中单击Open FX，把“镜头畸变”效果器拖到调整片段上。在“检查器”面板中取消“RGB具有相同的扭曲”复选框，勾选“优化调整”复选框，依次将“红色畸变”参数设置为0.7，“绿色畸变”参数设置为0.8，“蓝色畸变”参数设置为 0.9，如图10-82所示。

50 把特效库面板中的“胶片损坏”效果器拖到调整片段上，在“检查器”面板的“添加暗角”卷展栏中将“焦点系数”参数设置为0.2，在“全局混合”卷展栏中将“混合”参数设置为0.5。继续把特效库面板中的“锐化”效果器拖到调整片段上。最终的效果如图10-83所示。

51 执行“播放”菜单中的“渲染缓存/智能”命令，等待时间线上的红色线条全部变成蓝色，如图10-84所示。按【Ctrl+F】快捷键用全屏影院模式回放检查项目。确认没有问题后切换到 Fairlight页面。在音频片段上右击，在弹出的快捷菜单中选择“归一化音频电平”命令，将“目标响度”参数设置为-15LKFS，然后单击“归一化”按钮。最后切换到交付页面，渲染输出视频。

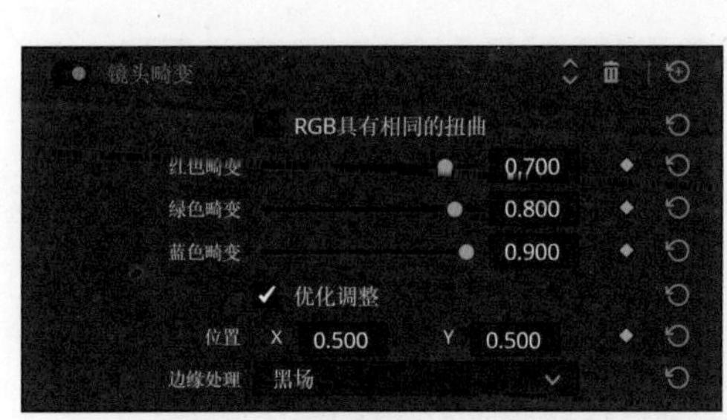

图10-82

图10-83

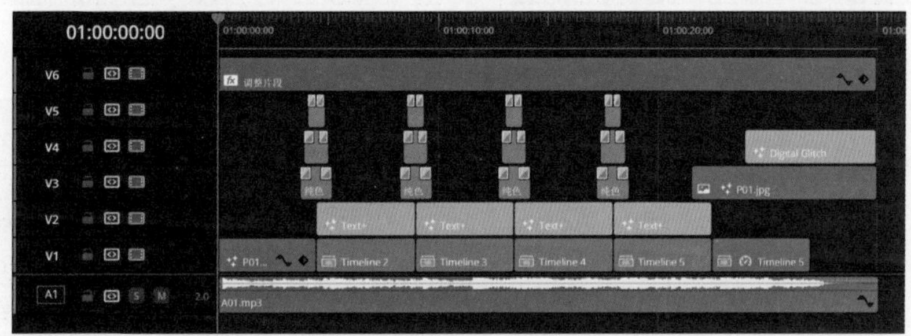

图10-84

10.3 对焦拍摄冻帧片头

本节制作的片头视频，先通过关键帧动画和各种效果器模拟相机取景器对焦拍摄照片的效果，然后利用冻结帧、合成模式和抠像功能为静止的画面添加抖动特效和标题文字。

01 运行DaVinci Resolve 19后新建项目，切换到剪辑页面，按【Ctrl+I】快捷键导入素材。按【Ctrl+,】快捷键打开偏好设置窗口，切换到“用户”选项卡后单击“剪辑”选项，依次将“标准生成器时长”和“标注静帧时长”设置为3秒，将“标准转场时长”设置为18帧，如图10-85所示。

图10-85

02 把媒体池中的V01素材插入时间线，切换到调色页面，按【Alt+S】快捷键创建一个串行节点，在色轮面板中将“色彩增强”和“中间调细节”参数设置为30，拖曳“亮度”色轮下方的旋钮，把所有参数设置为1.05，如图10-86所示。

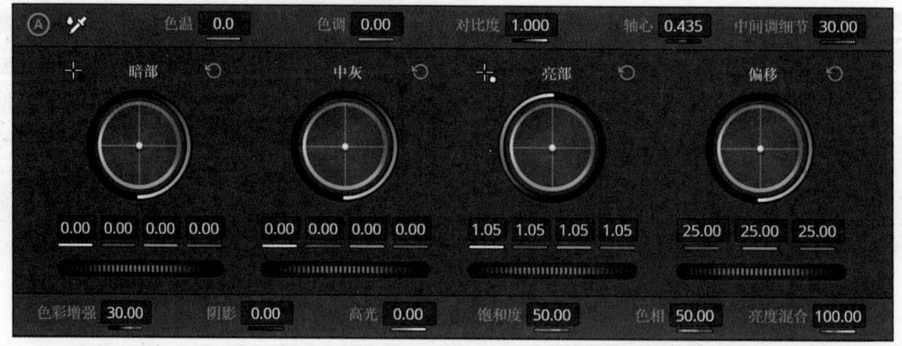

图10-86

03 切换到剪辑页面，把播放头拖到片段的出点处，然后按【Ctrl+C】和【Ctrl+V】快捷键复制片段。把播放头拖到复制片段的出点处，在片段上右击，在弹出的快捷菜单中选择“更改片段速度”命令，在打开的窗口中勾选“冻结帧”复选框，然后单击“更改”按钮，如图10-87所示。继续把冻结帧片段的出点拖到8秒处。

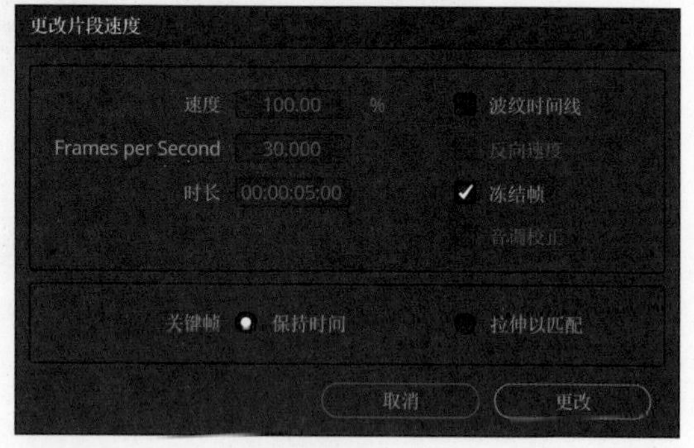

图10-87

04 选中第一个片段，把播放头拖到20帧处，在“检查器”面板中单击“视频”选项卡，为“缩放”和“不透明度”参数创建关键帧，在0帧处将“不透明度”参数设置为0。在2秒处为“缩放”参数添加关键帧，在2秒15帧处将“缩放”参数设置为1.5。继续在3秒处将“缩放”参数设置为1，在3秒20帧处将“缩放”参数设置为1.25，在4秒10帧处将“缩放”参数设置为1.1，在5秒处将“缩放”参数设置为1.3，如图10-88所示。

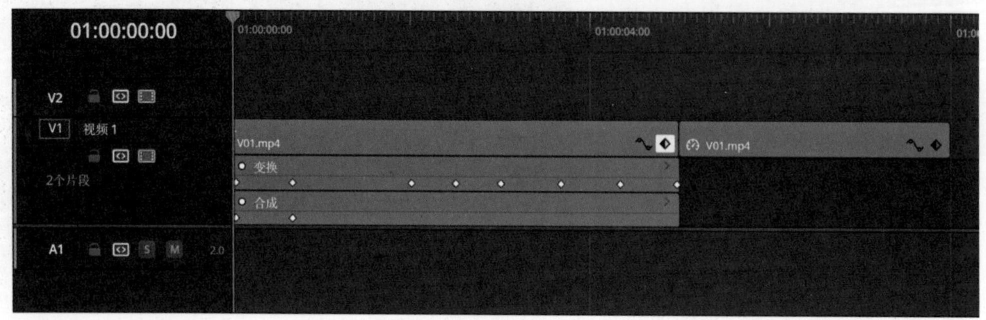

图10-88

05 在特效库面板左侧的列表中单击“视频转场”，把Brightness Flash转场拖到第一个片段的出点处。选中转场缩略图，在“检查器”面板中将“亮度”参数设置为1。在特效库面板左侧的列表中单击“特效”，把“调整片段”拖到V2轨道，把入点拖到10帧处，把出点拖到4秒20帧处，如图10-89所示。

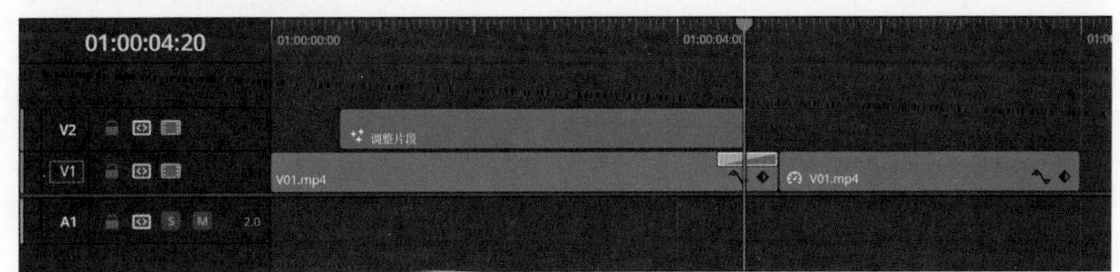

图10-89

06 把效果器面板中的Video Camera拖到调整片段上。在特效库面板左侧的列表中单击Open FX，把“镜头模糊”效果器拖到V1轨道的第一个片段上。把播放头拖到2秒处，将“模糊大小”参数设置为0后创建关键帧，在2秒15帧处将“模糊大小”参数设置为5，在3秒处将“模糊大小”参数设置为0，在3秒20帧处将“模糊大小”参数设置为3，在4秒10帧处将“模糊大小”参数设置为2，这样就能得到动态调焦的效果，如图10-90所示。

图10-90

07 在特效库面板左侧的列表中单击“生成器”，把“纯色”生成器拖到V2轨道的5秒处，如图10-91所示。在“检查器”面板中将“色彩”设置为红绿蓝=0、170、255。单击“设置”选项卡，在“合成模式”下拉菜单中选择“插值”。选中V1轨道上的第二个片段，在“检查器”面板中将“缩放”参数设置为1.3。

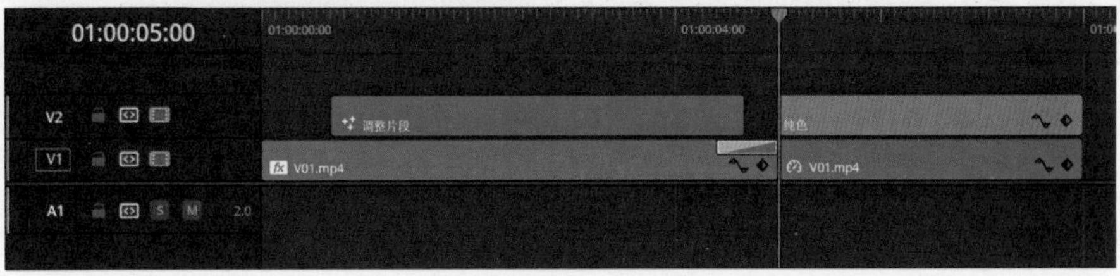

图10-91

08 在特效库面板左侧的列表中单击“标题”，把“Text+”拖到V3轨道的5秒处。在“检查器”面板的样式下拉菜单中选择Extra Bold Italic，将“大小”参数设置为0.16。切换到“布局”选项卡，在6秒处将“中心Y”参数设置为0.65后创建关键帧，在5秒处将“中心X”参数设置为1.3。切换到“设置”选项卡，勾选“运动模糊”复选框，将“质量”参数设置为 4，结果如图10-92所示。

09 按住Alt键，把V1轨道的第二个片段向上复制到V4轨道上。切换到调色页面，按【Alt+S】快捷键创建串行节点，把特效库面板中的“深度贴图”效果器拖到新建的节点上。勾选“调整深度贴图级别”复选框后将“远端极限”和“近端极限”参数设置为0.5，然后取消勾选“深度贴图预览”复选框，如图10-93所示。

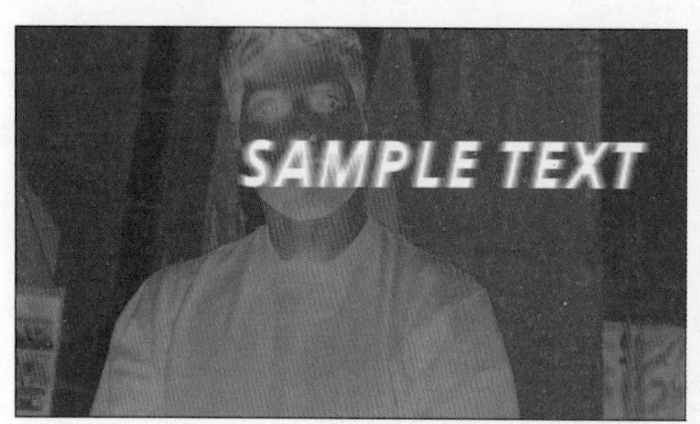

图10-92

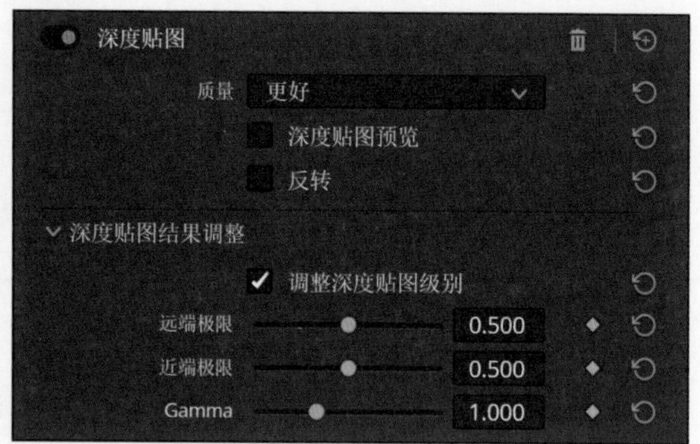

图10-93

10 在特效库面板中单击“素材库”选项卡，把“Alpha蒙版收缩与扩展”效果器拖到第三个节点的输出连线上。在节点面板的空白处右击，在弹出的快捷菜单中选择“添加Alpha输出”命令，把第四个串行节点上的蓝色方块连接到蓝色输出端口，如图10-94所示。在“检查器”面板的“变形操作”下拉菜单中选择“扩展”，将“半径”参数设置为0.6。

图10-94

11 按住Alt键，把V2轨道的纯色片段向上复制到V5轨道，如图10-95所示。将复制纯色片段的色彩设置为白色，切换到“设置”选项卡，在“合成模式”下拉菜单中选择“前景”。选中V4轨道上的片段，在“合成模式”下拉菜单中选择Alpha。

图10-95

12 按住Alt键，把V4轨道上的片段向上复制到V6轨道上。切换到调色页面，删除“Alpha蒙版收缩与扩展”节点，然后把第三个串行节点上的蓝色方块连接到蓝色输出端口。继续按住 Alt键，把V3轨道上的片段向上复制到V7轨道上。在“检查器”面板的样式下拉菜单中选择Extra Bold，将“大小”参数设置为0.2。切换到“布局”选项卡，在6秒处将“中心Y”参数设置为0.15，在5秒处依次将“中心X”参数设置为-0.45，“中心Y”参数设置为0.15。结果如图10-96所示。

13 在特效库面板左侧的列表中单击“特效”，把“调整片段”拖到V8轨道的5秒处。在特效库面板左侧的列表中单击Open FX，依次把“摄影机晃动”“添加闪烁”和“胶片损坏”效果器拖到V8轨道的片段上，结果如图10-97所示。

图10-96

图10-97

14 选中所有片段后按住Alt键向右侧复制，把播放头拖到8秒处，在媒体池里选中V02素材后按F11键替换，结果如图10-98所示。

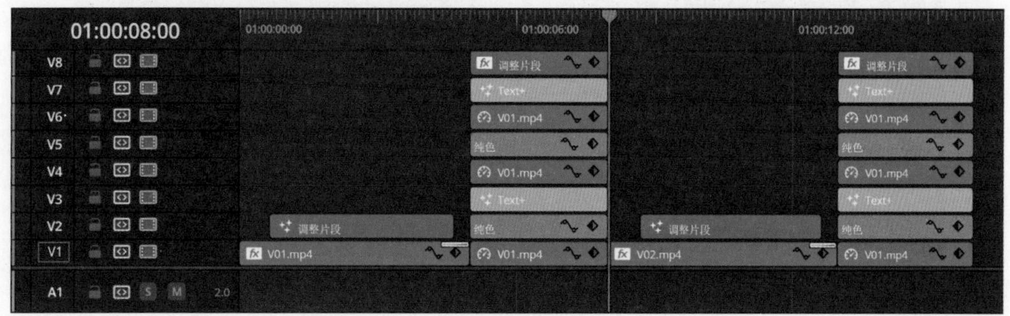

图10-98

15 切换到调色页面，按【Alt+S】快捷键创建一个串行节点，在色轮面板中将“中间调细节”参数设置为30。切换到HDR调色面板，把Highlight色轮下方的X参数设置为0.09，把Y参数设置为-0.01，如图10-99所示。

图10-99

16 切换到剪辑页面，把播放头拖到13秒处，按F11键替换素材。分别激活V4和V6轨道的名称，继续按F11键替换素材，结果如图10-100所示。

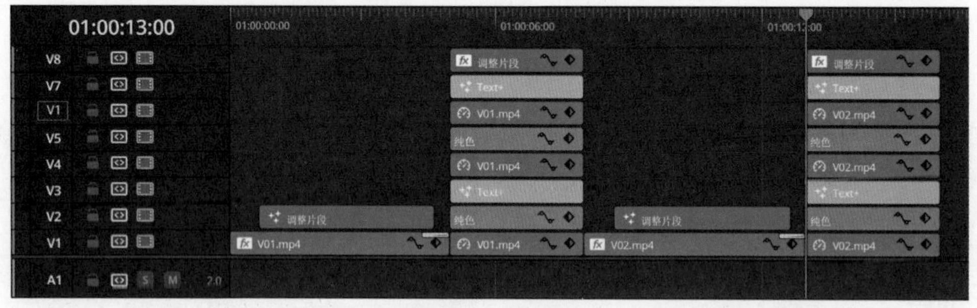

图10-100

17 再次复制8秒前的所有片段，然后把复制的视频和冻结帧片段替换成媒体池中的V03素材。把播放头拖到16秒处，然后切换到调色页面。在节点面板的第二个串行节点缩略图上右击，在弹出的快捷菜单中选择“重置节点调色”命令。在色轮面板中依次将“中间调细节”参数设置为30，“色彩增强”和“阴影”参数设置为20，如图10-101所示。

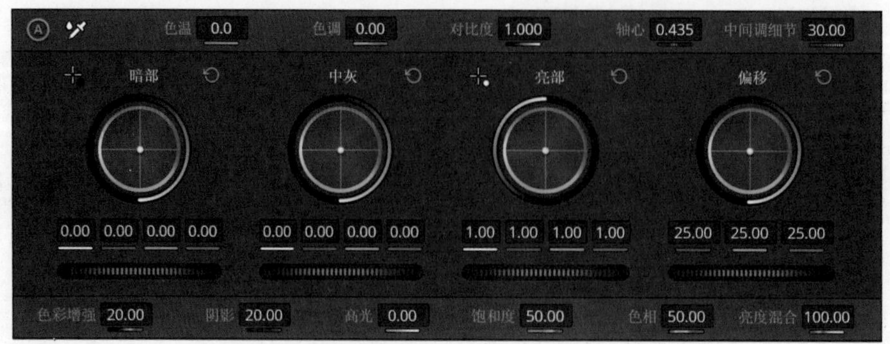

图10-101

18 把媒体池中的A01素材插入音频轨道上，选中21秒以后的所有片段，把出点与音频片段的出点对齐，如图10-102所示。

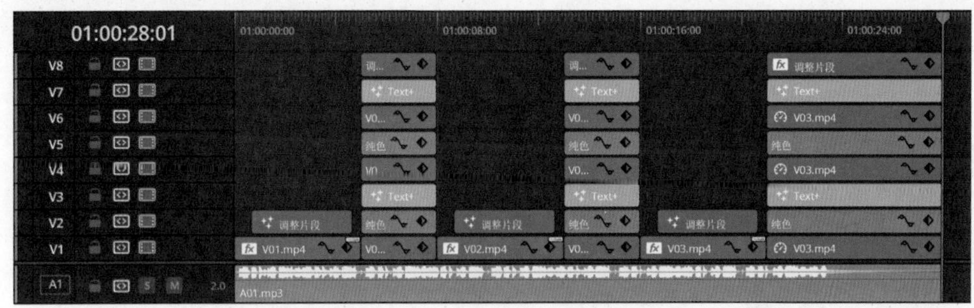

图10-102

19 在特效库面板左侧的列表中单击“生成器”，把“纯色”生成器拖到V9轨道的21秒处，把出点和音频片段对齐。把播放头拖到26秒处，为“不透明度”参数创建关键帧，在24秒处将“不透明度”参数设置为0。最后把媒体池中的A02素材插入4秒12帧、12秒12帧和20秒12帧处，如图10-103所示。

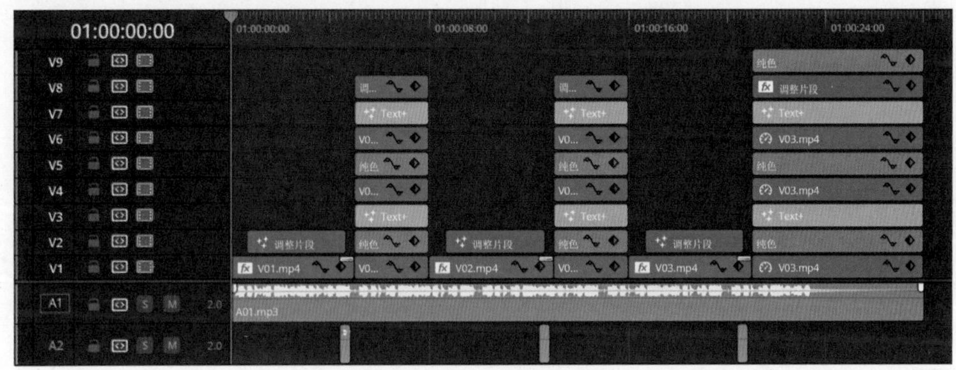

图10-103

20 对焦拍摄冻帧片头就制作完成了，效果如图10-104所示。

图10-104

妙笔生'AI'，绘见未来！

解密AI 绘画与修图 Stable Diffusion+Photoshop

内容丰富 文生图、图生图、局部重绘、涂鸦重绘、高清修复、超清放大、风格迁移、一键换脸、文生视频、瞬息全宇宙。

重磅插件 ControlNet、Adetailer、AnimateDiff、Inpaint Anything、ReActor、SadTalker、ebsynth utility、Deforum、Dynamic Prompts。

强强联合 Stable Diffusion+Photoshop，无须联网，本地实现对象移除、创成式填充、外绘扩图、草图上色、艺术字体、海报创作、照片修复。

商业实战 影楼级AI照片、个人虚拟形象定制、小说推文封面设计、写真及杂志封面设计、电商产品展示图设计。

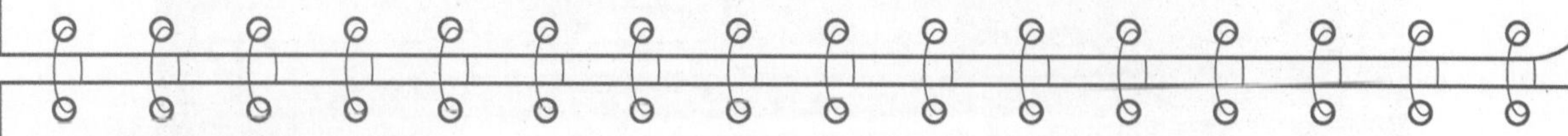

Stable Diffusion–ComfyUI AI绘画工作流解析

- SD 1.5、SDXL、Stable Cascade、Stable Diffusion 3，囊括所有大版本模型
- ControlNet、IPAdapter、IC-Light、AnimateDiff，几十款重磅自定义节点
- 文生图、图生图、局部重绘、面部修复、风格迁移，AI绘图全功能讲解
- 中文提示词输入、超级加速实时绘画、图片超清放大，紧跟前沿的AI技术
- 艺术二维码、卡通形象转绘、证件照换脸、手部一键修复，商务工作流实战

本书适合广大AI绘图爱好者、设计师、原画师、插画师、电商美工等专业人士阅读，同时也可以作为AI、美术、设计等培训机构和相关学校的参考教材。